Schutztechnik mit Isolationsüberwachung

Grundlagen und Anwendungen des ungeerdeten IT-Systems in medizinisch genutzten Räume, in der Industrie, auf Schiffen, auf Schienenfahrzeugen und im Bergbau

Dipl.-Ing. Wolfgang Hofheinz

6. Auflage

VDE-VERLAG GMBH · Berlin · Offenbach

Titelillustration: Michael Kellermann

Die Deutsche Bibliothek – CIP-Einheitsaufnahme

Hofheinz, Wolfgang:
Schutztechnik mit Isolationsüberwachung : Grundlagen und Anwendungen des ungeerdeten IT-Systems in medizinisch genutzten Räumen, in der Industrie, auf Schiffen, auf Schienenfahrzeugen und im Bergbau / Wolfgang Hofheinz. – 6. Aufl. – Berlin ; Offenbach : VDE-VERLAG, 1997
  ISBN 3-8007-2215-1

ISBN 3-8007-2215-1

© 1997 VDE-VERLAG GMBH, Berlin und Offenbach
      Bismarckstraße 33, D-10625 Berlin

Alle Rechte vorbehalten

Druck: Druckerei Zach, Berlin   9704

Vorwort zur 6., überarbeiteten Auflage

Grundlegende Änderungen von DIN VDE 0100 machten eine Überarbeitung der bestehenden Ausgabe erforderlich.
Neu ist der Teil 410 von 1997-01, der im Kapitel 2 ausführlich behandelt wird. Besonders der Abschnitt über IT-Systeme ist mit erläuternden Texten des Autors versehen worden. Weitere ergänzende Abschnitte wurden in das Werk eingebracht.
Vorgestellt werden die neue internationale Norm IEC 1557-8 und die europäische Norm EN 61557-8 für Isolationsüberwachungsgeräte.
Erläutert werden ferner die vorbeugende Instandhaltung, ein besonderer Vorteil der IT-Systeme, und die richtige Absicherung von IT-Systemen. In der neuen Ausgabe ist aber auch die Anwendung von IT-Systemen auf Schienenfahrzeugen als weitere, praxisbezogene Applikation enthalten.
Im Gegensatz zur letzten Veröffentlichung wird nun die neuere Schreibweise IT-„Systeme" benutzt.
Der Autor bedankt sich für die Unterstützung bei der Überarbeitung dieses Werks bei Frau Jordan, den Herren Ernst, Förster, Kaul, Schneider und Wittkowski aus dem Hause Bender, Grünberg.

Grünberg, im Februar 1997   Wolfgang Hofheinz

Vorwort zur 5., überarbeiteten Auflage

IT-Systeme mit Isolationsüberwachungseinrichtungen werden häufig aus Gründen „vorbeugender Instandhaltung" verwendet. Dies beschreibt der Entwurf der europäischen Norm pr EN 50110:1995. Danach kann Instandhaltung aus „vorbeugender Instandhaltung" bestehen, die regelmäßig durchgeführt wird, um Ausfälle zu verhindern und die Betriebsmittel in ordnungsgemäßem Zustand zu halten.
Mit der pr EN 50197-8:1994 liegt ebenfalls der Entwurf einer europäischen Norm für Isolationsüberwachungsgeräte vor. Aufgrund zunehmender internationaler Anwendung des IT-Systems sind die Definitionen zur Isolationsüberwachung dreisprachig aufgeführt. Auf diese und eine Reihe weiterer neuer Punkte wird in der 5. Ausgabe dieses Werks eingegangen.

Grünberg, im Januar 1995 　　　　　　　　　　　　　　　　Wolfgang Hofheinz

Vorwort zur 4., überarbeiteten Auflage

Durch die Veröffentlichung der IEC-Publikation 364-4-41 hat sich der Bekanntheitsgrad der IT-Netze und damit auch der Isolationsüberwachung merklich vergrößert. Dies trifft besonders zu auf medizinisch genutzte Bereiche und die Anwendung auf Schiffen. Aus diesem Grund wurden diese Themen neu eingefügt bzw. ergänzt. Grundsätzliche Aussagen zum Isolationswiderstand sind ebenfalls neu in der 4. Auflage dieses Werks enthalten. Behandelt wird die häufige Frage zur Ansprechzeit von Isolationsüberwachungsgeräten, aber auch auf internationale Entwicklungen zum IT-Netz wird hingewiesen. Aufgrund der noch überwiegend im deutschen Normenwerk benutzten Beschreibung der ungeerdeten Netzform als IT-Netz wird im Gegensatz zur neueren Schreibweise IT-System(-Netz) in diesem Buch noch der Begriff IT-Netz benutzt.
Für wertvolle Informationen bedankt sich der Autor bei Herrn Professor A. Winkler (Essen). Des weiteren gilt mein Dank Frau E. Vollhardt (Grünberg) für die hilfreichen Vorbereitungsarbeiten von insgesamt sechs, zum Teil fremdsprachigen Ausgaben dieses Werks.

Grünberg, im September 1993 　　　　　　　　　　　　　　Wolfgang Hofheinz

Vorwort zur 3., überarbeiteten Auflage

Sehr rasch nach der Veröffentlichung der DIN VDE 0100 Teil 410 im Jahr 1983 änderte sich die bis dahin übliche Bezeichnung für ein ungeerdetes Stromversorgungsnetz vom Schutzleitungssystem zum IT-Netz mit zusätzlichem Potentialausgleich. Diese Bezeichnung wurde dann auch sukzessive in weitere Bestimmungen und Normen eingearbeitet. Eine Überarbeitung dieses Buchs war daher unumgänglich. Es wurden deshalb weitere Abschnitte eingeführt. Die neuen Bestimmungen DIN VDE 0107/11.89 für den medizinisch genutzten Bereich und DIN VDE 0118/09.90 für den Bergbau unter Tage wurden berücksichtigt. Die häufige Frage nach der richtigen Wahl der Ansprechwerte von Isolationsüberwachungsgeräten wurde behandelt. Ferner wurden viele neue nationale und internationale Normen zum IT-Netz aufgenommen. Auch die geschichtliche Entwicklung des ungeerdeten Stromversorgungsnetzes wird ausführlicher beschrieben.

Der Autor möchte sich an dieser Stelle für die großzügige Unterstützung der Fa. Dipl.-Ing. W. Bender, Grünberg, bedanken. Ein ganz besonderer Dank gilt all den Kolleginnen und Kollegen, die mich bei der Überarbeitung dieses Buchs tatkräftig unterstützt haben und ohne deren Hilfe diese Arbeit nicht zu erstellen gewesen wäre. Mein Dank gilt auch Herrn Dipl.-Ing. Roland Werner, Lektor im VDE-VERLAG, und seinem Team für die vorbildliche Unterstützung. Auch meiner ganzen Familie sei für die Geduld und die Hilfe gedankt.

Grünberg, im Februar 1991   Wolfgang Hofheinz

Vorwort

Menschen vor Gefahren durch elektrischen Strom zu schützen, ist eine international diskutierte Aufgabe. Besonders durch die Vielzahl der benutzten elektrotechnischen Geräte müssen Maßnahmen getroffen werden, um mögliche Unfälle zu verhindern. Eine mögliche Schutzmaßnahme ist der Aufbau eines ungeerdeten Stromversorgungsnetzes.

Ungeerdete Stromversorgungsnetze fordern verschiedene internationale und nationale Normen. Wegen der vielen Vorteile in bezug auf Betriebs-, Brand- und Unfallsicherheit werden diese Netze für bestimmte Applikationen zunehmend eingesetzt. Das ungeerdete Netz als IT-Netz beschreibt die IEC-Publikation 364-4-41.

Um den jeweils vorhandenen Isolationszustand der IT-Netze zu überwachen, werden zwischen Netzleiter und Schutzleiter Isolationsüberwachungsgeräte eingesetzt, die den Isolationszustand der Netze ständig messen und das Unterschreiten eines eingestellten Ansprechwerts optisch oder akustisch anzeigen.

Die folgenden Kapitel gehen auf verschiedene Applikationen für ungeerdete Stromversorgungsnetze und die richtige Isolationsüberwachung ein.

Die beschriebene Technik und die zitierten Vorschriften und Bestimmungen beziehen sich auf den bei der Manuskripterstellung bezogenen Stand.

Der Autor dankt an dieser Stelle der Fa. Dipl.-Ing. W. Bender, Grünberg, für die großzügige Unterstützung. Ein ganz besonderer Dank gilt den Herren Dipl.-Ing. Christian Bender und Dipl.-Ing. Walther Bender (†). Ebenso gedankt sei den Herren Dr.-Ing. Gatz (†) von den Chemischen Werken Hüls AG, Dipl.-Ing. Junga von der Firma Hartmann & Braun, Heiligenhaus, und Herrn Prof. Dr. Anna von der Medizinischen Hochschule, Hannover.

Grünberg, im August 1983   Wolfgang Hofheinz

Inhalt

1	**Einleitung**	15
	Literatur	16
2	**Elektrische Anlage**	17
2.1	Schutz gegen elektrischen Schlag	17
2.1.1	Schutz sowohl gegen direktes als auch bei indirektem Berühren	18
2.1.1.1	Schutz durch Kleinspannungen: SELV und PELV	18
2.1.1.2	Anordnung von Stromkreisen	19
2.1.1.3	Anforderungen an SELV-Stromkreise	19
2.1.1.4	Anforderungen an PELV-Stromkreise	20
2.1.1.5	Schutz durch Begrenzung von Beharrungsberührungsstrom und Ladung	20
2.1.2	Schutz gegen elektrischen Schlag unter normalen Bedingungen (Schutz gegen direktes Berühren oder Basisschutz)	20
2.1.3	Schutz gegen elektrischen Schlag unter Fehlerbedingungen (Schutz bei indirektem Berühren oder Fehlerschutz)	21
2.1.3.1	Erdung und Schutzleiter	23
2.1.4	Potentialausgleich	23
2.1.4.1	Hauptpotentialausgleich	24
2.1.4.2	Zusätzlicher Potentialausgleich	24
2.2	Art der Systeme	24
2.3	Systeme nach Art der Erdverbindung	25
2.3.1	TN-Systeme	27
2.3.1.1	Schutzmaßnahmen und Schutzeinrichtungen in TN-Systemen	27
2.3.2	TT-Systeme	29
2.3.2.1	Schutzmaßnahmen und Schutzeinrichtungen in TT-Systemen	29
2.3.3	IT-Systeme	30
2.3.3.1	Schutzmaßnahmen und Schutzeinrichtungen in IT-Systemen	32
2.4	Ausführung und Wirksamkeit des zusätzlichen Potentialausgleichs	33
2.5	Weitere Schutzmaßnahmen	33
2.5.1	Schutz durch Verwendung von Betriebsmitteln der Schutzklasse II oder durch gleichwertige Isolierung	33
2.5.2	Schutz durch nichtleitende Räume	33
2.5.3	Schutz durch erdfreien örtlichen Potentialausgleich	34

2.5.4	Schutz durch Schutztrennung	34
2.6	Geräte zum Prüfen der Schutzmaßnahmen nach DIN VDE 0413	34
2.7	Geräte zum Prüfen der Schutzmaßnahmen nach EN 61557:1997	36
2.8	Geräte zum Prüfen der Schutzmaßnahmen nach IEC 61557-8:1997-02	37
	Literatur	38
3	**Gerätenormen für Isolationsüberwachungseinrichtungen**	**39**
3.1	Isolationsüberwachungsgeräte zum Überwachen von Wechselspannungsnetzen nach DIN VDE 0413-2	39
3.2	Isolationsüberwachungsgeräte für Wechselspannungsnetze mit galvanisch verbundenen Gleichstromkreisen oder Gleichspannungsnetzen nach DIN VDE 0413-8	40
3.3	Insulation monitoring devices (Isolationsüberwachungsgeräte) nach IEC 364-5-53 Second edition; 1994-06	40
3.4	Isolationsüberwachungseinrichtungen nach DIN VDE 0100-530/A1	41
3.5	Isolationsüberwachungsgeräte nach amerikanischer Norm ASTM F 1207-89	41
3.6	Isolationsüberwachungsgeräte nach amerikanischer Norm ASTM F 1134-88	41
3.7	Isolationsüberwachungsgeräte nach französischer Norm UTE C 63-080/10.90	42
3.8	Isolationsüberwachungsgeräte nach EN 61557-8:1997	42
3.9	Unterscheidung zwischen Isolationsüberwachungsgeräten und Differenzstromüberwachungsgeräten nach IEC SC 23E	44
3.10	Einrichtungen zur Isolationsfehlersuche in Betrieb befindlicher IT-Systeme	45
	Literatur	45
4	**Isolationswiderstand**	**47**
4.1	Erste Sicherheitsvorschriften 1883 in Deutschland	48
4.2	Komplizierte Gebilde	48
4.3	Definition in DIN VDE	49
4.4	Einflußgrößen	50
4.5	Isolationsmessung und Überwachung	51
4.5.1	Messung im spannungsfreien Netz	51
4.5.2	Differenzstrommessung im TN- und TT-System	52

4.5.3	Absolutwert im IT-System ständig überwacht	52
4.6	Komplettüberwachung im IT-System	53
	Literatur	54
5	**Gefährdung des Menschen durch Körperströme**	57
5.1	IEC-Report 479 über die Wirkung des elektrischen Stroms auf Menschen	58
5.1.1	Körperwiderstände	58
5.2	Wirkungsbereiche für Wechselstrom 15 Hz bis 100 Hz	60
5.3	Grundsätzliche Erkenntnisse der Elektropathologie	61
5.4	Konsequenzen für Schutzmaßnahmen gegen gefährliche Körperströme	63
5.5	Unfälle durch elektrischen Strom	64
	Literatur	66
6	**Ungeerdetes, isoliert aufgebautes IT-System**	69
6.1	Aufbau des IT-Systems mit zusätzlichem Potentialausgleich und Isolationsüberwachung	70
6.2	Ableitströme im IT-System	73
6.2.1	Berechnung der Ableitströme im IT-System	74
6.2.2	Ermittlung der Ableitkapazitäten im abgeschalteten Netz	75
6.2.3	Ermittlung der Ableitkapazitäten im Betrieb	76
6.3	Spannungsverhältnisse im Wechselspannungs-IT-System	77
6.4	Schutzmaßnahmen in IT-Systemen nach DIN VDE 0100-410:1997-01	79
6.5	Zusätzlicher Potentialausgleich in IT-Systemen	86
6.5.1	Mindestquerschnitte für den zusätzlichen Potentialausgleich	87
6.6	Prüfungen des IT-Systems mit zusätzlichem Potentialausgleich und Isolationsüberwachung	89
6.6.1	Prüfung des IT-Systems nach DIN VDE 0100-610:1994-04	91
6.7	Schutz von Kabeln und Leitungen in IT-Systemen	92
6.7.1	Schutz bei Kurzschluß	92
6.7.2	Schutz bei Überlast	93
6.7.2.1	Verzicht auf Überlastschutz	93
6.7.3	Besondere Festlegungen für IT-Systeme	94
6.7.4	Anschluß von Isolationsüberwachungsgeräten	94
6.7.4.1	Ankopplung und Absicherung	95
6.7.4.2	Hilfsspannungsversorgung und Absicherung	96
	Literatur	96

7	**Zur Geschichte des ungeerdeten Stromversorgungsnetzes**	97
7.1	Zur Geschichte des Schutzleitungssystems und der Isolationsüberwachung	104
	Literatur	114
8	**Verwendung von IT-Systemen, Besonderheiten und Vorteile**	115
8.1	Höhere Betriebssicherheit	116
8.2	Höhere Brandsicherheit	121
8.3	Höhere Unfallsicherheit infolge begrenzter Berührungsströme	123
8.4	Höherer zulässiger Erdungswiderstand	123
8.5	Informationsvorsprung im IT-System	125
	Literatur	128
9	**Ungeerdetes Stromversorgungsnetz in medizinisch genutzten Räumen**	129
9.1	IT-System und die Isolationsüberwachung in medizinisch genutzten Räumen nach DIN VDE 0107:1989-11	129
9.1.1	Sicherheitskonzept im Krankenhaus	131
9.1.2	Räume der Anwendungsgruppen	133
9.1.3	Stromversorgung von Räumen der Anwendungsgruppe 2	134
9.1.3.1	Zusätzlicher Potentialausgleich in Anwendungsgruppe 2	135
9.1.4	Schutz durch Meldung im IT-System	135
9.1.5	Transformatoren im IT-System	136
9.1.6	Operationsleuchten im IT-System	137
9.1.7	Versorgung für Geräte der Heimdialyse	137
9.1.8	Prüfungen der Komponenten des IT-Systems	137
9.1.8.1	Erstprüfung	137
9.1.8.2	Wiederkehrende Prüfungen	137
9.1.9	Informationen zum Beiblatt 2 zur DIN VDE 0107/09.93	138
9.1.10	IT-System nach DIN VDE 0107:1994-10	141
9.1.11	Allgemeines	141
9.2	Ungeerdete Stromversorgungsnetze in Krankenhäusern und medizinisch genutzten Räumen in den USA	142
9.2.1	Geschichtlicher Hintergrund	143
9.2.2	Gegenwärtige NFPA-Anforderungen für ungeerdete Stromversorgungsnetze	144
9.2.3	Elektrisch sichere Umgebung des Patienten	146
9.2.3.1	Grundlegendes zum Ableitstrom	147
9.2.3.2	Schutzleiterunterbrechung	149

9.2.4	Ungeerdetes Stromversorgungsnetz	149
9.2.5	Potentialausgleich	152
9.3	Internationale Überlegungen für elektrische Sicherheit in medizinisch genutzten Räumen nach IEC-Richtlinie 62A	152
9.4	Elektrische Sicherheit in medizinisch genutzten Räumen nach Entwurf IEC 364 Part 7 Section 710 (Electrical installations in hospitals and locations for medical use outside hospitals)	158
9.5	Weltweite Entwicklung ungeerdeter Netze in medizinisch genutzten Räumen	159
	Literatur	163
10	**Weltweiter Einsatz ungeerdeter IT-Systeme mit Isolationsüberwachung**	**165**
10.1	IT-System in Frankreich	165
10.1.1	Einteilung der Normen	165
10.1.2	Technische Besonderheiten	165
10.2	IT-System im Vereinigten Königreich	166
10.3	IT-System in der Tschechischen Republik	167
10.4	IT-System in Bulgarien	168
10.5	IT-System in Dänemark	168
10.6	IT-System in den Vereinigten Staaten von Amerika	169
10.7	IT-System in Ungarn	170
10.8	IT-System in Belgien	170
	Literatur	171
11	**Schutztechnik in Starkstromanlagen mit Nennspannungen bis 1000 V im Bergbau**	**173**
11.1	Schutztechnik im Bergbau unter Tage nach DIN VDE 0118:1990-09	174
11.2	Schutz gegen gefährliche Körperströme im Untertagebereich	179
	Literatur	180
12	**IT-Systeme und die Isolationsüberwachung auf Schiffen**	181
12.1	Vorschriften und Bestimmungen	181
12.2	Zulässige Netzformen unter Berücksichtigung verschiedener Vorschriften	182
12.3	Unterschied zwischen einem geerdeten TN- oder TT-System und einem isolierten IT-System	182
12.4	Aufbau eines IT-Systems	186

12.5	Vorteile des IT-Systems	187
12.6	Meßtechnik von Isolationsüberwachungsgeräten	190
12.7	Selektive Isolationsfehlersuche	192
12.8	IT-Systeme auf Schiffen der Bundeswehr nach BV 30	194
	Literatur	196
13	**IT-Systeme mit Isolationsüberwachung auf Schienenfahrzeugen**	**197**
13.1	Anwendungsbeispiele für IT-Systeme mit Isolationsüberwachung	197
13.2	Einsatzorte von IT-Systemen mit Isolationsüberwachung	197
13.3	Anforderungen an die Isolationsüberwachungseinrichtung	199
13.4	Batteriegepuffertes sicherheitsgerichtetes Gleichspannungsnetz	200
13.5	Umrichter in Hauptstromkreisen	201
14	**Meßtechnische Realisierung von Isolationsüberwachungsgeräten und Erdschlußwächtern**	**203**
14.1	Isolationsüberwachung von Wechsel- und Drehstrom-IT-Systemen	203
14.1.1	Messung ohmscher Isolationsfehler	203
14.1.2	Messung der Ableitimpedanz	206
14.2	Wechselspannungsnetze mit direkt angeschlossenen Gleichrichtern oder Thyristoren	207
14.2.1	Meßverfahren mit Umkehrstufe	207
14.2.2	Meßverfahren durch Impulsüberlagerung	209
14.3	Gleichspannungsnetze	211
14.3.1	Unsymmetrie-Meßverfahren	211
14.3.2	Meßverfahren durch Impulsüberlagerung	213
14.4	Meßverfahren zur universellen Anwendung in Wechsel- und Gleichspannungs-IT-Systemen	214
14.4.1	Mikrocontroller-gesteuertes AMP-Meßverfahren zum universellen Einsatz in Wechsel- und Gleichspannungs-IT-Systemen	214
14.4.2	Mikroprozessor-gesteuertes Frequenzcode-Meßverfahren für IT-Systeme mit extremer Störbeeinflussung	216
14.5	Isolationsfehlersucheinrichtung in Wechsel- und Gleichspannungs-IT-Systemen	217
14.5.1	Bestimmungen und Normen zur Isolationsfehlersuche	218
14.5.2	Stationäre Isolationsfehlersucheinrichtung für Gleichspannungs-IT-Systeme	219

14.5.3	Isolationsfehlersucheinrichtungen für Wechsel- und Gleichspannungs-IT-Systeme	220
14.5.4	Tragbare Isolationsfehlersucheinrichtung für Wechsel-, Drehstrom- und Gleichspannungs-IT-Systeme	222
14.6	Zusammenfassung	224
	Literatur	224
15	**Wahl der Ansprechwerte von Isolationsüberwachungsgeräten**	**225**
15.1	Ansprechwerteinstellung für ohmsche Isolationswerte	225
15.2	Ansprechwerteinstellung für ohmsche Isolationswerte in Hilfsstromkreisen	228
15.3	Ansprechzeiten von Isolationsüberwachungsgeräten	229
16	**Bestimmungen und Normen**	**233**
17	**Definitionen zur Isolationsüberwachung**	**259**
17.1	Definitionen nach IEC 61557-8:1997-02	259
Bildnachweis		**263**
Stichwortverzeichnis		**265**

1 Einleitung

Durch den Fortschritt der Technik in den letzten Jahrzehnten hat auch die Elektrotechnik zunehmend größere Bedeutung erlangt. Die Anwendung von elektrotechnischen und elektronischen Geräten im Krankenhaus, im Haushalt, in der Industrie usw. ist heute nicht mehr wegzudenken. Doch mit steigender Zahl der verwendeten Geräte steigt auch die Gefährdung des Anwenders durch den elektrischen Strom. Die Sicherheitsanforderungen an Geräte und Anlagen müssen daher entsprechend erhöht werden. Dieser Forderung entsprechend sind Vorschriftenwerke sowohl auf nationaler als auch auf internationaler Ebene entstanden. In der Bundesrepublik Deutschland werden die Sicherheitsbestimmungen durch die Deutsche Elektrotechnische Kommission im DIN und VDE (DKE) erstellt. Zusammengefaßt sind diese VDE-Bestimmungen im VDE-Vorschriftenwerk und gelten heute als „Allgemein anerkannte Regeln der Technik". Eine wichtige Bestimmung ist DIN VDE 0100, sie wurde ausgearbeitet vom Komitee K 221 „Errichten von Starkstromanlagen bis 1000 V".

Das Komitee 221 ist Spiegelgremium für die Gremien [1.1]:

- international:
  IEC/TC 64 „Electrical installations of buildings" (deutsch: Elektrische Anlagen von Gebäuden);
- regional:
  – CENELEC/TC 64 „Elektrische Anlagen von Gebäuden" mit seinen Unterkomitees,
  – CENELEC/SC64A „Elektrische Anlagen von Gebäuden: Schutz gegen elektrischen Schlag",
  – CENELEC/SC 64B „Elektrische Anlagen von Gebäuden: Schutz gegen thermische Einflüsse".

Das Komitee 221 hat folgende Unterkomitees, die für unterschiedliche Facharbeit zuständig sind und unter anderem im festgelegten Umfang Normen verabschieden dürfen:

- UK 221.1 „Industrie",
- UK 221.2 „Internationale Zusammenarbeit",
- UK 221.3 „Schutzmaßnahmen",
- UK 221.5 „Landwirtschaftliche Betriebsstätten",
- UK 221.8 „Verlegen von Kabeln und Leitungen".

DIN VDE 0100 erscheint nun in einer Reihe von Einzelbestimmungen. Sie ist damit eine als VDE-Bestimmung gekennzeichnete DIN-Norm.

Ein wesentlicher Einfluß auf die Neuordnung der DIN VDE 0100 ging von der internationalen Bearbeitung der Errichtungsbestimmungen für Anlagen bis 1 000 V im Rahmen von CENELEC und IEC (Internationale Elektrotechnische Kommission) aus, zuständig für die weltweite elektrotechnische Normung.
Seit Gründung der „Europäischen Wirtschaftsgemeinschaft" (EWG) im Jahr 1957 gilt die politische Forderung, zwischen den westeuropäischen Ländern Handelshemmnisse abzubauen. Diese Forderung wird seit 1973 in der „Europäischen Gemeinschaft" (EG), seit 1994 Europäische Union (EU), verstärkt erörtert [1.2].
Die zuständigen Norm-Institutionen der betroffenen Länder haben Anfang der 60er Jahre vereinbart, Sicherheitsbestimmungen für elektrische Betriebsmittel und für das Errichten elektrischer Anlagen zu „harmonisieren", d. h. einander anzupassen.

Literatur

[1.1]   Hörmann, W.; Nienhaus, H.; Schröder, B.: Elektrische Anlagen für Baderäume, Schwimmbäder und alle weiteren feuchten Bereiche und Räume: Anforderungen nach DIN VDE 0100. VDE-Schriftenreihe Bd. 67. Berlin u. Offenbach: VDE-VERLAG, 1996

[1.2]   Rudolph, W.: Einführung in DIN 57 100/VDE 0100, Errichten von Starkstromanlagen bis 1000 V. VDE-Schriftenreihe Bd. 39. Berlin und Offenbach: VDE-VERLAG, 1983

2 Elektrische Anlage

In den folgenden Abschnitten wird die elektrische Anlage und besonders Schutztechnik mit Isolationsüberwachung in IT-Systemen behandelt. Dabei wird im wesentlichen auf DIN VDE 0100-410:1997-01 Bezug genommen: Diese deutsche Norm ist zugleich VDE-Bestimmung mit dem Titel: Errichten von Starkstromanlagen mit Nennspannungen bis 1000 V, Teil 4: Schutzmaßnahmen; Kapitel 41: Schutz gegen elektrischen Schlag. In diese Norm sind die Sachaussagen der IEC-Publikation 364-4-41:1992, modifiziert, sowie des CENELEC-HD 384.4.41 S2:1996 eingearbeitet. Sie hat Pilotfunktion bezüglich des Schutzes gegen elektrischen Schlag und löst DIN VDE 0100-410:1983-11 ab.

Die Anwendung elektrischer Energie in allen Bereichen des täglichen Lebens und der daraus resultierende selbstverständliche Umgang mit dieser Energie stellt hohe Anforderungen an die Sicherheit der elektrischen Anlagen. Eine elektrische Anlage besteht aus zwei Untersystemen:
- dem Versorgungssystem,
- dem Schutzsystem.

Das Versorgungssystem soll den Verbraucher mit elektrischer Energie versorgen. Das Schutzsystem soll die Sicherheit von Mensch und Tier gewährleisten [2.1].

2.1 Schutz gegen elektrischen Schlag

Mit dem Schutz gegen elektrischen Schlag soll verhindert werden, daß ein gefährlicher elektrischer Strom durch den menschlichen Körper oder durch den Körper eines Tieres fließt. Dieser pathologische Effekt wird nicht nur im Vorschriftensprachgebrauch, sondern auch im Volksmund als elektrischer Schlag bezeichnet. Man unterscheidet zwei Hauptgruppen von Schutzmaßnahmen. Dies ist der Schutz gegen direktes Berühren, den man im wesentlichen durch Isolation, Abstand oder Hindernisse oder ungefährliche Spannungen erreichen kann. Schutz bei indirektem Berühren erreicht man meist durch Abschaltung oder Meldung. Es gibt jedoch auch Schutzmaßnahmen gegen beide genannten Gefährdungsarten.

Allgemein ist der Schutz gegen elektrischen Schlag durch Anwendung geeigneter Maßnahmen sicherzustellen. Diese Schutzmaßnahmen betreffen sowohl den normalen Betrieb als auch den Fehlerfall.

In der Einführung der Norm DIN VDE 0100-410:1997-01 werden die grundlegenden Anforderungen für den Schutz von Personen, Nutztieren und Sachen festgelegt.

Diese Schutzmaßnahmen dürfen für die gesamte Anlage, für einen Teil der Anlage oder für einen Teil des Betriebsmittels angewendet werden.

2.1.1 Schutz sowohl gegen direktes als auch bei indirektem Berühren

In den Allgemeinen Anforderungen von DIN VDE 0100 Teil 410:1997-01 wird erläutert, wie der Schutz von Personen und Nutztieren gegen elektrischen Schlag sicherzustellen ist, indem ein Schutz gegen direktes wie auch bei indirektem Berühren bewirkt wird.

Diese Maßnahmen sind in DIN VDE 0100-410:1997-01 wie folgt beschrieben:

2.1.1.1 Schutz durch Kleinspannungen: SELV und PELV

Einen Überblick zu den Kleinspannungen SELV, PELV und FELV bezüglich der sicheren Trennung und der Beziehung zur Erde gibt **Tabelle 2.1**, die der Norm DIN VDE 0100 Teil 410:1997-01 entnommen ist.

Der Schutz gegen elektrischen Schlag wird als erfüllt angesehen, wenn:
- die Nennspannung den Wert 50 V Wechselspannung oder 120 V Gleichspannung nicht überschreitet und
- die Versorgung aus einem Transformator mit sicherer Trennung nach EN 60742 oder

Art der Trennung		Beziehung zur Erde oder zu einem Schutzleiter		Bezeichnung
Stromquellen	Stromkreise	Stromkreise	Körper	
Stromquellen mit sicherer Trennung, z. B. ein Sicherheitstransformator nach EN 60742 oder gleichwertige Stromquellen	und Stromkreise mit sicherer Trennung	ungeerdete Stromkreise	Körper dürfen nicht absichtlich mit Erde oder einem Schutzleiter verbunden sein	SELV
		geerdete und ungeerdete Stromkreise erlaubt	Körper dürfen geerdet oder mit einem Schutzleiter verbunden sein	PELV
Stromquellen ohne sichere Trennung, d. h., eine Stromquelle nur mit Basistrennung, z. B. ein Transformator nach IEC 989	oder Stromkreis ohne sichere Trennung	geerdete Stromkreise erlaubt	Körper müssen mit dem Schutzleiter auf der Primärseite der Stromversorgung verbunden sein	FELV

Tabelle 2.1 Überblick zu den Kleinspannungen SELV, PELV und FELV bezüglich der sicheren Trennung und der Beziehung zur Erde [DIN VDE 0100-410:1997-01, Anhang ZB]
Anmerkung: Anforderungen für FELV-Stromkreise sind in HD 384.4.47 S2:1995 enthalten.

- einer Stromquelle mit gleichem Sicherheitsgrad (z. B. Motorgenerator) oder
- einer elektrochemischen Stromquelle (z. B. einer Batterie) oder
- einer anderen Stromquelle, z. B. ein Generator, der von einer Verbrennungsmaschine angetrieben wird, oder
- eine elektronische Einrichtung nach den für sie geltenden Normen gebaut ist und Spannungserhöhungen an den Ausgangsklemmen im Fehlerfalle an den Ausgangsklemmen nicht auftreten können,

Anmerkung:
Beispiele von solchen Einrichtungen schließen Isolationsüberwachungseinrichtungen ein, die den Anforderungen der betreffenden Veröffentlichungen entsprechen.
- die gemessene Ausgangsspannung die Werte für die Kleinspannungen SELV und PELV nicht überschreitet.

2.1.1.2 Anordnung von Stromkreisen
Aktive Teile von SELV- und PELV-Stromkreisen müssen voneinander, von FELV-Stromkreisen und von Stromkreisen höherer Spannung sicher getrennt sein. Die sichere Trennung zwischen Leitern eines jeden Stromkreises eines SELV- und PELV-Systems und Leitern jedes anderen Systems muß durch eine der folgenden Maßnahmen erfüllt werden:
- räumlich getrennte Anordnung der Leiter;
- Leiter mit einem Mantel aus Isolierstoff, zusätzlich zur Basisisolierung;
- Leiter von Stromkreisen verschiedener Spannung müssen durch eine geerdete Metallschiene oder eine geerdete metallene Umhüllung getrennt sein;
- mehradrige Kabel, Leitungen oder Leitungsbündel müssen nach der höchsten vorkommenden Spannung bemessen werden;
- Stecker und Steckdosen von SELV- und PELV-Stromkreisen müssen besonderen Anforderungen genügen.

2.1.1.3 Anforderungen an SELV-Stromkreise
Aktive Teile von SELV-Stromkreisen dürfen nicht mit Erde oder mit aktiven Teilen oder mit Schutzleitern anderer Stromkreise verbunden sein.
Die Körper dürfen nicht absichtlich verbunden werden mit:
- Erde oder
- Schutzleitern oder Körpern eines anderen Stromkreises oder
- fremden leitfähigen Teilen.

Wenn die Nennspannung AC 25 V Effektivwert oder DC 60 V überschreitet, muß ein Schutz gegen direktes Berühren durch folgende Maßnahmen vorgesehen werden:
- Abdeckung oder Umhüllung mindestens nach Schutzarten IP 2X oder IP XXB oder
- eine Isolierung, die einer Prüfspannung von AC 500 V Effektivwert für 1 min standhält.

Wenn die Nennspannung AC 25 V Effektivwert oder DC 60 V nicht überschreitet, ist im allgemeinen ein Schutz gegen direktes Berühren nicht erforderlich.

2.1.1.4 Anforderungen an PELV-Stromkreise
Wenn die Stromkreise geerdet sind und wenn der Schutz durch SELV nicht gefordert ist, müssen die folgenden Anforderungen erfüllt sein:
- Der Schutz gegen direktes Berühren muß vorgesehen werden entweder durch Abdeckungen oder Umhüllungen mindestens nach Schutzarten IP2X oder IPXXB oder
- durch eine Isolierung, die einer Prüfspannung von AC 500 V Effektivwert für 1 min standhält.

Der Schutz gegen direktes Berühren ist nicht gefordert, wenn sich die Betriebsmittel in einem Gebäude befinden, in dem gleichzeitig berührbare Körper und fremde leitfähige Teile mit demselben Erdungssystem verbunden sind und wenn die Nennspannung folgende Werte nicht überschreitet:
- AC 25 V Effektivwert oder DC 60 V oberschwingungsfrei bei Betriebsmitteln, die üblicherweise nur in trockenen Räumen oder an trockenen Orten benutzt werden und wo eine großflächige Berührung von aktiven Teilen durch menschliche Körper oder Nutztiere nicht zu erwarten ist;
- AC 6 V Effektivwert oder DC 15 V oberschwingungsfrei in allen anderen Fällen.

2.1.1.5 Schutz durch Begrenzung von Beharrungsberührungsstrom und Ladung
Hier sind ausführliche Bestimmungen in Bearbeitung. Der Schutz gegen direktes Berühren gilt bis auf weiteres als erfüllt, wenn die Entladungsenergie nicht größer als 350 mJ ist (VBG 4/79).

2.1.2 Schutz gegen elektrischen Schlag unter normalen Bedingungen (Schutz gegen direktes Berühren oder Basisschutz)

Die Gefahr durch direktes Berühren von spannungsführenden Teilen ist auch für den Laien leicht einsehbar. Hier kann durch leicht verständliche Maßnahmen ein Schutz erreicht werden.
Schutz gegen direktes Berühren sind alle Maßnahmen, die zum Schutz von Mensch und Tier getroffen werden, um eine Berührung von aktiven Teilen zu verhindern.
Dies kann erreicht werden durch:
- Schutz durch Isolierung von aktiven Teilen,
- Schutz durch Abdeckungen oder Umhüllungen,
- Schutz durch Hindernisse,
- Schutz durch Abstand
- oder auch den zusätzlichen Schutz durch RCD.

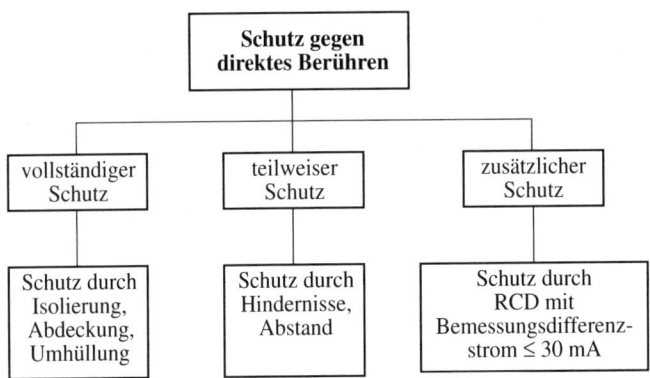

Bild 2.1 Schutz gegen direktes Berühren (Übersicht)

Ein Schutz gegen direktes Berühren von unter Spannung stehenden Teilen ist – von einigen Ausnahmen abgesehen – immer erforderlich. **Bild 2.1** gibt eine Übersicht über die verschiedenen Möglichkeiten von Maßnahmen zum Schutz gegen direktes Berühren [2.2].

Die Anwendung von RCD mit einem Bemessungsdifferenzstrom ≤ 30 mA ist als zusätzlicher Schutz gegen elektrischen Schlag im normalen Betrieb bei Fehlern der anderen Schutzmaßnahmen oder Sorglosigkeit des Benutzers anerkannt.

Die Anwendung solcher Schutzeinrichtungen ist nicht als alleiniges Mittel des Schutzes anerkannt und schließt nicht die Notwendigkeit zur Anwendung einer der oben aufgeführten Schutzmaßnahmen aus.

2.1.3 Schutz gegen elektrischen Schlag unter Fehlerbedingungen (Schutz bei indirektem Berühren oder Fehlerschutz)

Als Schutz bei indirektem Berühren sind im allgemeinen Maßnahmen durch Abschaltung oder Meldung notwendig und sollten deshalb in jeder elektrischen Anlage vorgesehen werden. Dies gilt auch, obwohl die Norm diesen Abschnitt mit der Überschrift „Schutz durch automatische Abschaltung der Stromversorgung" beginnt. Die Körper der Betriebsmittel müssen nach den für jede Art des (Stromversorgungs- oder Stromverteilungs-)Systems festgelegten Bedingungen mit dem Schutzleiter oder der Erde verbunden werden. Die Schutzmaßnahmen mit Schutzleiter sind durch zwei Aussagen zu charakterisieren:

- Jede Schutzmaßnahme mit Schutzleiter ist systemabhängig, d. h., der Betreiber des Geräts oder der Anlage kann die Schutzmaßnahme nicht unabhängig von der Betriebsweise des versorgenden Netzes wählen.
- Die Schutzmaßnahme vermeidet im allgemeinen eine Gefährdung des Menschen und führt zur Abschaltung oder Meldung, sobald eine gefährliche Berührungsspannung auftritt.

Die Schutzmaßnahme mit Schutzleiter erfordert daher eine Koordinierung der Art der Erdverbindung und den Eigenschaften von Schutzleitern und Schutzeinrichtungen. Die Anforderungen für diese Schutzmaßnahmen und die Abschaltzeit wurden unter Berücksichtigung von IEC 479 festgelegt. Auch die Art der Systems kann dabei nicht unberücksichtigt bleiben.

Die möglichen Systeme sind:
- TN-System,
- TT-System,
- IT-System.

Die zulässigen Schutzeinrichtungen sind:
- Überstrom-Schutzeinrichtung,
- RCD,
- Isolationsüberwachungseinrichtung,

Bild 2.2 zeigt in einer Übersicht die Schutzmaßnahmen durch Abschaltung oder Meldung und die dazu notwendige Abstimmung der jeweils verwendeten Art der Systeme mit der geeigneten Schutzeinrichtung.

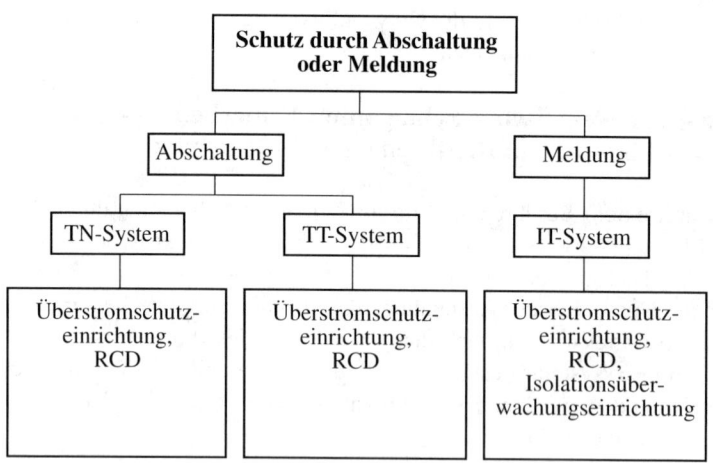

Bild 2.2 Koordination nach der Art der Systeme und Schutzeinrichtungen

Erwähnenswert ist dabei die dauernd zulässige Berührungsspannung, die durch internationale Vereinbarung für Normalfälle festgelegt wurde zu:
- U_L = 50 V Wechselspannung,
- U_L = 120 V Gleichspannung,

wobei für besondere Anwendungsfälle auch niedrigere Werte festgelegt werden können.
Der Fehlerschutz wird in DIN VDE 0100-410:1997-01, Abschnitt 413, in der allgemeinen Einleitung mit dem Schutz durch Abschaltung der Stromversorgung beschrieben.
Eine Schutzeinrichtung, die für den Schutz bei indirektem Berühren vorgesehen ist, muß automatisch die Stromversorgung des zu schützenden Stromkreises oder Betriebsmittels abschalten, damit im Fehlerfall zwischen einem aktiven Teil und einem Körper oder einem Schutzleiter des Stromkreises oder des Betriebsmittels eine zu erwartende Berührungsspannung die vereinbarte Berührungsspannung U_L nicht eine Zeitdauer überschreitet, die ausreicht, um das Risiko gefährlicher physiologischer Einwirkungen auf eine Person, die sich in Berührung mit gleichzeitig berührbaren leitfähigen Teilen befindet, zu verursachen.

Anmerkung: Im IT-System ist die automatische Abschaltung bei Auftreten des ersten Fehlers üblicherweise nicht erforderlich.

Für das IT-System ist die Einordnung unter den Oberbegriff „Schutz durch Abschaltung" meist nicht zutreffend. In den Anmerkungen dieses Abschnitts der Norm wird darauf hingewiesen, daß im IT-System die automatische Abschaltung bei Auftreten des ersten Fehlers üblicherweise nicht erforderlich ist. Der Schutz durch Abschaltung oder Meldung ist also für den Fehlerschutz durch Einbindung des IT-Systems de facto erhalten geblieben. Erst für den zweiten Fehler sind auch im IT-System die Bedingungen zur Abschaltung (wie im TT-System) einzuhalten.

2.1.3.1 Erdung und Schutzleiter
Die Körper müssen unter den für jedes System nach der Art der Erdungsverbindungen festgelegten Bedingungen an einen Schutzleiter angeschlossen werden. Gleichzeitig berührbare Körper müssen an demselben Erdungssystem angeschlossen werden.

2.1.4 Potentialausgleich

Dieser Abschnitt der Norm beschreibt den Hauptpotentialausgleich und den zusätzlichen Potentialausgleich.

2.1.4.1 Hauptpotentialausgleich
In jedem Gebäude müssen der Hauptschutzleiter, der Haupterdungsleiter, die Haupterdungsklemme oder Haupterdungsschiene und die folgenden fremden leitfähigen Teile zu einem Hauptpotentialausgleich verbunden werden:
- metallene Rohrleitungen von Versorgungssystemen innerhalb des Gebäudes, z. B. Gas, Wasser;
- Metallteile der Gebäudekonstruktion, Zentralheizungs- und Klimaanlagen;
- wesentliche metallene Verstärkungen von Gebäudekonstruktionen aus bewehrtem Beton, soweit möglich.

Solche Konstruktionsteile, von außerhalb des Gebäudes kommend, müssen so nahe wie möglich an ihrem Eintrittspunkt in das Gebäude miteinander verbunden werden.
Alle metallischen Umhüllungen von Fernmeldekabeln und Fernmeldeleitungen müssen in den Hauptpotentialausgleich einbezogen werden. Dafür ist jedoch die Zustimmung des Eigners oder Betreibers derartiger Kabel und Leitungen einzuholen.
Anmerkung: Wenn die Zustimmung nicht erreicht werden kann, liegt die Verantwortung zur Vermeidung jeder Gefahr infolge des Ausschlusses dieser Kabel und Leitungen von der Verbindung mit dem Hauptpotentialausgleich beim Besitzer oder Betreiber.

2.1.4.2 Zusätzlicher Potentialausgleich
Wenn die festgelegten Bedingungen für das automatische Abschalten in der Anlage oder in einem Teil der Anlage nicht erfüllt werden können, muß ein örtlicher Potentialausgleich – als zusätzlicher Potentialausgleich bekannt – angewendet werden.
Die Anwendung eines zusätzlichen Potentialausgleichs hebt nicht die Notwendigkeit auf, die Stromversorgung aus anderen Gründen abzuschalten, z. B. Brandschutz, thermische Überbeanspruchung eines Betriebsmittels usw.
Ein zusätzlicher Potentialausgleich darf die gesamte Anlage, einen Teil der Anlage, ein Gerät oder einen Bereich einschließen.
Ein zusätzlicher Potentialausgleich darf auch für Anlagen besonderer Art oder aus anderen Gründen notwendig sein.
Im IT-System hat der zusätzliche Potentialausgleich besondere Bedeutung, so daß er in einem anderen Abschnitt ausführlich beschrieben wird.

2.2 Art der Systeme

Da die Schutzmaßnahmen immer eine Koordination der Erdverbindung und der Eigenschaften von Schutzleitern und Schutzeinrichtungen in Verbindung mit den Ar-

ten der Systeme erfordern, sind im folgenden die Systeme mit deren Erdverbindungen, wie in DIN VDE 0100-300:1996-01 näher beschrieben, dargestellt. Internationale Untersuchungen ergaben, daß die bekannten Verteilungssysteme sich im wesentlichen durch drei Faktoren beschreiben lassen:
- Art der Erdverbindungen der Systeme,
- Art der Erdverbindungen der Körper der Betriebsmittel,
- Kennwerte der Schutzeinrichtungen (Auslöse- oder Meldegeräte).

Daraus ergeben sich als Kenngrößen für die Art der Verteilungssysteme:
- Art und Zahl der aktiven Leiter der Systeme,
- Art der Erdverbindung der Systeme.

Die Systeme werden wiederum unterschieden nach Wechselstrom und Gleichstromsystemen.
Wechselstromsysteme werden unterschieden in:
- Einphasen-2-Leiter-System,
- Einphasen-3-Leiter-System,
- Zweiphasen-3-Leiter-System,
- Zweiphasen-5-Leiter-System,
- Drehstrom-3-Leiter-System,
- Drehstrom-5-Leiter-System.

Gleichstromsysteme werden unterschieden in:
- 2-Leiter-System,
- 3-Leiter-System.

2.3 Systeme nach Art der Erdverbindung

Die verschiedenen Systembezeichnungen ergeben sich aus der Beziehung des Versorgungssystems zur Erde und der Beziehung der Körper der elektrischen Anlage zur Erde. Dabei gilt:

Erster Buchstabe – Beziehung des Versorgungssystems zur Erde:
T direkte Verbindung eines Punkts zur Erde,
I entweder alle aktiven Teile von Erde getrennt oder ein Punkt über eine Impedanz mit Erde verbunden.

Zweiter Buchstabe – Beziehung der Körper der elektrischen Anlage zur Erde:
T Körper direkt geerdet, unabhängig von der etwa bestehenden Erdung eines Punkts des Versorgungssystems,
N Körper direkt mit dem geerdeten Punkt des Versorgungssystems verbunden (in Wechselstromsystemen ist der geerdete Punkt im allgemeinen der Sternpunkt oder, falls ein Sternpunkt nicht vorhanden ist, ein Außenleiter).

Weitere anwendbare Buchstaben – Anordnung des Neutralleiters und des Schutzleiters:

S Für die Schutzfunktion ist ein Leiter vorgesehen, der vom Neutralleiter oder dem geerdeten Außenleiter (in Gleichstromsystemen geerdeter Negativ- oder Positivleiter) getrennt ist.

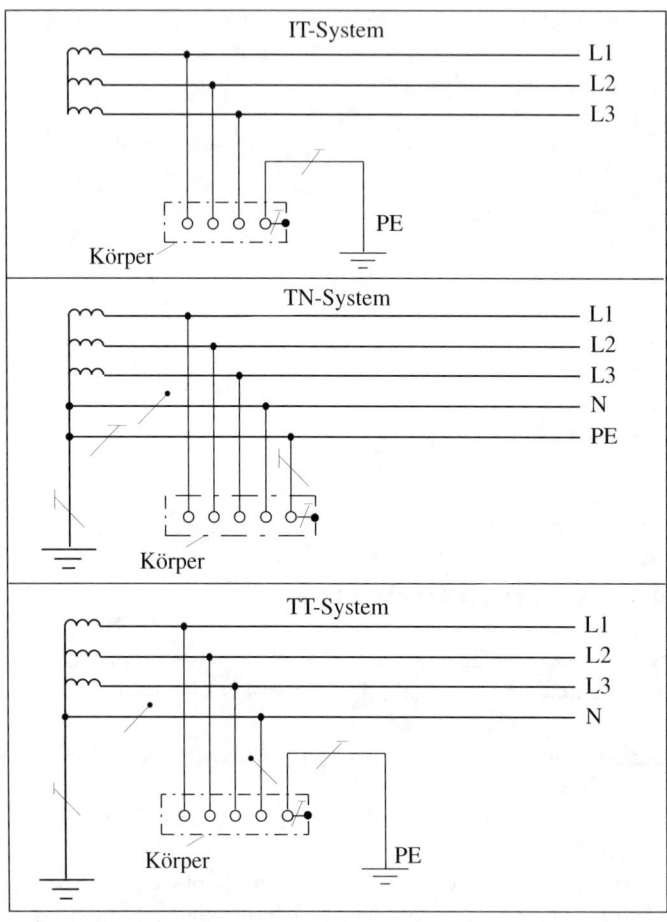

Bild 2.3 Art der Systeme nach DIN VDE 0100-300:1996-01

  Darstellung für den Schutzleiter

  Darstellung für den PEN-Leiter

  Darstellung für den Neutralleiter

C Neutralleiter- und Schutzleiterfunktionen kombiniert in einem Leiter (PEN-Leiter).
PE Schutzleiter.
N Neutralleiter.

Die drei Hauptformen sind:

| TN-System | TT-System | IT-System |

DIN VDE 0100-300:1996-01 unterscheidet nach den in **Bild 2.3** dargestellten (Verteilungs-)Systemen. Hier wird besonders deutlich, wie sich das IT-System von TT- und TN-Systemen durch die Art der Erdverbindung unterscheidet.

2.3.1 TN-Systeme

In TN-Systemen ist ein Punkt direkt geerdet; die Körper der elektrischen Anlage sind über Schutzleiter mit diesem Punkt verbunden.
Drei Arten von TN-Systemen (**Bild 2.**4) sind entsprechend der Anordnung der Neutralleiter und der Schutzleiter zu unterscheiden:
- TN-S-System: im gesamten System wird ein getrennter Schutzleiter angewendet;
- TN-C-S-System: in einem Teil des Systems sind die Funktionen des Neutralleiters und des Schutzleiters in einem einzigen Leiter kombiniert;
- TN-C-System: im gesamten System sind die Funktionen des Neutralleiters und Schutzleiters in einem einzigen Leiter kombiniert.

2.3.1.1 Schutzmaßnahmen und Schutzeinrichtungen in TN-Systemen
Alle Körper der Anlage müssen mit dem geerdeten Punkt des speisenden Netzes, der am oder in der Nähe des zugehörigen Transformators oder Generators geerdet sein muß, durch Schutzleiter verbunden sein.
Üblicherweise ist der geerdete Punkt des Stromversorgungssystems der Sternpunkt. Wenn ein Sternpunkt nicht vorhanden oder nicht zugänglich ist, so muß ein Außenleiter geerdet werden. In keinem Fall darf der Außenleiter als ein PEN-Leiter benutzt werden.
In TN-Systemen ist die Verwendung folgender Schutzeinrichtungen anerkannt:
- Überstrom-Schutzeinrichtungen,
- RCD.

Aus Gründen der Übersichtlichkeit sind die Schutzeinrichtungen im TN-System noch nach DIN VDE 0100-410:1983-11 aufgeführt.

- Überstrom-Schutzeinrichtungen
  Dieser Norm für den Schutz bei indirektem Berühren liegen die Kennwerte von Überstrom-Schutzeinrichtungen nach folgenden Normen zugrunde:
  – Niederspannungssicherungen nach den Normen der Reihe DIN VDE 0636,

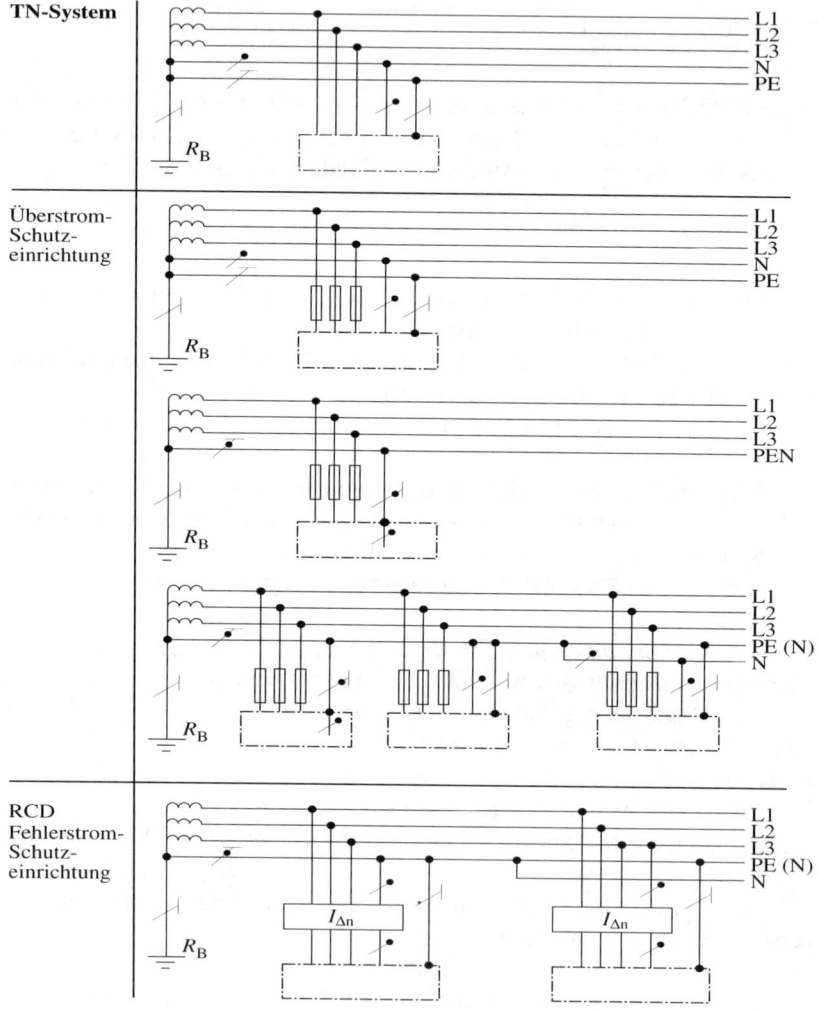

Bild 2.4 Schutzmaßnahmen im TN-System

- Geräteschutzsicherungen für den Hausgebrauch und ähnliche Zwecke nach DIN VDE 0820 Teil 1,
- Leitungsschutzschalter nach DIN VDE 0641,
- Leitungsschalter nach den Normen der Reihe DIN VDE 0660,
- Fehlerstrom-Schutzeinrichtungen.
  Dieser Norm liegen die Kennwerte von Fehlerstrom-Schutzeinrichtungen nach DIN VDE 0664 Teil 1 und DIN VDE 0664 Teil 2/8.88 zugrunde.

Anmerkung: Leitungsschutzschalter mit Differenzstromauslöser (LS/DI) nach DIN VDE 0641 Teil 4 gelten nicht als Fehlerstrom-Schutzeinrichtungen.

2.3.2 TT-Systeme

In TT-Systemen (**Bild 2.5**) ist ein Punkt direkt geerdet; die Körper der elektrischen Anlage sind mit Erdern verbunden, die elektrisch vom Erder für die Erdung des Systems unabhängig sind.

2.3.2.1 Schutzmaßnahmen und Schutzeinrichtungen in TT-Systemen
Alle Körper, die durch dieselbe Schutzeinrichtung geschützt sind, müssen durch Schutzleiter an einem gemeinsamen Erder angeschlossen werden.
Der Sternpunkt oder, falls dieser nicht vorhanden ist, ein Außenleiter jedes Generators oder Transformators muß geerdet werden.
In TT-Systemen sind folgende Schutzeinrichtungen anerkannt:
- RCD,
- Überstrom-Schutzeinrichtungen.

Aus Gründen der Übersichtlichkeit sind die Schutzeinrichtungen im TN-System noch nach DIN VDE 0100-410:1983-11 aufgeführt.
Im TT-System dürfen folgende Schutzeinrichtungen verwendet werden:
- Überstrom-Schutzeinrichtungen
  Dieser Norm für den Schutz bei indirektem Berühren liegen die Kennwerte von Überstrom-Schutzeinrichtungen nach folgenden Normen zugrunde:
  - Niederspannungssicherungen nach den Normen der Reihe DIN VDE 0636,
  - Geräteschutzsicherungen für den Hausgebrauch und ähnliche Zwecke nach DIN VDE 0820 Teil 1,
  - Leitungsschutzschalter nach DIN VDE 0641,
  - Leistungsschalter nach den Normen der Reihe DIN VDE 0660.
- Fehlerstrom-Schutzeinrichtungen
  Dieser Norm liegen die Kennwerte von Fehlerstrom-Schutzeinrichtungen zugrunde nach DIN VDE 0664 Teil 1 und DIN VDE 0664 Teil 2/08.88.

Anmerkung: Leitungsschutzschalter mit Differenzstromauslöser (LS/DI) nach DIN VDE 0664 Teil 4 gelten nicht als Fehlerstrom-Schutzeinrichtungen.

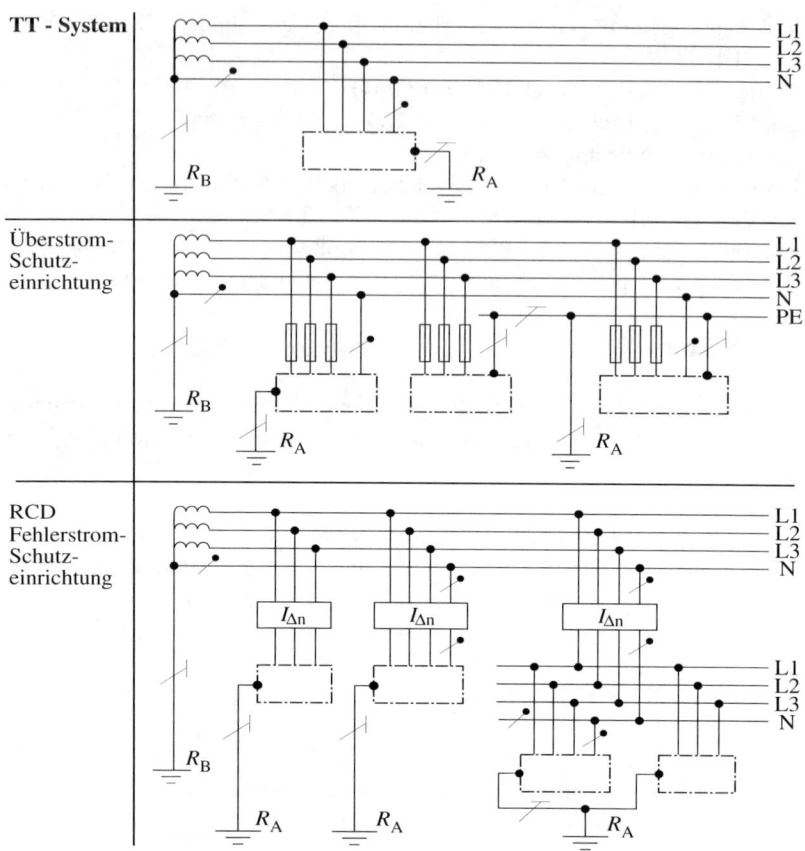

Bild 2.5 Schutzmaßnahmen in TT-Systemen

2.3.3 IT-Systeme

In IT-Systemen (**Bild 2.6**) sind alle aktiven Teile von Erde getrennt, oder ein Punkt ist über eine Impedanz mit Erde verbunden; die Körper der elektrischen Anlage sind entweder:
- einzeln geerdet oder
- gemeinsam geerdet oder
- gemeinsam mit der Erdung des Systems verbunden.

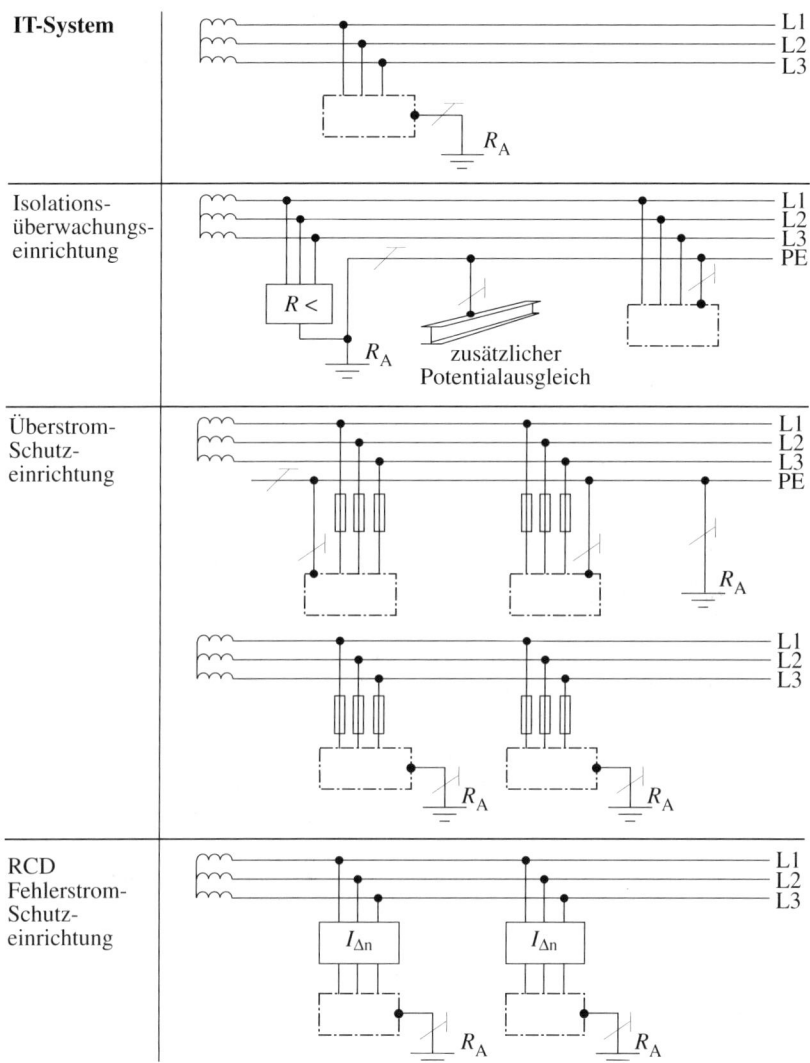

Bild 2.6 Schutzmaßnahmen in IT-Systemen

2.3.3.1 Schutzmaßnahmen und Schutzeinrichtungen in IT-Systemen

In IT-Systemen müssen die aktiven Teile entweder gegen Erde isoliert sein oder über eine ausreichend hohe Impedanz geerdet werden. Diese Impedanz darf zwischen Erde und dem Sternpunkt des Systems oder einem künstlichen Sternpunkt liegen. Der künstliche Sternpunkt darf unmittelbar mit Erde verbunden werden, wenn die resultierende Nullimpedanz des Systems ausreichend groß ist. Wenn kein Sternpunkt ausgeführt ist, darf ein Außenleiter über eine Impedanz mit Erde verbunden werden.

Im IT-System sind folgende Schutz- und Überwachungseinrichtungen anerkannt:
- Isolationsüberwachungseinrichtungen,
- Überstrom-Schutzeinrichtungen,
- RCD.

Aus Gründen der Übersichtlichkeit sind die Schutzeinrichtungen im IT-System noch nach DIN VDE 0100-410:1983-11 aufgeführt.

Im IT-System dürfen folgende Schutzeinrichtungen verwendet werden:
- Überstrom-Schutzeinrichtungen
  – Niederspannungssicherungen nach den Normen der Reihe DIN VDE 0636,
  – Geräteschutzsicherungen für den Hausgebrauch und ähnliche Zwecke nach DIN VDE 0820 Teil 1,
  – Leitungsschutzschalter nach DIN VDE 0641,
  – Leitungsschalter nach den Normen der Reihe DIN VDE 0660.
- Fehlerstrom-Schutzeinrichtungen
  Dieser Norm liegen die Kennwerte von Fehlerstrom-Schutzeinrichtungen nach DIN VDE 0664 Teil 1 und DIN VDE 0664 Teil 2/8.88 zugrunde.
  Anmerkung: Leitungsschutzschalter mit Differenzstromauslöser (LS/DI) nach DIN VDE 0641 Teil 4 gelten nicht als Fehlerstrom-Schutzeinrichtungen.
- Isolationsüberwachungseinrichtungen
  Dieser Norm liegen die Kennwerte von Isolationsüberwachungseinrichtungen nach DIN VDE 0413-2:1973-01 zugrunde.

(**Anmerkung des Autors**: Geräte nach dieser Norm gelten für reine Wechselspannungsnetze. Für Gleichspannungsnetze oder Wechsel- und Drehstromnetze mit möglichen Gleichstromanteilen sind Isolationsüberwachungsgeräte nach DIN VDE 0413-8:1984-02 zu verwenden.)

2.4 Ausführung und Wirksamkeit des zusätzlichen Potentialausgleichs

In den zusätzlichen Potentialausgleich müssen alle gleichzeitig berührbaren Körper fest angebrachter Betriebsmittel und alle gleichzeitig berührbaren fremden leitfähigen Teile einbezogen werden, wenn möglich auch wesentliche metallene Verstärkungen von Gebäudekonstruktionen von bewehrtem Beton.
Das Potentialausgleichssystem muß mit den Schutzleitern aller Betriebsmittel, einschließlich derjenigen von Steckdosen, verbunden werden.
Die Wirksamkeit des zusätzlichen Potentialausgleichs muß dadurch nachgewiesen werden, daß der Widerstand R zwischen gleichzeitig berührbaren Körpern und fremden leitfähigen Teilen die folgende Bedingung erfüllt:

$$R \leq \frac{50\ \text{V}}{I_a}.$$

Darin bedeuten:
I_a Strom, der das Abschalten der Schutzeinrichtung bewirkt:
– für RCD der Bemessungsdifferenzstrom $I_{\Delta n}$;
– für Überstrom-Schutzeinrichtungen der Strom, der eine Abschaltung innerhalb von 5 s bewirkt.

2.5 Weitere Schutzmaßnahmen

DIN VDE 0100-410:1997-01 zeigt weitere Schutzmöglichkeiten auf, die im folgenden zur Vollständigkeit aufgeführt sind:

2.5.1 Schutz durch Verwendung von Betriebsmitteln der Schutzklasse II oder durch gleichwertige Isolierung

Diese Maßnahme ist vorgesehen, um das Auftreten gefährlicher Spannungen an den berührbaren Teilen elektrischer Betriebsmittel infolge eines Fehlers der Basisisolierung zu verhindern.

2.5.2 Schutz durch nichtleitende Räume

Diese Schutzmaßnahme ist vorgesehen, um ein gleichzeitiges Berühren von Teilen, die aufgrund des Versagens der Basisisolierung aktiver Teile unterschiedschiedliches Potential haben können, zu vermeiden.

2.5.3 Schutz durch erdfreien örtlichen Potentialausgleich

Der erdfreie örtliche Potentialausgleich ist vorgesehen, um das Auftreten einer gefährlichen Berührungsspannung zu verhindern. Alle gleichzeitig berührbaren und fremde leitfähige Teile müssen durch Potentialausgleichsleiter miteinander verbunden werden. Das örtliche Potentialausgleichssystem darf weder direkt noch über Körper oder fremde leitfähige Teile mit geerdeten Teilen in Berührung sein.

2.5.4 Schutz durch Schutztrennung

Die Schutztrennung eines einzelnen Stromkreises ist vorgesehen, um Gefahren beim Berühren von Körpern zu verhindern, die durch einen Fehler der Basisisolierung des Stromkreises unter Spannung gesetzt werden können.
Die Schutztrennung ist in der Art der Speisung entweder eines oder mehrerer Betriebsmittel zu unterscheiden.

2.6 Geräte zum Prüfen der Schutzmaßnahmen nach DIN VDE 0413

Wie bereits erläutert, ist die Schutzmaßnahme bei indirektem Berühren durch Abschaltung oder Meldung zu erfüllen. Dies erfordert die Koordination der Art der Systeme mit den Schutzeinrichtungen. Bei IT-Systemen sind die Isolationsüberwachungseinrichtungen als Schutzeinrichtungen am gebräuchlichsten, so daß auf die VDE-Bestimmung für Isolationsüberwachungsgeräte näher eingegangen werden soll.
Die Normenreihe für „Geräte zum Prüfen der Schutzmaßnahmen in elektrischen Anlagen" wurde vom UK 922.3 der DKE (Deutsche Elektrotechnische Kommission) erarbeitet. Diese Normenreihe DIN VDE 0413 besteht aus neun Teilen, wobei die Teile 2 und 8 Isolationsüberwachungsgeräte beschreiben:
DIN VDE 0100-410 weist darauf hin, daß Isolationsüberwachungsgeräte, dort Isolationsüberwachungseinrichtung genannt, der Norm DIN VDE 0413-2:1973-01 entsprechen sollen. Dies sollte man heute jedoch um die neuere DIN VDE 0413-8: 1984-02 erweitern. Da diese VDE-Bestimmung erst am 1. Februar 1984 in Kraft trat, konnte sie bei der Erstellung der Errichtungsbestimmung DIN VDE 0100-410 noch nicht berücksichtigt werden.

DIN VDE 0413 besteht aus neun Teilen:

DIN VDE 0413-1:
Isolations-Meßgeräte, September 1980

DIN VDE 0413-2:
Isolationsüberwachungsgeräte zum Überwachen von Wechselspannungsnetzen mittels überlagerter Meßgleichspannung, Januar 1973

DIN VDE 0413-3:
Schleifenwiderstands-Meßgeräte, Juli 1977

DIN VDE 0413-4:
Widerstands-Meßgeräte, Juli 1977

DIN VDE 0413-5:
Erdungsmeßgeräte nach dem Kompensations-Meßverfahren, Juli 1977

DIN VDE 0413-6:
Geräte zum Prüfen der FI- und FU-Schutzschaltung, August 1987

DIN VDE 0413-7:
Erdungsmeßgeräte nach dem Strom-Spannung-Meßverfahren, Juli 1982

DIN VDE 0413-8:
Isolationsüberwachungsgeräte für Wechselspannungsnetze mit galvanisch verbundenen Gleichstromkreisen und Gleichspannungsnetzen, Februar 1984

DIN VDE 0413-9:
Drehfeldrichtungsanzeiger, Februar 1984

Wie im Kapitel 7 „Zur Geschichte des ungeerdeten Stromversorgungsnetzes" beschrieben ist, bestand der Wunsch zur ständigen Isolationsüberwachung der ungeerdeten Netze bereits zu Beginn der Stromversorgung und Verteilung. Die Entwicklung und Fertigung dieser Geräte folgte diesem Bedürfnis. Bereits Ende des vergangenen Jahrhunderts wurden Meßeinrichtungen bekannt, die grobe Informationen über den Isolationszustand der ungeerdeten Netze vermittelten. Doch den Wunsch nach Ermittlung des „absoluten Isolationswerts" der Netze konnten diese Geräte nicht erfüllen. Dies konnte praktisch erst mit dem System der überlagerten oder eingeprägten Meßgleichspannung durchgeführt werden. Diese Technik nennt man in Fachkreisen A-Isometer-Verfahren. Das erste A-Isometer-Meßprinzip von Dipl.-Ing. Walther Bender (Grünberg) wurde bereits 1939 patentiert. Die ersten Isolationsüberwachungsgeräte, die mit überlagerter bzw. eingeprägter Meßgleichspannung arbeiteten, kamen dann Ende der vierziger, Anfang der fünfziger Jahre auf den

Markt. Anfang der siebziger Jahre begann man damit, die erste VDE-Bestimmung für diese Geräte zu erstellen.

2.7 Geräte zum Prüfen der Schutzmaßnahmen nach EN 61557:1997

Aufgrund des Beschlusses der CENELEC (Europäisches Komitee für Elektrotechnische Normung) wurde nach Schriftstück BT (DE) Notification 78, eine neue Normenreihe erstellt. Diese Normenreihe wurde federführend von der DKE (Deutsche Elektrotechnische Kommission in DIN und VDE), UK 964.1, mit internationaler Beteiligung durchgeführt. Der Entwurf wurde als prEN 50197:1994 veröffentlicht. Gemeinsam mit IEC TC 85 wurde ein neuer Normentwurf erarbeitet und als Normenreihe prEN 61557:1996 zur Abstimmung vorgelegt.
Diese europäische Normenreihe hat den Titel:
„Electrical safety in low voltage distribution systems up to 1 kV a. c. and 1,5 kV d. c. – Equipment for testing, measuring or monitoring of protective measures".
Der deutsche Titel lautet:
„Elektrische Sicherheit in Niederspannungsnetzen bis 1000 V a. c. und 1500 V d. c. – Geräte zum Prüfen, Messen und Überwachen von Schutzmaßnahmen".

Die einzelnen Teile dieser europäischen Normenreihe haben folgenden Titel:

EN 61557-1:1997
Part 1: General requirements

EN 61557-2:1997
Part 2: Insulation resistance

EN 61557-3:1997
Part 3: Loop impedance

EN 61557-4:1997
Part 4: Resistance of earth connection and equipotential bonding

EN 61557-5:1997
Part 5: Resistance to earth

EN 61557-6:1997
Part 6: Residual current devices (RCD) in TT and TN systems

EN 61557-7:1997
Part 7: Phase sequence

EN 61557-8:1997
Part 8: Insulation monitoring devices for IT systems

2.8 Geräte zum Prüfen der Schutzmaßnahmen nach IEC 61557-8:1997-02

Parallel zu den Arbeiten bei CENELEC wurde vom TC 85 der IEC eine Normenreihe für Geräte zum Prüfen der Schutzmaßnahmen erarbeitet.
Die Norm IEC 1557 trägt den Titel: „Electrical safety in low voltage distribution systems up to 1 000 V a. c. and 1 500 V d. c. – Equipment for testing, measuring or monitoring of protective measures" [2.3].
Im Vorwort wird auf die Notwendigkeit der Entwicklung einer solchen Normenreihe und auf die Bedeutung der ständigen Isolationsüberwachung in IT-Systemen hingewiesen. Dieses Vorwort lautet wie folgt:
Mit der Veröffentlichung der IEC-Publikation 364-6-61 (1987) „Erection of power installations with nominal voltages up to 1 000 V; Initial verification" und ihrer Einführung als Harmonisierungsdokument HD 384.6.61 durch die Mitgliedstaaten der CENELEC wurden einheitliche Voraussetzungen für die Erstprüfung von Starkstromanlagen in TN-, TT- oder IT-Systemen und für Prüfungen dieser Anlagen nach Änderungen geschaffen.
Die IEC-Publikation 364-6-61/HD 384.6.61 S1 enthält neben allgemeinen Hinweisen zur Durchführung der Prüfungen eine Reihe von Vorgaben, die durch Messung zu überprüfen sind. Nur in wenigen Fällen, wie z. B. bei der Messung des Isolationswiderstands, enthält die Norm einige konkrete Angaben bezüglich der Eigenschaften der zu verwendenden Meßgeräte. Die im Anhang beispielhaft wiedergegebenen Meßschaltungen, auf die im Text verwiesen wird, sind für den praktischen Gebrauch meist ungeeignet.
Dabei müssen die Prüfungen in Anlagen mit gefährlichen Spannungen durchgeführt werden, wo es durch unvorsichtiges Hantieren oder durch einen Defekt in der Anlage sehr leicht zu einem Unfall kommen kann. Der Prüfer ist deswegen auf Meßgeräte angewiesen, die ihm neben einer Vereinfachung der Messungen auch ein sicheres Messen gewährleisten.
Für Meßgeräte zum Prüfen von Schutzmaßnahmen reicht daher die Anwendung der üblichen Sicherheitsvorschriften für elektrische und elektronische Meßgeräte (IEC-Richtlinie 1010-1) nicht aus. Bei Messungen in Anlagen können nicht nur Gefahren

für den Prüfer selbst, sondern je nach Meßmethode auch Gefahren für unbeteiligte Dritte entstehen.
Ebenfalls sind für eine objektive Beurteilung einer Anlage, z. B. bei Übergabe einer Anlage, bei Wiederholungsprüfungen, für ständige Isolationsüberwachung oder bei Gewährleistungsfällen, zuverlässige und vergleichbare Meßergebnisse mit Meßgeräten verschiedener Hersteller eine wichtige Voraussetzung.
Ziel des vorliegenden Entwurfs dieser Normenreihe war es, gemeinsame Grundsätze für Meß- und Überwachungseinrichtungen zum Prüfen der elektrischen Sicherheit in Netzen mit Nennspannungen bis 1 000 V AC und 1 500 V DC festzulegen, die den oben angeführten Gesichtspunkten entsprechen.
Dazu dient eine Reihe gemeinsamer Festlegungen im Entwurf zum Teil 1 bzw. zu den einzelnen Teilen dieser Normenreihe:
- Fremdspannungsfestigkeit,
- Schutzklasse II (Ausnahme Isolationsüberwachungsgeräte),
- Vorgaben und Vorkehrungen gegen Gefahren durch gefährliche Berührungsspannungen am Meßobjekt,
- Vorgabe zur Beurteilung von Anschlußkonfigurationen bzw. eventuellen Schaltungsfehlern in der geprüften Anlage,
- spezielle mechanische Anforderungen,
- Meßverfahren,
- Meßgrößen, Nenngebrauchsbereiche,
- Vorgaben der maximalen Betriebsabweichung,
- Vorgaben für die Prüfungen der Einfluß-Effekte und Berechnung der Betriebsmeßabweichung,
- Berücksichtigung der Meßgerätefehler bei den von der Errichtungsvorschrift vorgegebenen Grenzwerten,
- Vorgabe der Arten der Typ- und Stückprüfungen und der dazu erforderlichen Prüfbedingungen.

Literatur

[2.1]   Edwin, K. W.; Jakli, G.; Thielen, H.: Möglichkeiten zur Bewertung von Schutzmaßnahmen gegen gefährliche Körperströme. Forschungsbericht Nr. 155. Bundesanstalt für Arbeitsschutz und Unfallforschung, Dortmund, 1976, S. 8
[2.2]   Kiefer, Gerhard: VDE 0100 und die Praxis. 7. Aufl., Berlin und Offenbach: VDE-VERLAG, 1996, S. 52
[2.3]   IEC 1557: Bureau Central de la Commission Electrotechnique Internationale. 3, rue de Varambe Geneve, Suisse

3 Gerätenormen für Isolationsüberwachungseinrichtungen

Für Isolationsüberwachungseinrichtungen gibt es mittlerweile nationale und internationale Gerätenormen. Diese Einrichtungen umfassen Isolationsüberwachungsgeräte, Melde- und Prüfkombinationen sowie Isolationsfehlersucheinrichtungen. Die folgenden Abschnitte beschreiben diese Gerätenormen und geben Hinweise auf den Anwendungsbereich unter Angabe einiger technischer Daten.

3.1 Isolationsüberwachungsgeräte zum Überwachen von Wechselspannungsnetzen nach DIN VDE 0413-2

Der Geltungsbereich von DIN VDE 0413-2:1973-01 ist wie folgt festgelegt:
Diese Bestimmungen gelten für Isolationsüberwachungsgeräte, die mit einer überlagerten Gleichspannung dauernd den Isolationswiderstand gegen Erde von ungeerdeten Wechselspannungsnetzen bis 1000 V überwachen.
Festgelegt wurden Anforderungen an die Höhe der Meßgleichspannung, die Genauigkeit der Ansprechwerte und der Anzeige sowie die Werte des Wechsel- und Gleichstrom-Innenwiderstands.
Neben der Definition der Begriffe, Anforderungen, Gebrauchsanweisungen und Prüfungen finden wir auch praktische Hinweise für Anwender von Isolationsüberwachungsgeräten, z. B., daß mehrere Isolationsüberwachungsgeräte nicht parallel geschaltet werden dürfen oder Fremdgleichspannungen die Anzeige verfälschen.
In den achtziger Jahren kamen in industriellen Wechselspannungsnetzen zunehmend galvanisch verbundene Gleichstromkreise zum Einsatz (z. B. für Regelantriebe). Auch Gleichspannungsnetze wurden häufiger installiert.
Diesen Umständen trug man dann auch in der Komiteearbeit Rechnung und begann mit der Erarbeitung einer Bestimmung für die letztgenannten Netzformen. So entstand DIN VDE 0413-8.

3.2 Isolationsüberwachungsgeräte für Wechselspannungsnetze mit galvanisch verbundenen Gleichstromkreisen oder Gleichspannungsnetzen nach DIN VDE 0413-8

Der Geltungsbereich von DIN VDE 0413-8:1984-02 ist wie folgt festgelegt:
Diese Norm gilt für Isolationsüberwachungsgeräte, die dauernd den Isolationswiderstand gegen Erde von ungeerdeten Wechselspannungsnetzen mit galvanisch verbundenen Gleichstromkreisen mit Nennspannungen bis 1000 V überwachen, unabhängig vom Meßverfahren. Sie sind auch für Gleichspannungsnetze bis 1500 V geeignet.
Erwähnenswert bei dieser Bestimmung sind neue Fakten, die bei Teil 2 nicht von Bedeutung waren. Es handelt sich um eine Bestimmung, die das Meßverfahren nicht exakt festlegt, um so den Herstellern einen gewissen Spielraum für Weiterentwicklungen zu überlassen. Erstmalig wurde auf die Problematik der Netzableitkapazitäten hingewiesen, so daß u. a. größere Toleranzbereiche notwendig sind.

3.3 Insulation monitoring devices (Isolationsüberwachungsgeräte) nach IEC 364-5-53 Second edition; 1994-06

Auch international wurde an einer Norm für Isolationsüberwachungsgeräte gearbeitet. Das Technische Komitee 64 der IEC hat ebenfalls ein Dokument für Isolationsüberwachungsgeräte erarbeitet. Dies wurde mit der IEC-Publikation 364: Electrical installations of buildings; part 5: Selection and Erection of electrical equipment, chapter 53: Switchgear and Controlgear, clause 532.3 Insulation monitoring devices, in englischer Sprache veröffentlicht:
An insulation monitoring device provided in accordance with 413.1.5.4 is a device continuously monitoring the insulation of an electrical installation. It is intended to indicate a significant reduction in the insulation level of the installation to allow the cause of this reduction to be found before the occurence of a second fault and thus avoid disconnection of the supply.
Accordingly, it is set at a value below that specified in chapter 61, clause 612.3 appropriate to the installation concerned.
Insulation monitoring devices shall be so designed or installed that it shall be possible to modify the setting only by the use of a key or a tool.

3.4 Isolationsüberwachungseinrichtungen nach DIN VDE 0100-530/A1

Dieser Norm-Entwurf enthält die deutsche Übersetzung des internationalen Schriftstücks IEC 64(CO)164 Abschnitt 532.3: Isolationsüberwachungseinrichtungen. Eine Isolationsüberwachungseinrichtung, die nach Abschnitt 413.1.5.4 eingesetzt ist, ist eine Einrichtung, die den Isolationszustand einer elektrischen Anlage dauernd überwacht. Sie soll jedes nennenswerte Absinken unter einen bestimmten Grenzwert des Isolationszustands der Anlage anzeigen. Dadurch soll es ermöglicht werden, den Grund für dieses Absinken zu finden, bevor ein zweiter Fehler auftritt, um damit eine Abschaltung der Versorgung zu vermeiden. Folglich muß die Einrichtung auf einen Ansprechwert eingestellt werden, der unterhalb des Werts liegt, der für die jeweilige Anlage entsprechend festgelegt ist. Isolationsüberwachungseinrichtungen müssen so beschaffen sein, daß eine Veränderung des Ansprechwerts nur mittels Schlüssel oder Werkzeug möglich ist.

3.5 Isolationsüberwachungsgeräte nach amerikanischer Norm ASTM F 1207-89

Im Jahr 1989 wurde auch in den USA von der ASTM (American Society for Testing and Material) eine Norm für Isolationsüberwachungsgeräte veröffentlicht:
F 1207-89 „Standard Specification for Electrical Insulation Monitors for Monitoring Ground Resistance in Active Electrical Systems" [3.1].
Diese Norm beschreibt im wesentlichen Isolationsüberwachungsgeräte für reine Wechselspannungsnetze nach dem System der überlagerten Meßgleichspannung.

3.6 Isolationsüberwachungsgeräte nach amerikanischer Norm ASTM F 1134-88

Der ASTM-Standard F 1134-88 ist eine Norm für Isolationsüberwachungsgeräte zur Überwachung von Elektromotoren und Generatoren auf Schiffen. Dieser Standard beschreibt die Funktion von Geräten zum automatischen Erkennen von Isolationsfehlern in abgeschalteten elektrischen Motoren oder Generatoren.
Die Isolationsüberwachungsgeräte sind vorgesehen zur festen Installation in bereits existierenden oder neuen Steuerschränken und ausgelegt für Schiffsanwendung. Isolationsüberwachungsgeräte nach diesem Standard arbeiten mit einer überlagerten Meßgleichspannung. Diese Spannung ist begrenzt auf DC 24 V und der maximale Meßstrom auf 100 µA.

3.7 Isolationsüberwachungsgeräte nach französischer Norm UTE C 63-080/10.90

Die UTE (Union Technique de l'Electricité) veröffentlichte bereits 1972 eine Norm für Isolationsüberwachungsgeräte mit dem Titel (Dispositifs de contrôle permanent de l'isolement). Diese Norm wurde 1990 erneut – erweitert um die Erdschlußsuche – der Öffentlichkeit vorgestellt (Dispositifs de contrôle permanent d'isolement et dispositifs de localisation de défauts associés) [3.2]. Sie enthält Hinweise auf die maximal zulässige Meßgleichspannung, den maximalen Meßstrom, den Innenwiderstand und weitere technische Details. Die Kurzbezeichnung für die Geräte ist in Frankreich CPI.

3.8 Isolationsüberwachungsgeräte nach EN 61557-8:1997

Der Teil 8 der europäischen Normenreihe EN 61557-8:1997 beschreibt Isolationsüberwachungsgeräte und hat den Titel:
„Isolationsüberwachungsgeräte für Wechselspannungsnetze, für Wechselspannungsnetze mit galvanisch verbundenen Gleichstromkreisen und für Gleichspannungsnetze."

Der Anwendungsbereich ist wie folgt beschrieben:
Diese Norm gilt für Isolationsüberwachungsgeräte, die dauernd den Isolationswiderstand gegen Erde von ungeerdeten IT-Wechselspannungsnetzen bzw. von IT-Wechselspannungsnetzen mit galvanisch verbundenen Gleichstromkreisen mit Nennspannungen bis 1000 V sowie von IT-Gleichspannungsnetzen bis 1500 V überwachen, unabhängig vom Meßverfahren.

Anmerkung 1:
IT-Systeme sind z. B. in IEC 364-4-41 (1977) beschrieben. Soweit in solchen Normen zusätzliche Angaben für die Auswahl der Geräte stehen, sind auch diese zu beachten.

Anmerkung 2:
Der Einsatz von Isolationsüberwachungsgeräten in IT-Systemen wird in verschiedenen Normen gefordert. Dabei haben diese Geräte die Aufgabe, die Unterschreitung eines Mindestwerts des Isolationswiderstands gegen Erde zu melden.

Anmerkung 3:
Isolationsüberwachungsgeräte nach dieser Norm können auch zur Überwachung abgeschalteter Netze verwendet werden.

Bei der Entwicklung dieser Norm wurden die bisherigen Teile von DIN VDE 0413-2 und -8 zusammengefaßt und internationale Anregungen mit eingearbeitet. Die Anforderungen dieser Norm sind auszugsweise wie folgt festgelegt: Isolationsüberwachungsgeräte müssen von dem ihnen vorgegebenen Meßprinzip her dazu in der Lage sein, sowohl symmetrische als auch unsymmetrische Isolationsverschlechterungen zu melden.

Anmerkungen:
1. Eine „symmetrische" Isolationsverschlechterung liegt dann vor, wenn sich der Isolationswiderstand aller Leiter des zu überwachenden Netzes (annähernd) gleichmäßig verringert. „Unsymmetrisch" ist eine Isolationsverschlechterung dann, wenn sich der Isolationswiderstand, z. B. eines Leiters, (wesentlich) stärker verringert als der der (des) übrigen Leiter(s).

Kennzeichnung	reine Wechselspannungsnetze	Netze mit galvanisch verbundenen Gleichstromkreisen, Gleichspannungsnetze
Ansprechzeit t_{an}	$\leq$ 10 s bei 0,5 · R_{an} und $C_e = 1$ µF	$\leq$ 100 s bei 0,5 · R_{an} und $C_e = 1$ µF
Scheitelwert der Meßspannung U_m	bei 1,1 · U_n und 1,1 · U_v sowie $R_F \to \infty$: $\leq$ 120 V	bei 1,1 · U_n und 1,1 · U_v sowie $R_F \to \infty$: $\leq$ 120 V
Meßstrom I_m	$\leq$ 10 mA bei $R_F = 0$ Ω	$\leq$ 10 mA bei $R_F = 0$ Ω
Wechselstrom-Innenwiderstand Z_i	$\geq$ 250 Ω/V Netznennspannung, mindestens $\geq$ 15 kΩ	$\geq$ 250 Ω/V Netznennspannung, mindestens $\geq$ 15 kΩ
Gleichstrom-Innenwiderstand R_i	$\geq$ 30 Ω/V Netznennspannung, mindestens $\geq$ 1,8 kΩ	$\geq$ 30 Ω/V Netznennspannung, mindestens $\geq$ 1,8 kΩ
dauernd zulässige Netzspannung	$\leq$ 1,15 · U_n	$\leq$ 1,15 · U_n
dauernd zulässige Fremdgleichspannung U_{fg}	nach Angabe des Herstellers	$\leq$ Scheitelwert 1,15 · U_n, entfällt bei reinen GS-Netzen
Ansprechabweichung	0 % bis + 30 % vom Sollansprechwert R_{an}	0 % bis + 50 % vom Sollansprechwert R_{an}
Netzableitkapazität	$C_e \leq 1$ µF	$C_e \leq 1$ µF
Umgebungsbedingungen, Umgebungstemperatur klimatische Umweltbedingungen	Betrieb: – 5 °C bis + 50 °C Transport: – 25 °C bis + 70 °C Lagerung: – 25 °C bis + 55 °C IEC 721-3-3, Klasse 3K5	Betrieb: – 5 °C bis + 50 °C Transport: – 25 °C bis + 70 °C Lagerung: – 25 °C bis + 55 °C IEC 721-3-3, Klasse 3K5
Kontaktkreise: Kontaktklasse Kontaktbemessungsspannung Einschaltvermögen Ausschaltvermögen	IIB (IEC 255-0-20) 250 V AC/300 V DC 5 A AC und DC 2 A, 230 V AC, cos $\varphi = 0,4$ 0,2 A, 220 V DC, $L/R = 0,04$ s	IIB (IEC 255-0-20) 250 V AC/300 V DC 5 A AC und DC 2 A, 230 V AC, cos $\varphi = 0,4$ 0,2 A, 220 V DC, $L/R = 0,04$ s

Tabelle 3.1 Anforderungen an Isolationsüberwachungsgeräte nach EN 61557-8

2. „Erdschlußüberwachungsrelais", die als alleiniges Meßkriterium die bei Erdschluß entstehende Unsymmetriespannung (Verlagerungsspannung) nutzen, sind keine Isolationsüberwachungsgeräte im Sinne dieser Norm.
Die wichtigsten technischen Daten von Teil 8 für Isolationsüberwachungsgeräte sind enthalten in **Tabelle 3.1** „Anforderungen an Isolationsüberwachungsgeräte".

3.9 Unterscheidung zwischen Isolationsüberwachungsgeräten und Differenzstromüberwachungsgeräten nach IEC SC 23E

Im Rahmen der Internationalen Elektrotechnischen Kommission (IEC) wurde 1991 in Pretoria beschlossen, eine Norm für Isolationsüberwachungsgeräte zu erstellen. Der Normungsantrag basiert auf dem norwegischen Schriftstück 23E (Norwegen) 18. Die Arbeiten dazu wurden der Arbeitsgruppe 6 von IEC SC 23E übertragen. Diese Arbeitsgruppe definierte erstmalig die Unterscheidungsmerkmale zwischen aktiver Isolationsüberwachung und passiver Differenzstrommessung. Es wurde festgelegt, daß von IEC SC 23E eine Norm für passive Überwachungsgeräte definiert werden soll, die auf den Meßverfahren der Differenzstrommessung basiert. Unsymmetrische Isolationsfehler führen bekanntermaßen in elektrischen Netzen zu Differenzströmen. Isolationsüberwachungsgeräte (IMD Insulation Monitoring Devices) mit aktiven Meßverfahren fallen dagegen in den Aufgabenbereich von IEC TC 85. Passive Überwachungsgeräte werden daher zukünftig RCM (Residual Current Monitors) benannt. Ein entsprechender Normentwurf mit dem Titel „Differenzstromüberwachungsgeräte für Hausinstallationen und ähnliche Anwendungen" liegt vor. Da im Anwendungsbereich die Unterscheidungsmerkmale zwischen IMD und RCM festgelegt sind, wird im folgenden die Anmerkung dazu wiedergegeben:

Anmerkung:
Ein RCM unterscheidet sich von einem IMD dadurch, daß es in seiner Überwachungsfunktion passiv arbeitet und nur auf unsymmetrische Ströme im überwachten System anspricht. Ein IMD ist in seiner Überwachungs- und Meßfunktion aktiv, wodurch es symmetrische und unsymmetrische Isolationswiderstände oder Impedanzen im System messen kann.

3.10 Einrichtungen zur Isolationsfehlersuche in Betrieb befindlicher IT-Systeme

Im Rahmen der Normenreihe EN 61557 wird vom zuständigen Komitee UK 964.1 ein weiterer Teil erarbeitet. Dieser Teil hat den Titel: „Einrichtungen zur Isolationsfehlersuche in Betrieb befindlicher IT-Systeme".

Diese Norm legt spezielle Anforderungen für Isolationsfehlersucheinrichtungen fest, welche isolationsfehlerbehaftete Netzabschnitte in ungeerdeten IT-Wechselspannungsnetzen bzw. IT-Wechselspannungsnetzen mit galvanisch verbundenen Gleichstromkreisen mit Nennspannungen bis 1 000 V AC sowie Gleichstromnetze bis 1 500 V DC lokalisieren können, unabhängig vom Meßverfahren.

Isolationsfehlersucheinrichtungen müssen bei einer symmetrischen Netzableitkapazität von insgesamt 1 µF je aktivem Leiter in der Lage sein, einen festgelegten Prüfstrom unter festgelegten Netzbedingungen zu erfassen und auszuwerten.

Hinweise für Isolationsfehlersuchsysteme sind unter anderem zu finden in der IEC-Publikation 364-4-41, Punkt 413.1.5.4 (Note):
- *Note*: It is recommended that the first fault should be eliminated with the shortest partical delay.

Ferner in DIN VDE 0100-410:1983-11, Punkt 6.1.5.7:
- Sofern eine Isolationsüberwachungseinrichtung vorgesehen ist, mit der der erste Körper- oder Erdschluß angezeigt wird, muß diese Einrichtung:
  – ein akustisches oder optisches Signal auslösen oder
  – eine automatische Abschaltung herbeiführen.

Anmerkung: Es wird empfohlen, den ersten Isolationsfehler so schnell wie möglich zu beseitigen.

Literatur

[3.1] ASTM, 1916 Race St., Philadelphia, Pa. 19103, USA: Standards for Materials, Products, Systems & Services

[3.2] Edité par l'Union Technique de l'Electricité (UTE), Cedex 64-92052 Paris La Defense

4 Isolationswiderstand

Schon die über 100 Jahre zurückliegende, erste offizielle Benennung kennzeichnet die Bedeutung des Isolationswiderstands in elektrischen Netzen, Anlagen, Geräten und Komponenten. Grenzwerte und deren Prüfung sowie Überwachung, Meldung und Schutzmaßnahmen sind zwingend vorgeschrieben. In TT- und TN-Systemen sind RCD-Schutzeinrichtungen, die bei direktem Berühren ansprechen, fast jedem geläufig. Weniger bekannt ist hier die Differenzstrommessung zur Fehlermeldung. Im IT-System überwacht man den Absolutwert einer Anlage ständig und zeigt dessen Unterschreitung optisch oder akustisch an [4.1].
1991 erschien ein Artikel des amerikanischen NFPA-Journals, des offiziellen Magazins der National Fire Protection Association [4.2], mit einer Statistik über die auslösenden Ursachen für Brände in US-Haushalten von 1983 bis 1987. Ursache von 6,8 % aller Brände mit 170 Toten, 632 Verletzten und 183 Mio. Dollar Sachschaden war defekte Kabel- oder Leitungsisolation. Für Wandinstallationen waren in 14 % der Fälle Kurz- oder Erdschlüsse die Brandursache. Nun sollte man jedoch diese amerikanische Statistik nicht auf deutsche Verhältnisse übertragen. Doch auch in einem deutschen Forschungsbericht aus dem Jahre 1990 über „Ursachen tödlicher Stromunfälle bei Niederspannung" findet man den Isolationsfehler als Fehlerursache [4.3]. Dabei trat in der Gruppe Bedienfehler (164 Unfälle) der Isolationsfehler in 26 Fällen auf. Hier wurde die vorhandene Isolation von Laien entweder beschädigt, an Geräten abgenommen oder durch Wasser außer Kraft gesetzt. Sicherlich sollte man diese Zahlen bei der Vielzahl ordnungsgemäßer Installationen nicht überbewerten, sie machen jedoch die Bedeutung vorbeugender Isolationsmessung bei TN- und TT-Systemen sowie die ständige Isolationsüberwachung im IT-System deutlich.
Bei der Betrachtung des Isolationswiderstands sind zwei generelle Unterscheidungen zu treffen. Dies ist der Isolationswiderstand:
- beliebiger abgeschalteter Netze ohne angeschlossene Verbraucher,
- beliebiger eingeschalteter Netze mit Verbrauchern.

Die markanten Unterschiede zwischen Isolationswerten der genannten Netzformen sollen hier verdeutlicht werden, da die Unterscheidungen häufig nicht erkannt, verwechselt oder gar nicht bekannt sind.
Das Wissen um die Gefahr beim Einsatz elektrischer Energie stammt schon aus der Pionierzeit. Nicht umsonst verlangten englische Versicherungsingenieure des Phoenix Fire Office in London bereits 1882 besondere Vorsichtsmaßnahmen bei der Verlegung von Leitungen, nicht umsonst sollen bereits damals alle Hauptleitungen mit

einem nicht entflammbaren Material isoliert und von einer „doppelten Schutzschicht aus einem stabilen und dauerhaften Stoff" umgeben gewesen sein [4.4].

4.1 Erste Sicherheitsvorschriften 1883 in Deutschland

Zahlreiche Brände durch elektrischen Strom in verschiedenen Industriezweigen veranlaßten die deutschen Feuerversicherer am 20. August 1883 zur Herausgabe ihrer ersten Sicherheitsvorschriften für elektrische Einrichtungen, die sich im wesentlichen auf das Anbringen von Bogen- und Glühlampen bezog. Mit der Übersetzung der „Vorschriften des Phoenix Fire Office" für elektrische Licht- und Kraftanlagen, im Jahr 1891, wurde der deutschen Öffentlichkeit ein für damalige Verhältnisse bedeutendes Bestimmungswerk zugänglich gemacht. Seinen Wert mag man daran ermessen, daß es in acht Jahren nicht weniger als sechzehnmal erschien. Es enthält zum ersten Mal auch Angaben über den Isolationswiderstand, dessen Höhe von der Art des betriebenen Netzes und der Verbraucheranzahl abhängig gemacht wurde.
In Deutschland hielt man die Abhängigkeit des Isolationswiderstands von der Anzahl der Lampen für zu ungenau. Der Elektrotechnische Verein (ETV) in Berlin bildete einen Technischen Ausschuß, der am 20. Dezember 1894 „Sicherheitsvorschriften für elektrische Starkstromanlagen gegen Feuergefahr" herausbrachte. Ein besonderes Kapitel ist in § 5 dem Isolationswiderstand (W) gewidmet.
Die ersten umfassenden Sicherheitsvorschriften für elektrische Starkstromanlagen in Deutschland wurden vom Verband Deutscher Elektrotechniker e. V. (VDE), gegründet 1893, herausgegeben und am 9. Januar 1896 in der etz, Elektrotechnische Zeitschrift, 17. Jahrgang, Heft 2, veröffentlicht. Der Isolationswiderstand wurde im gesamten Abschnitt VI „Isolation der Anlage" beschrieben [4.5].
Wichtigste Voraussetzung zur Vermeidung von Sach- und Personenschäden durch elektrische Anlagen ist eine ausreichend bemessene Isolation [4.6], so daß man weit höhere Anforderungen an sie stellt, als es aus betrieblichen Gründen erforderlich wäre. Die Prüfung von Isolationswiderständen ist ein Schwerpunkt für die Beurteilung der Sicherheit einer elektrischen Anlage.

4.2 Komplizierte Gebilde

Isolationswiderstände der aktiven Leiter einer elektrischen Anlage oder eines Betriebsmittels gegen Erde bzw. gegen den Schutzleiter bzw. gegen berührbare, leitfähige Teile sind in ihrer räumlichen und physikalischen Darstellung sehr komplizierte Gebilde, die keinesfalls nur aus der Isolierung der Leiter, sondern zusätzlich aus Luftstrecken oder verschmutzten und feuchten Kriechstrecken bestehen. In allge-

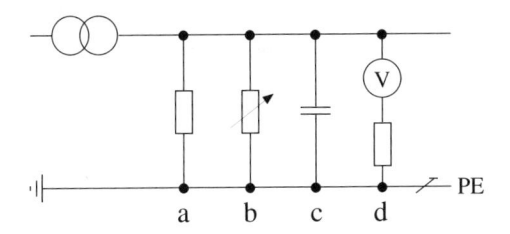

Bild 4.1 Ersatzschaltbild für Isolationswiderstände
a, b, c konstanter, veränderlicher und kapazitiver Widerstand
d Spannung mit Vorwiderstand

meinster Form kann man sie in der Ersatzschaltung nach **Bild 4.1** darstellen. Hierin erhält Zweig a einen von der Höhe der Spannung unabhängigen Widerstand, der in Verbindung mit Zweig b, der einen spannungsabhängigen Widerstand enthält, den normalerweise als Isolationswiderstand bezeichneten Teil umfaßt. Ferner muß mit geringen elektrischen Spannungen zwischen den Meßpunkten gerechnet werden, die in Zweig d des Ersatzschaltbilds angeführt sind. Die Ableitungskapazität c ist eine relativ konstante Größe, die sich lediglich mit dem Umfang des Netzes (Kabellänge) oder durch Zuschalten von Verbrauchern ändert.

In der Schutztechnik elektrischer Anlagen sind in erster Linie Isolationsfehler zu erwähnen, also Kurz- oder Erdschlüsse. Ihr Anteil an der Gesamtzahl aller Netzfehler liegt in allen Spannungsebenen durchweg bei 80 % bis 90 % [4.7].

4.3 Definition in DIN VDE

Das deutsche VDE-Vorschriftenwerk enthält einige allgemeine Definitionen, so DIN VDE 0100-200:1982-04 „Errichten von Starkstromanlagen bis 1 000 V", allgemeingültige Begriffe (VDE-Bestimmung): „Isolationsfehler ist ein fehlerhafter Zustand der Isolierung". In DIN VDE 0100-420 A2:1990-06 (Entwurf), Errichten von Starkstromanlagen bis 1 000 V, Schutzmaßnahmen, Schutz gegen thermische Einflüsse, heißt es: „Isolationsfehler ist ein fehlerhafter Zustand der Isolierung", mit der Anmerkung: „durch Isolationsfehler können Fehlerströme unterschiedlicher Größe auftreten. Sie sind abhängig vom Widerstand an der Fehlerstelle. Solche Fehlerströme können auftreten zwischen einem aktiven Leiter des Betriebsmittels und dem Körper-/Schutzleiter oder zwei aktiven Teilen, zum Beispiel Außenleitern. Gefährliche Isolationsfehlerströme sind solche Fehlerströme, durch die ein Brand entstehen kann."

In DIN VDE 0413 „Geräte zum Prüfen der Schutzmaßnahmen in elektrischen Anlagen" findet man unter Teil 2:1973-01 „Isolationsüberwachungsgeräte zum Überwachen von Wechselspannungsnetzen mittels überlagerter Gleichspannung": „Isolationswiderstand des zu überwachenden Netzes ist ein mit Gleichstrom gemessener Isolationswiderstand gegen Erde." Teil 8:1984-02 „Isolationsüberwachungsgeräte für Wechselspannungsnetze mit galvanisch verbundenen Gleichstromkreisen und für Gleichspannungsnetze" beschreibt den Isolationswiderstand des zu überwachenden Netzes als den Wirkwiderstand gegen Erde. Teil 8 (CENELEC, Entwurf) „Isolationsüberwachungsgeräte für Wechselspannungsnetze mit galvanisch verbundenen Gleichstromkreisen und für Gleichspannungsnetze" definiert den Isolationswiderstand als den Wirkwiderstand des überwachten Netzes einschließlich der Wirkwiderstände der daran angeschlossenen Betriebsmittel gegen Erde.

4.4 Einflußgrößen

Wenn die elektrische Anlage oder angeschlossene Geräte neu sind, sollte naturgemäß auch der Isolationswiderstand in besonders guter Verfassung sein [4.8]. Bekannterweise verbesserten die Hersteller von Leitungen, Kabeln, Motoren etc. den Isolationszustand ihrer Anlagen für den praktischen Einsatz in der Industrie ständig. Auch heutzutage kann seine Minderung verschiedene Ursachen haben: mechanische Beschädigung, Vibrationen, übermäßige Hitze oder Kälte, Dreck, Öl, korrosiver Dunst, Feuchtigkeit von Industrieprozessen oder auch nur die Feuchtigkeit eines nebligen Tages.

Jedes Netz hat einen spezifischen Isolationswiderstand gegen Erde. Dieser Widerstand liegt bei Neuanlagen im MΩ-Bereich. Leider bleibt das nicht so, da elektrische Installationen bekanntlich vielen äußeren Einflüssen unterworfen sind:

- elektrischen Einwirkungen durch Überspannung, Überstrom, Frequenz, Blitzeinwirkung sowie magnetischen und induktiven Einflüssen;
- mechanischen Einwirkungen durch Schlag/Stoß, Knickungen/Biegungen, Schwingungen und das Eindringen, beispielsweise von Nägeln;
- Umwelteinwirkungen durch Temperatur/Feuchtigkeit, Licht/UV-Strahlen, chemische Einflüsse sowie Verschmutzung, Tiere.

Darüber hinaus ist jede elektrische Anlage und damit auch die elektrische Isolation einem bestimmten Alterungseffekt unterworfen, der den Isolationswert im Laufe der Zeit herabsetzt.

Trotz größter Sorgfalt bei der Fabrikation von Betriebsmitteln, bei deren Auswahl und beim Errichten elektrischer Anlagen ist nicht auszuschließen, daß auch die besten Isolierstoffe früher oder später alt werden und den Anforderungen hinsichtlich

elektrischer und mechanischer Beanspruchung nicht mehr genügen [4.9]. Die Folgen der daraus resultierenden Isolationsfehler können sein:
- Kurzschluß,
- Erdschluß oder
- Körperschluß.

Bei Körperschluß sind leitfähige Teile, die nicht zum Betriebsstromkreis gehören, also die sogenannten inaktiven Teile, leitend mit Teilen der elektrischen Betriebsmittel verbunden, die betriebsmäßig unter Spannung stehen, den sogenannten aktiven Teilen. Dabei entstehen Fehler und aus deren Folgen Berührungsspannungen. Selbst geringe Fehlerströme, die als schleichende Übergangswiderstände beginnen, können sich zu Lichtbögen, Kurz- oder Erdschlüssen ausweiten und werden besonders dann zur Gefahr, wenn sich in der Nähe entzündliche oder leicht brennbare Stoffe befinden. Diese Brandgefahr besteht im TN- bzw. TT-System bereits beim ersten Isolationsfehler am nicht geerdeten Leiter, wenn die Verlustleistung an der Fehlerstelle zu hoch wird. Im IT-System kann diese Leistung nur auftreten, wenn gleichzeitig jeweils ein Isolationsfehler an zwei unterschiedlichen Außenleitern auftritt.

4.5 Isolationsmessung und Überwachung

Die Prüfung des Isolationswiderstands in abgeschalteten Netzen gehört zu den wichtigsten Sicherheitsprüfungen elektrischer Betriebsmittel und Anlagen, ebenso die ständige Isolationsüberwachung gesamter Netze und Anlagen.

4.5.1 Messung im spannungsfreien Netz

Den Isolationswiderstand abgeschalteter Netze oder Kabelabschnitte mißt man mit Geräten nach DIN VDE 0413-1. An diese Isolationsmesser werden technische Anforderungen gestellt, die in den genannten Baubestimmungen nach DIN VDE festgelegt sind. Nur so sind einwandfreie Messungen möglich und können sowohl Errichter als auch Prüfer einer Anlage zu vergleichbaren Werten kommen. Die Isolationsmessung ist bei allen Schutzmaßnahmen erforderlich, sowohl für solche ohne als auch für jene mit Schutzleiter [4.10]. Zu beachten ist, daß bei allen Isolationsmessungen das Meßobjekt jeweils vor der Messung spannungsfrei zu schalten ist zwischen:
- allen Außenleitern und Schutzleitern,
- Neutralleitern und Schutzleitern,
- den Außenleitern,
- Außenleiter und Neutralleiter.

Es darf auch mit angeschlossenen Verbrauchsmitteln gemessen werden. Ergibt sich dabei ein zu geringer Isolationswiderstand, so sind diese Verbrauchsmittel abzutrennen sowie Anlage und Verbrauchsmittel getrennt zu messen.

4.5.2 Differenzstrommessung im TN- und TT-System

Eine bekannte und häufig angewendete Schutzmaßnahme bei indirektem Berühren ist die Abschaltung in TN- und TT-Systemen über eine RCD-Differenzstrom-Schutzeinrichtung. Die Grundidee der Schutzmaßnahme liegt darin, daß alle Leiter des zu schützenden Netzes, mit Ausnahme des Schutzleiters, durch einen Wandler hindurchgeführt werden. Im fehlerfreien Netz ist dann die Summe aller Ströme Null, so daß im Wandler keine Spannung induziert wird. Fließt ein Fehlerstrom über Erde ab, ist die Summe der Ströme ungleich Null. In der Sekundärwicklung des Wandlers wird dann eine Spannung erzeugt, die einen zur Abschaltung führenden Auslöser betätigt.

Weniger bekannt ist die Fehlerstrom- bzw. Differenzstrommessung, die man bevorzugt zur Meldung heranzieht. Der Entwurf von IEC 23E WG 6 (Residual Current Monitor) bezeichnet Geräte, die mit Hilfsspannungsquelle arbeiten, als RCM. Das Meßverfahren basiert auf der genannten Grundidee. Zwar handelt es sich dabei um keine Absolutwertmessung wie bei der Isolationsüberwachung im IT-System, jedoch kann man Fehlerströme mit handelsüblichen Differenzstromrelais (RCM) auch in TN- und TT-Systemen bereits frühzeitig erkennen und entsprechende Maßnahmen ohne eine notwendige Abschaltung durchführen. Oft haben diese Geräte einen großen Einstellbereich, so daß sie sich gezielt auf die jeweilige Anwendung anpassen lassen. Symmetrisch von allen Netzleitern gegen PE bzw. Erde auftretende Isolationsfehler sind mit der Differenzstrommessung aber nicht erkennbar.

4.5.3 Absolutwert im IT-System ständig überwacht

Die in den vorhergehenden Abschnitten beschriebenen Aussagen zum Isolationswiderstand gelten grundsätzlich für alle bekannten Netzformen. Nur im IT-System mit Isolationsüberwachung wird der absolute Isolationswert der gesamten Anlage ständig überwacht, d. h. während des Betriebs der elektrischen Anlage oder auch im abgeschalteten Zustand. Zwischen dem aktiven, ungeerdeten IT-System und Erde bzw. Schutzleiter befinden sich Überwachungsgeräte, die den Isolationswiderstand der Netze kontinuierlich messen und das Unterschreiten eines eingestellten Ansprechwerts optisch oder akustisch anzeigen.

IT-Systeme werden von einem Transformator, Generator, einer Batterie oder einer anderen unabhängigen Spannungsquelle gespeist. Die Besonderheit dieser Wechsel- oder Gleichspannungsnetze liegt darin, daß kein aktiver Leiter dieses Netzes direkt

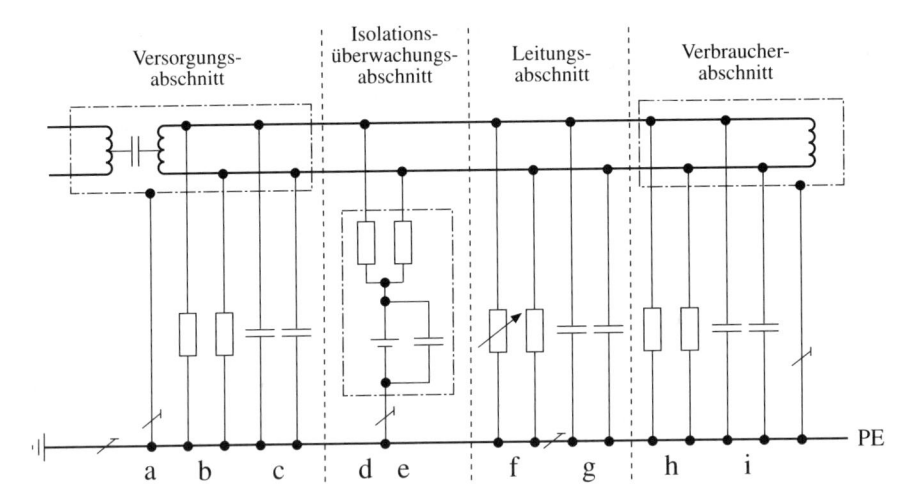

Bild 4.2 Ersatzschaltbild für Wechselspannungs-IT-System
a, b, c Transformator-Koppelkapazität, Transformator-Ableitwiderstand und Transformator-Ableitkapazität (kapazitiver Widerstand)
d, e Gleich- und Wechselstrom-Innenwiderstand des Isolationsüberwachungsgeräts
f konstanter und veränderlicher Wirkwiderstand
g Ableitkapazität der Installation (kapazitiver Widerstand)
h, i Wirkwiderstand und Ableitkapazität (möglicherweise auch Entstörkapazitäten) angeschlossener Verbraucher

geerdet ist. Dies hat den Vorteil, daß der erste Körper- oder Erdschluß die Funktion des Betriebs nicht beeinflußt. Eine elektrische Anlage, ausgeführt als IT-System mit Isolationsüberwachung, besteht also neben der speisenden Spannungsquelle aus Leitungsnetz und angeschlossenen Verbrauchern. Dies stellt sich im Ersatzschaltbild am Beispiel eines Wechselspannungs-IT-Systems nach **Bild 4.2** dar. Das absolute Isolationsniveau eingeschalteter IT-Systeme liegt im Gesamtwert natürlich niedriger als der Isolationswert der Einzelabschnitte nach Bild 4.2. Zusätzlich sind die bereits erläuterten Einflußgrößen zu berücksichtigen.

4.6 Komplettüberwachung im IT-System

Bekanntermaßen ergibt sich die Schutzmaßnahme bei indirektem Berühren nach DIN VDE 0100-410 aus der Koordination der Netzform und der Schutzeinrichtung. Im IT-System mit zusätzlichem Potentialausgleich überwacht man den ersten Isolationsfehler überwiegend mit einer Isolationsüberwachungseinrichtung, die sich üblicherweise zusammensetzt aus einem Isolationsüberwachungsgerät nach DIN VDE 0413-2 oder -8 und einer daran angeschlossenen Melde- und Prüfeinrichtung. Diese Normen gelten für Überwachungsgeräte, die den Isolationswiderstand gegen die Erde ungeerdeter IT-Wechselspannungssysteme bzw. von IT-Wechselspannungssystemen mit galvanisch verbundenen Gleichstromkreisen bei Nennspannungen bis 1000 V sowie von IT-Gleichspannungssystemen dauernd überwachen. Erdschlußüberwachungsrelais, die als alleiniges Meßkriterium die bei Auftreten eines Erdschlusses auftretende Unsymmetriespannung (Verlagerungsspannung) nutzen, sind keine Isolationsüberwachungsgeräte nach den genannten Normen.

Isolationsüberwachungsgeräte in IT-Systemen – von verschiedenen Bestimmungen gefordert – melden die Unterschreitung eines Mindestwerts des Isolationswiderstands gegen Erde. Dabei ist zu beachten, daß der Isolationswiderstand im IT-System der Wirkwiderstand des überwachten Netzes einschließlich der Wirkwiderstände aller daran angeschlossenen Betriebsmittel gegen Erde ist. Auch die Berücksichtigung der Netzableitkapazitäten ist bei der richtigen Auswahl und Einstellung der Isolationsüberwachungsgeräte wichtig. Neueste Schutzeinrichtungen nach dieser Norm können zusätzlich eine Unterbrechung der Anschlußleitung zum überwachenden Netz und eine fehlende Verbindung zum Schutzleiter melden.

Die Ansprechzeiten der Isolationsüberwachungsgeräte richten sich nach der Größe der Netzableitkapazitäten. In reinen Wechselspannungsnetzen sind sie meist kleiner als 1 s, bei einer vernachlässigbaren Netzableitkapazität bis 1 µF. Zulässig sind jedoch Ansprechzeiten bis zu 10 s (CENELEC, Entwurf), in Wechselspannungsnetzen mit Gleichstromanteilen bis zu 100 s. Bedenkt man, daß ein IT-System mit zusätzlichem Potentialausgleich beim ersten völligen Erdschluß dem Aufbau des TN-Systems entspricht, wird deutlich, daß auch längere Ansprechzeiten für Isolationsüberwachungsgeräte nicht nachteilig sind. Längere Meßzeiten sind auch in Netzen mit sehr großen Netzableitkapazitäten oder sich ändernden Spannungsverhältnissen erforderlich.

Literatur

[4.1] Hofheinz, W.: Lebensretter. EET 2/1992. Heidelberg: Hüthig-Verlag, S. 30 – 36
[4.2] Miller, Alison: What's Burning in Home Fires? NFPA Journal, September/October 1991, S. 72 ff., USA
[4.3] Zürneck, H.: Ursache tödlicher Stromunfälle bei Niederspannung. Schriftenreihe der Bundesanstalt für Arbeitsschutz-Forschung Fb 333, Dortmund, 1990, S. 30

[4.4] Grauel, Heinrich: VdS Brandschadenverhütung in elektrischen Anlagen: Beurteilung der Isolationswerte elektrischer Anlagen. de-Sonderheft (1977) S. 61

[4.5] Rudolph, W.: Einführung in DIN 57100/VDE 0100, Errichten von Starkstromanlagen bis 1000 V. Berlin · Offenbach: VDE-VERLAG, 1983, S. 314

[4.6] Winkler, A.; Lienenklaus, E.; Rontz, A.: Sicherheitstechnische Prüfungen in elektrischen Anlagen mit Spannungen bis 1000 V. Berlin · Offenbach: VDE-VERLAG, 1991, S. 102 – 114

[4.7] Hubensteiner, H.: Schutztechnik in elektrischen Netzen. Beitrag von Stürmer, H.: Grundlagen der Selektivschutztechnik. Berlin · Offenbach: VDE-VERLAG, 1989, S. 18

[4.8] Manual on Electrical Insulation Testing for the Practical Man. Biddle Instruments, Blue Bell, PA 19422, USA, 1984, S. 4

[4.9] Blaeschke, R.; Korach, W.; Schande, D.; Stich, H.: Elektroinstallation – Messen – Prüfen. Hartmann & Braun AG, Frankfurt a. M., 1987, S. 11-12

[4.10] Voigt, M.: Meßpraxis Schutzmaßnahmen DIN VDE 0100. München: Pflaum-Verlag, 1990, S. 44

5 Gefährdung des Menschen durch Körperströme

Der Umgang mit elektrischen Anlagen und Geräten birgt für den Menschen zwei grundsätzliche Gefahren [5.1]:
- die unmittelbare Einwirkung elektrischer Energie auf den Menschen beim Stromfluß durch seinen Körper,
- die mittelbare Einwirkung durch Schadensereignisse, die durch elektrische Energie ausgelöst werden, z. B. Brand oder Schaltvorgänge.

Beim Stromfluß durch den menschlichen Körper ist der elektrische Strom selbst der Gefahrenträger, der bei Durchgang durch den menschlichen Körper dessen Funktion negativ beeinflußt (Herzkammerflimmern, Muskellähmung) oder die Körpersubstanz verändert (Koagulationen, Verbrennungen).

Dieser Umstand grenzt die Gefährdung aufgrund elektrischer Körperdurchströmungen eindeutig von den übrigen Gefährdungen durch elektrische Energie ab.

Wirkt bei der Körperdurchströmung der elektrische Strom unmittelbar auf den menschlichen Körper ein, so tritt bei Brandverletzungen, Lichtbogenverbrennungen und Verblitzungen die elektrische Energie lediglich mittelbar als Ursache in Erscheinung; die auf den Menschen schädigend einwirkende Energieformen sind z. B. Wärme und Strahlung. Gleichzeitig tritt meist eine hohe Gefährdung von Sachwerten auf, z. B. durch Lichtbögen ausgelöste Brände. Läßt man die auslösende Ursache außer Betracht, so ist eine derartige Gefährdung auch in anderen technischen Anlagen gegeben, während die Gefährdung durch Körperdurchströmung eine für den Umgang mit elektrischen Anlagen spezifische Gefährdungsart darstellt.

Eine Körperdurchströmung kann dabei aus zwei verschiedenen Gründen auftreten:
- durch direktes Berühren von im Normalbetrieb unter Spannung stehenden (aktiven) Teilen elektrischer Betriebsmittel. Dies setzt die Überwindung der normalerweise zwischen Mensch und aktivem Teil befindlichen Hindernisse voraus, wie Abstände und Isolierung.
- durch indirektes Berühren, d. h. Berühren von im Normalbetrieb spannungsfreien Teilen elektrischer Betriebsmittel, die jedoch im Fehlerfall Spannung annehmen können. Die Berührung dieser Teile, der sogenannten Körper, erfolgt beim Umgang mit elektrischem Betriebs- und Verbrauchsmittel fast zwangsläufig.

Liegt eine dieser Berührungsarten vor, so hängt die Höhe der Gefährdung von zwei Größen ab:

- von der Höhe der vom Menschen überbrückten Spannung und von den verschiedenen Widerständen des menschlichen Körpers, die in ihrer Summe die Größe des Stroms bestimmen,
- von der Einwirkdauer des Stroms auf den menschlichen Organismus.

5.1 IEC-Report 479 über die Wirkung des elektrischen Stroms auf Menschen

In den späten sechziger Jahren begann eine Arbeitsgruppe der Internationalen Elektrotechnischen Kommission (IEC) mit den Arbeiten an einem IEC-Report über die Wirkung des elektrischen Stroms auf den Menschen. Die Ergebnisse wurden mit dem IEC-Report 479 im Jahr 1974 erstmalig vorgestellt. Doch die praktische Anwendung dieses Reports ergab verschiedene Schwierigkeiten. Dabei waren die Angaben über den Körperwiderstand so lückenhaft, daß neue Forschungen unumgänglich waren. Es war überhaupt nicht bekannt, welche Werte der Körperwiderstand lebender Menschen bei höheren Spannungen annimmt, denn Messungen an Leichen erlaubten vergleichsweise nur grobe Schätzungen in bezug auf den lebenden Organismus. Deshalb wurden von *Biegelmeier* in Österreich schon 1976 Messungen am eigenen Körper durchgeführt, und zwar mit Berührungsspannungen bis zu 200 V. Weitere Versuche und Messungen haben den Grundstein zur experimentellen Elektropathologie gelegt und den Anstoß zur Revision des IEC-Reports 479 gegeben [5.2].

Die Revision des IEC-Reports 479 wurde 1984 abgeschlossen. Die zweite Auflage dieses wichtigen Berichts hat noch viele Lücken, sie bildet aber eine solide und wissenschaftlich fundierte Grundlage für weitere Arbeiten.

Der IEC-Report 479 besteht aus zwei Teilen, und zwar:

Teil 1: Kapitel 1 Körperwiderstände
        Kapitel 2 Wechselstrom 15 Hz bis 100 Hz
        Kapitel 3 Gleichstrom
Teil 2: Kapitel 4 Wechselstrom über 100 Hz
        Kapitel 5 Überlagerte Gleich- und Wechselströme
        Kapitel 6 Impulsströme

5.1.1 Körperwiderstände

Die Werte der Körperwiderstände nach IEC-Report 479, Teil 1, Kapitel 1, in Abhängigkeit von der Berührungsspannung, die von 5 %, 50 % und 95 % der Population nicht überschritten werden, sind in **Tabelle 5.1** dargestellt.

Berührungsspannung U_T	Werte der Körperimpedanz Z_T, die von		
	5 %	50 %	95 %
	der Population nicht überschritten werden		
25 V	1750 Ω	3250 Ω	6100 Ω
50 V	1450 Ω	2625 Ω	4375 Ω
75 V	1250 Ω	2200 Ω	3500 Ω
100 V	1200 Ω	1875 Ω	3200 Ω
125 V	1125 Ω	1625 Ω	2875 Ω
220 V	1000 Ω	1350 Ω	2125 Ω
700 V	750 Ω	1100 Ω	1550 Ω
1000 V	700 Ω	1050 Ω	1500 Ω
asymptotischer Wert	650 Ω	750 Ω	850 Ω

Tabelle 5.1 Werte der Körperwiderstände nach IEC-Report 479

Zur Erklärung wird die Körperimpedanz herangezogen, wie sie von der Arbeitsgruppe 4 des IEC-TC 64 festgelegt wurde. Die gesamte Körperimpedanz Z_T ist dabei die geometrische Summe des Körperwiderstands und der Hautimpedanz (**Bild 5.1**).

Bei normalen Umgebungsbedingungen beträgt die höchste, dauernd zulässige Berührungsspannung 50 V. Bei erschwerten Umgebungsbedingungen beträgt die höchste, dauernd zulässige Berührungsspannung 25 V. Es ist oft nützlich – z. B. für überschlägige Berechnungen der Körperströme –, bei Unfällen Richtwerte für den Körperwiderstand anzuwenden. Für normale Umgebungsbedingungen und Längs-

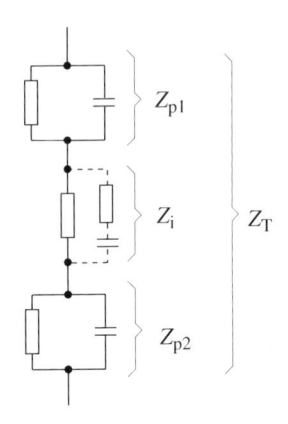

Bild 5.1 Ersatzschaltbild für die Körperimpedanz Z_T
Z_T Körperimpedanz
Z_{p1}; Z_{p2} Hautimpedanz
Z_i Körper-Innenimpedanz

durchströmungen kann als Richtwert 1 000 Ω und bei erschwerten Umgebungsbedingungen 250 Ω unabhängig von der Berührungsspannung angenommen werden.

5.2 Wirkungsbereiche für Wechselstrom 15 Hz bis 100 Hz

Nach einer erneuten Überarbeitung hat man nun die Wirkungsbereiche des IEC-Reports 479 neu festgelegt. Die dritte, überarbeitete Fassung zeigt **Bild 5.2**. Von den alten Zonen 1 und 2 hat man die Grenzen a und b belassen. Die Zone 3 ist nach wie vor problematisch.

Im IEC-Report wird für die Zone 3 (nun Bereich c) nach Bild 5.2 folgendes gesagt: Normalerweise sind keine organischen Schäden zu erwarten. Wahrscheinlichkeit von Muskelreaktionen und Atembeschwerden, reversible Störung der Reizbildung und Reizleitung im Herzen, einschließlich Vorhofflimmern und vorübergehender Herzstillstand ohne Herzkammerflimmern, ansteigend mit Stromstärke und Zeitdauer der Durchströmung.

Für Zone 4 gilt, daß zusätzlich zu den Wirkungen der Zone 3 im Gebiet über der Kurve C1 die Wahrscheinlichkeit von Herzkammerflimmern bis etwa 5 % ansteigt (Kurve C2), dann weiter bis zu 50 % (Kurve C3) und schließlich über 50 % im Ge-

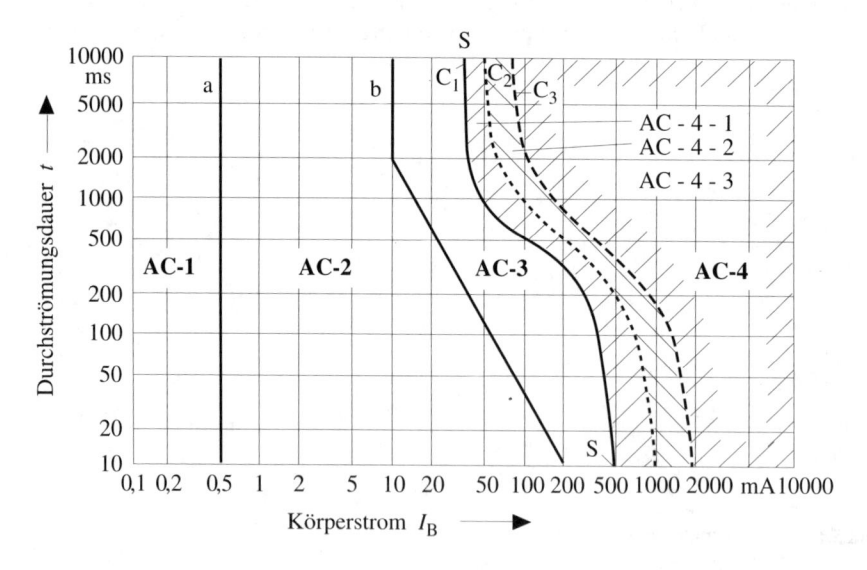

Bild 5.2 Wirkungsbereiche für Wechselstrom 15 Hz bis 100 Hz nach IEC-Report 479, Teil 1, dritte überarbeitete Fassung

Zonen-bezeichnung	Körperstrom (Effektivwert)	Durchströ-mungsdauer	physiologische Wirkungen
AC-1	0 mA bis 1 mA	unkritisch	Bereich zur Wahrnehmbarkeitsschwelle; Elektrisierung nicht oder gerade noch sprübar
AC-2	1 mA bis 10 mA	unkritisch	Bereich bis zur Krampfschwelle; kräftige, zum Teil schmerzhafte Wirkungen auf die Muskel, in Fingern, Füßen und Gelenken von Armen und Beinen
AC-3	10 mA bis „S" Kurve „C1"	Minuten bis zu Bruchteilen von Sekunden	kräftige und schmerzhafte Wirkungen auf Arm-, Bein- und Schultermuskeln; Blutdrucksteigerung; Atembeschwerden, reversible Störungen der Herztätigkeit; an der oberen Bereichsgrenze Bewußtlosigkeit
AC-4-1 [1]	zwischen Kurve „C1" und „C2"		Flimmern unwahrscheinlich (statistische Flimmerwahrscheinlichkeit unter 5 %)
AC-4-2 [1]	zwischen Kurve „C2" und „C3"		Flimmern wahrscheinlich (statistische Flimmerwahrscheinlichkeit bis zu 50 %)
AC-4-3 [1]	über Kurve „C3"		hohe Flimmergefahr, bei höheren Strömen (einigen Ampere) reversibler oder irreversibler Herzstillstand)

[1] zusätzlich zu den Wirkungen von AC-3

Tabelle 5.2 Stromstärkezonen AC-1 bis AC-4 für Wechselstrom von 50/60 Hz, gültig für Menschen mit normalem Gesundheitszustand, unabhängig von Alter und Gewicht

biet über Kurve C3. Mit steigender Stromstärke und Durchströmungsdauer können weitere pathophysiologische Wirkungen auftreten, wie Herzstillstand, Atembeschwerden und Verbrennungen.
Tabelle 5.2 ist die Legende zu Bild 5.2 mit den Stromstärkezonen AC1 bis AC4.

5.3 Grundsätzliche Erkenntnisse der Elektropathologie

Zusätzlich zu den Informationen des IEC-Reports sind einige Erkenntnisse aus dem Lehrbuch der Elektropathologie von *Gottfried Biegelmeier* (Wirkung des elektrischen Stroms auf Menschen und Nutztiere. Lehrbuch der Elektropathologie. Berlin u. Offenbach: VDE-VERLAG GMBH, 1986) für den interessierten Leser aufgeführt:
- Der Körper-Innenwiderstand ist im Bereich von 5 V bis 5000 V von der Größe der angelegten Spannung unabhängig.
- Im Gebiet des Hautdurchbruchs sinkt der Gesamtwiderstand sehr stark mit zunehmender Spannung, also auch mit der Stromdichte.

- Der Körperwiderstand für Gleichstrom stimmt praktisch mit dem für Wechselstrom von 50 Hz überein. Der Gesamtkörperwiderstand für Gleichstrom liegt bei Berührungsspannungen unter etwa 100 V infolge der Sperrwirkungen der Körperkapazitäten über dem Wechselstromwiderstand.
- Der Körper-Innenwiderstand ist in seinem Wesen praktisch ein reiner Wirkwiderstand.
- Der Gesamtwiderstand des Körpers ist vor und während des Durchschlags der Haut stark vom Feuchtigkeitszustand der Berührungsstelle abhängig. Auf den Körper-Innenwiderstand ist die Feuchtigkeit der Kontakte ohne Einfluß.
- Bei Spannungen über etwa 200 V besitzt die Haut keinen Schutzwert mehr, und die Berührungsfläche hat für den Ausgang des Unfalls keine besondere Bedeutung. Das gleiche gilt für den Zustand der Haut in bezug auf Feuchtigkeit und Temperatur.
- Bei Elektrounfällen und Berührungsspannungen über 100 V ist für den Unfallausgang hinsichtlich der Körperimpedanz der Durchströmungsweg wesentlich. Feuchtigkeit und Berührungsfläche haben geringen Einfluß.
- Bei Berührungsspannungen unter etwa 100 V sinkt der Körperwiderstand mit steigender Frequenz. Bei kleinen Berührungsflächen und trockener Haut ist er der Frequenz umgekehrt proportional. Über etwa 1000 Hz nähert sich der Körperwiderstand den Werten des Körper-Innenwiderstands für den betreffenden Durchströmungsweg.
- Gleichstrom ist wegen des Fehlens der Loslaßschwelle[*] und wegen der höheren Flimmerschwellen bei Durchströmungsdauern über eine Herzperiode weniger gefährlich als Wechselstrom von 50/60 Hz. Bei Gleichstrom gibt es keine eigentliche Loslaßschwelle.
- Wechselströme über 1000 Hz sind weniger gefährlich als die in der Technik am häufigsten verwendeten Frequenzen 50/60 Hz. Bei Frequenzen über 10000 Hz treten in der Regel weder Verkrampfungen auf noch muß mit Herzkammerflimmern gerechnet werden.

---

[*] Erläuterung zur Loslaßschwelle: Die Loslaßschwelle ist der größte Wert des Stroms, bei dem eine Person, die Elektroden hält, diese noch loslassen kann. Nach *Osypka* liegt dieser Werk für den Stromweg Hand – Rumpf – Hand zwischen 7 mA und 15 mA. Bei dem Stromweg Hände – Rumpf – Füße liegt der Wert zwischen 15,5 mA und 27 mA. Im Gegensatz dazu kommt es bei Gleichstrom zu keiner eigentlichen Loslaßschwelle. Aufgrund der Schmerzempfindung wurden die Versuche dazu von *Osypka* bei Strömen zwischen 40 mA und 90 mA abgebrochen.

5.4 Konsequenzen für Schutzmaßnahmen gegen gefährliche Körperströme

Die Schutzmaßnahmen gegen gefährliche Körperströme sind in DIN VDE 0100-410: 1983-11 festgelegt. Die wesentliche konzeptionelle Änderung in dieser Norm gegenüber den bisher geltenden Bestimmungen ist die Forderung, daß die Schutzmaßnahmen gegen direktes Berühren und bei indirektem Berühren grundsätzlich immer anzuwenden sind, während bis 1983 in Anlagen bis 65 V Schutzmaßnahmen bei indirektem Berühren entbehrlich waren.

Als Schutz bei indirektem Berühren sind im allgemeinen Maßnahmen durch Abschaltung oder Meldung notwendig und sollten daher in jeder elektrischen Anlage vorgesehen werden.

Der Schutz gegen gefährliche Körperströme gilt nach DIN VDE 0100-410 als sichergestellt, wenn die Nennspannung 50 V Wechselspannung bzw. 120 V Gleichspannung nicht überschreitet und gleichzeitig die Bedingungen der Funktionskleinspannung mit oder ohne sichere Trennung erfüllt sind.

Die Grenze für die dauernd zulässige Berührungsspannung von U_L = 50 V bei Wechselspannung und U_L = 120 V bei Gleichspannung wurde international vereinbart. Das **Bild 5.3** nach IEC-Standard 364-4-41 Amendment 1 wurde von DIN VDE 0100 nicht übernommen. Bei IEC-TC-64-WG 9 wird dieser Abschnitt neu bearbeitet (**Tabelle 5.3**, Bild 5.3).

Die dauernd zulässige Berührungsspannung im Fehlerfall wurde durch DIN VDE 0100-410:1983-11 von 65 V auf 50 V Wechselspannung reduziert und für Gleichspannung auf DC 120 V festgelegt.

maximale Berührungsdauer	Berührungsspannung	
	AC	DC
∞	≤ 50 V	≤ 120 V
5 s	50 V	120 V
1 s	75 V	140 V
0,5 s	90 V	160 V
0,2 s	110 V	175 V
0,1 s	150 V	200 V
0,05 s	220 V	250 V
0,03 s	280 V	310 V

Tabelle 5.3 Maximale Berührungsdauer nach IEC 364-4-41 Amendment 1 (Mai 1979)

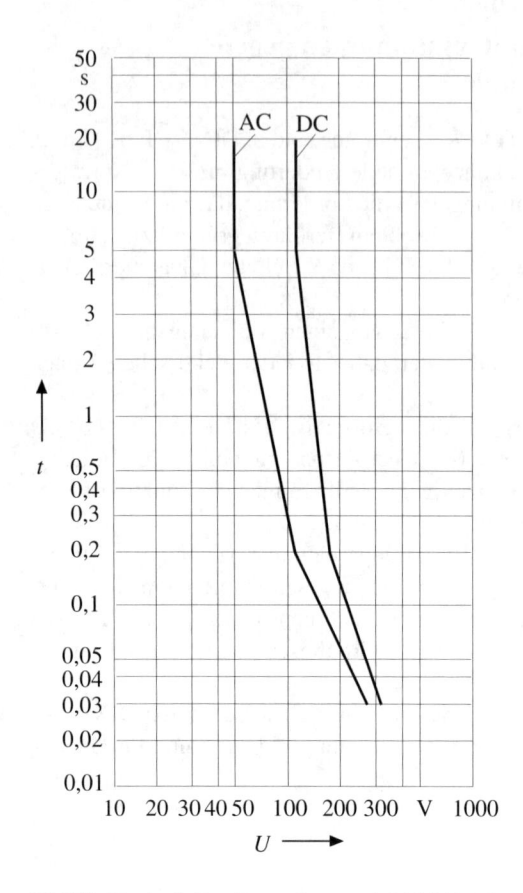

Bild 5.3 Maximale Berührungsdauer nach IEC 364-4-41 Amendment 1 (Mai 1979)

5.5 Unfälle durch elektrischen Strom [5.3]

In der Unfallstatistik stehen Unfälle mit elektrischem Strom trotz ihrer Gefährlichkeit mit an letzter Stelle. Dies ist nicht zuletzt auf die erheblichen Sicherheitsvorkehrungen zurückzuführen, wie sie von den VDE-Bestimmungen vorgegeben sind. Die Tatsache, daß leider immer noch tödliche Unfälle geschehen, verpflichtet jeden Verantwortlichen um so mehr, die Sicherheitsbestimmungen genau einzuhalten, d. h., es sind nicht nur die erforderlichen Schutzmaßnahmen vorzusehen, sondern es ist auch ihre Wirksamkeit zu prüfen.

In der Todesursachen-Statistik des Statistischen Bundesamts in Wiesbaden werden alle Todesfälle durch Einwirkung des elektrischen Stroms erfaßt, also sowohl Arbeitsunfälle als auch Unfälle im privaten Bereich. **Tabelle 5.4** zeigt die Anzahl der tödlichen Unfälle durch elektrischen Strom von 1970 bis 1992. Danach haben tödliche Stromunfälle im Durchschnitt einen ausgesprochen abnehmenden Trend. Die-

Jahr	Unfälle durch elektrische Leitungssysteme und Geräte		sonstige Unfälle	nicht näher bezeichnete Unfälle	insgesamt
	in Wohnungen (im Haushalt)	in Betrieben von Gewerbe und Industrie			
1970	87	69	44	56	256
1971	71	81	35	65	252
1972	88	66	39	73	266
1973	76	60	54	80	270
1974	87	55	29	64	235
1975	87	46	34	54	221
1976	82	46	44	33	205
1977	73	34	34	36	177
1978	74	39	26	32	171
1979	48	30	24	52	154
1980	61	45	18	42	166
1981	50	25	20	55	150
1982	56	31	22	48	157
1983	58	31	20	52	161
1984	49	27	14	37	127
1985	39	24	12	34	109
1986	48	14	17	39	118
1987	39	17	7	25	88
1988	32	22	11	34	99
1989	42	24	8	47	121
1990*	30	31	8	77	148
1991	23	35	10	40	108
1992	49	30	22	51	152
1993	31	32	12	38	113
1994	29	30	20	31	110
1995	27	31	20	16	94

Tabelle 5.4 Tödliche Unfälle durch elektrischen Strom (Angaben gemäß Todesursachenstatistik des Statistischen Bundesamts)
* Ab 1990 Werte für die gesamte Bundesrepublik Deutschland!

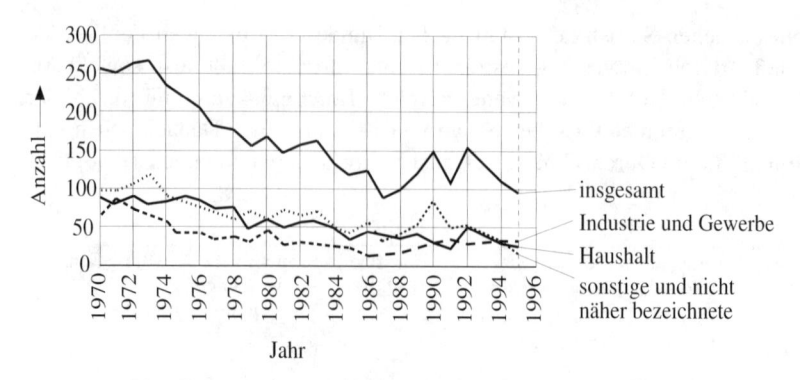

Bild 5.4 Aufgliederung tödlicher Stromunfälle nach dem Unfallort in ihrem zeitlichen Verlauf

se Veränderung ist besonders bemerkenswert, wenn man die Zunahme des Wohnungsbestands und das starke Wachstum der Produktion von elektrischen Verbrauchsgütern berücksichtigt. Die Anzahl der jährlich zu verzeichnenden Unfälle ist von insgesamt 319 im Jahr 1954 auf 99 im Jahr 1988 stetig abgesunken. Seit 1989 ist ein erneuter Anstieg tödlicher Unfälle festzustellen.

Die Betrachtung der Gesamtzahl der nach dem Unfallort jährlich zu verzeichnenden Unfälle zeigt jedoch auch, daß der Rückgang entscheidend durch die Abnahme der Arbeitsunfälle bestimmt ist, also der Stromunfälle im industriellen und gewerblichen Bereich.

Bild 5.4 und Tabelle 5.4 zeigen die insgesamt für die betrachtete Zeit festzustellende Abnahme aller tödlichen Arbeitsunfälle im engeren Sinne, die zweifellos den intensiven Bemühungen um die Verbesserung der Arbeitssicherheit aller mit Sicherheitsaufgaben betrauten Fachkräfte und Institutionen zu verdanken ist. Zu diesen Bemühungen, die maßgeblich von der Berufsgenossenschaft der Feinmechanik und Elektrotechnik initiiert wurden, zählen die Weiterentwicklung sicherheitstechnischer Ausrüstung, die Prüfung elektrischer Anlagen und Betriebsmittel sowie die gezielte sicherheitstechnische Information von Elektrofachkräften und Elektrolaien.

Literatur

[5.1]   Edwin, K. W.; Jakli, G.; Thielen, H.: Zuverlässigkeitsuntersuchungen an Schutzmaßnahmen in Niederspannungsverbraucheranlagen. Bundesanstalt für Arbeitsschutz und Unfallforschung, Dortmund. Forschungsbericht Nr. 221, 1979, S. 4

[5.2] Biegelmeier, G.: Wirkung des elektrischen Stroms auf Menschen und Nutztiere. Lehrbuch der Elektropathologie. Berlin u. Offenbach: VDE-VERLAG GMBH, 1986

[5.3] Kieback, D.: Steigende Tendenz bei Selbstmorden mit Strom. etz Elektrotech. Z. 111 (1990) H. 9

6 Ungeerdetes, isoliert aufgebautes IT-System

Das für viele Fachleute heute noch geläufige Schutzleitungssystem nach VDE 0100/ 05.73 § 11 und die Schutzerdung im ungeerdeten Netz wurden 1983 mit der Einführung von DIN VDE 0100-410 durch das IT-System mit Isolationsüberwachung abgelöst.
Die Bedingungen für das IT-System weichen im Inhalt am meisten vom §11 „Schutzleitungssystem" in VDE 0100/05.73 ab. Das hat seine Gründe in den unterschiedlichen Schutztechniken der CENELEC-Mitgliedsländer. In Deutschland wird das IT-System in den meisten Fällen mit dem sogenannten zusätzlichen Potentialausgleich und Isolationsüberwachung installiert. IT-Systeme werden von Transformator, Generator, Batterie oder einer anderen unabhängigen Spannungsquelle gespeist. Die Besonderheit dieser Wechsel- oder Gleichspannungsnetze liegt darin, daß kein aktiver Leiter dieses Netzes direkt geerdet ist. Dies hat den Vorteil, daß der erste Erd- oder Körperschluß die Funktion des Betriebsmittels nicht beeinflußt. Beim direkten ersten Körper- oder Erdschluß eines Leiters im Drehstromnetz nimmt dieser Leiter Schutzleiterpotential an; die beiden anderen Leiter werden in bezug auf die Außenleiterspannung angehoben. Als kapazitiver Fehlerstrom fließt die Summe der Ableitströme der fehlerfreien Außenleiter. Diese Ableitströme müssen so klein gehalten werden, daß keine Gefahr bei indirektem Berühren entsteht. Der Fehlerstrom beim Auftreten eines Körper- oder Erdschlusses ist niedrig, eine Abschaltung ist nicht erforderlich. Es müssen jedoch Maßnahmen getroffen werden, um bei Auftreten eines weiteren Fehlers Gefahren zu vermeiden.
Die Körper der Betriebsmittel im IT-System werden mit dem Schutzleiter (zusätzlicher Potentialausgleich) verbunden, so daß erst bei einem zweiten Erdschluß in einem anderen Leiter das Ansprechen der vorgeschalteten Sicherung erfolgt. Um jedoch bereits beim ersten Isolationsfehler eine Meldung zu erhalten, wird die Überwachung des Isolationszustands der Anlage gefordert, dadurch kann der fehlerhafte Teil der Anlage in Ruhe gesucht und kontrolliert werden. Um den jeweils vorhandenen Isolationszustand des IT-Systems zu überwachen, werden zwischen Netzleiter und Schutzleiter (zusätzlicher Potentialausgleich) Isolationsüberwachungsgeräte eingesetzt, die den Isolationszustand des Netzes ständig messen und das Unterschreiten eines vorgegebenen Ansprechwerts optisch oder akustisch anzeigen.
Im Sinne der Betriebssicherheit ist es ratsam, schnellstmöglich aufgetretene Isolationsfehler oder Erdschlüsse zu lokalisieren und zu beseitigen. Dazu werden stationäre oder tragbare Erdschlußsucheinrichtungen angeboten. Auch wenn nach DIN VDE 0100-410 alle Schutzeinrichtungen im System zugelassen sind, so wird wohl die Isolationsüberwachungseinrichtung in Deutschland die übliche Schutzeinrich-

tung im IT-System bleiben. Sie dürfte wohl auch in Zukunft selbst dann verwendet werden, wenn sie von den Sicherheitsanforderungen her nicht erforderlich ist, weil die Abschaltung im Fehlerfall von anderen Schutzeinrichtungen erfolgt.
Schließlich lassen sich die besonderen Vorteile des IT-Systems in bezug auf Betriebs-, Brand- und Berührungssicherheit nur mit einer geeigneten Isolationsüberwachungseinrichtung nutzen [6.1].

6.1 Aufbau des IT-Systems mit zusätzlichem Potentialausgleich und Isolationsüberwachung

Die häufigste Ursache für das Auftreten einer gefährlichen Berührungsspannung oder eines elektrisch gezündeten Brandes liegt im Versagen der Isolation eines elektrischen Geräts oder einer elektrischen Anlage. Um derartige Gefahren von vornherein auszuschließen, erscheint es zweckmäßig, den Isolationszustand in elektrischen Anlagen laufend zu überwachen und das Unterschreiten eines kritischen Werts rechtzeitig zu signalisieren. Dann können vorsorglich entsprechende Ortungs- und Schaltmaßnahmen getroffen werden, bevor ein kritischer Isolationsfehler oder eine Stromunterbrechung eintreten kann. Eine derartige Schutzmaßnahme wird bei der Schutzmaßnahme IT-System mit zusätzlichem Potentialausgleich und Isolationsüberwachung angewendet.
Wie bereits eingangs erläutert, wird dieses Netz entweder von einem Transformator oder von einer unabhängigen Spannungsquelle gespeist. Die Besonderheit dieser Netze liegt darin, daß kein aktiver Leiter direkt mit Erde verbunden ist.
Beim IT-System (**Bild 6.1**) werden die Körper aller Verbraucher, aller zugänglichen leitenden Gebäudekonstruktionen, Rohrleitungen, Blitzschutzanlagen und sonstigen Erden mit dem Schutzleiter verbunden.

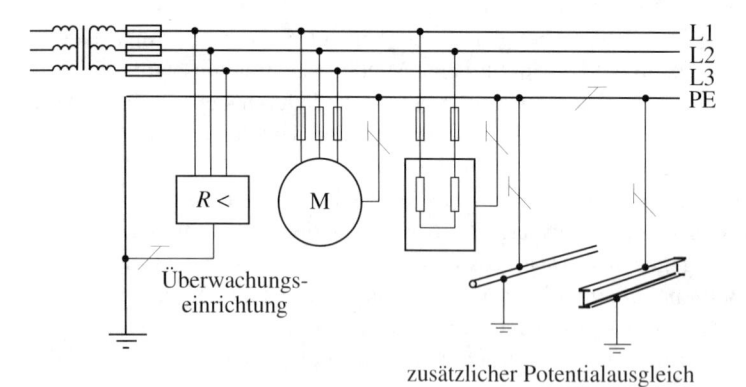

Bild 6.1 Aufbau eines IT-Systems mit zusätzlichem Potentialausgleich und Isolationsüberwachung

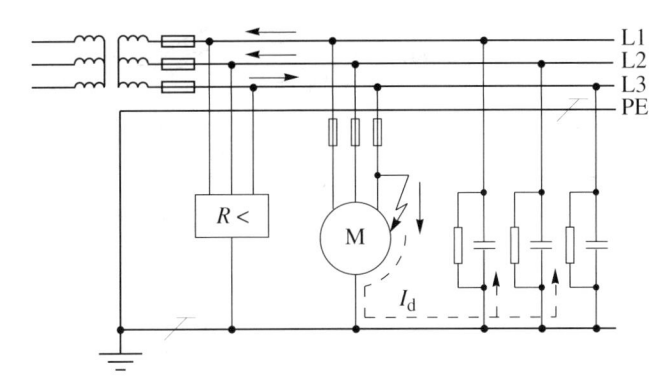

Bild 6.2 Weg des Fehlerstroms I_d bei Körperschluß eines Drehstrom-IT-Systems

Neben einer Verringerung des wirksamen Schutzleiterwiderstands durch Vermaschung aller leitenden, geerdeten Teile kann auch eine Verminderung des Fehlerstroms zur Reduzierung der Berührungsspannung beitragen [6.2]. Aus diesem Grund dürfen die Leiter eines IT-Systems an keinem Punkt mit dem Schutzleiter verbunden werden. Im Falle eines Körper- oder Erdschlusses kann nicht wie bei den geerdeten Netzen ein Kurzschlußstrom fließen, sondern es wird sich infolge des fehlenden Rückschlusses für den Strom nur ein geringer Fehlerstrom ergeben, dessen Größe durch die Isolationswiderstände R_F und die Kapazität C_E der Leiter gegen Erde bedingt ist (**Bild 6.2**).
Bei Gleichspannungs-IT-Systemen entfällt die Abhängigkeit von C_E. **Bild 6.3** zeigt den Aufbau eines solchen Netzes.

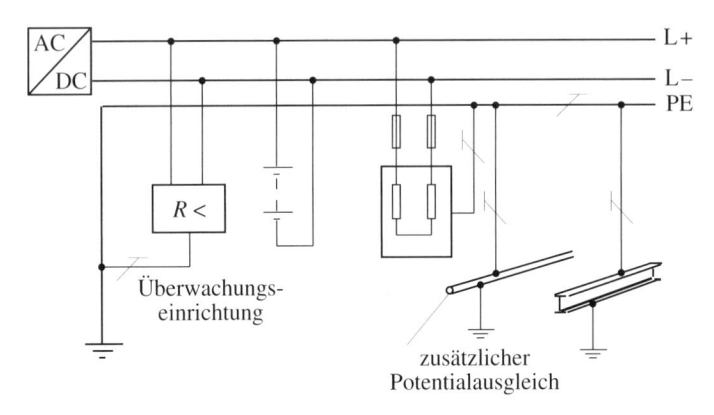

Bild 6.3 Aufbau eines Gleichspannungs-IT-Systems mit zusätzlichem Potentialausgleich und Isolationsüberwachung

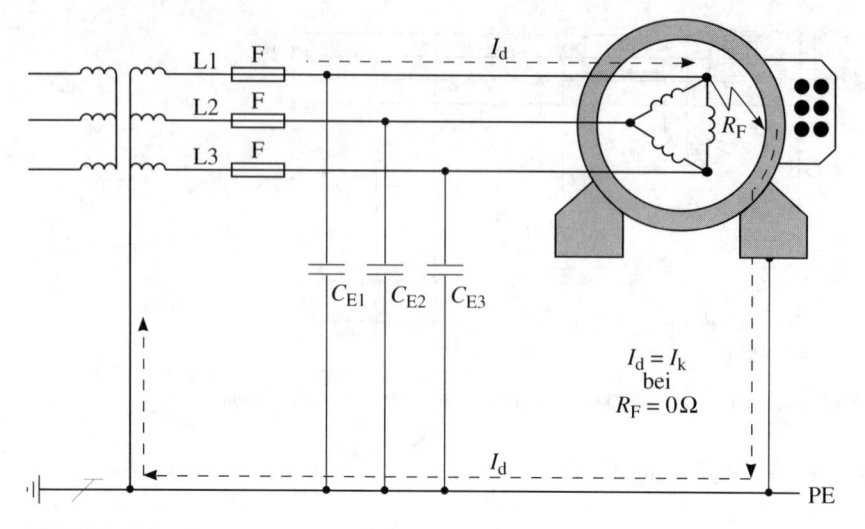

Bild 6.4 Isolationsfehler im IT-System

Der Unterschied zwischen dem geerdeten und dem ungeerdeten Netz im Fehlerfalle wird durch Vergleich von **Bild 6.4** mit **Bild 6.5** deutlich.

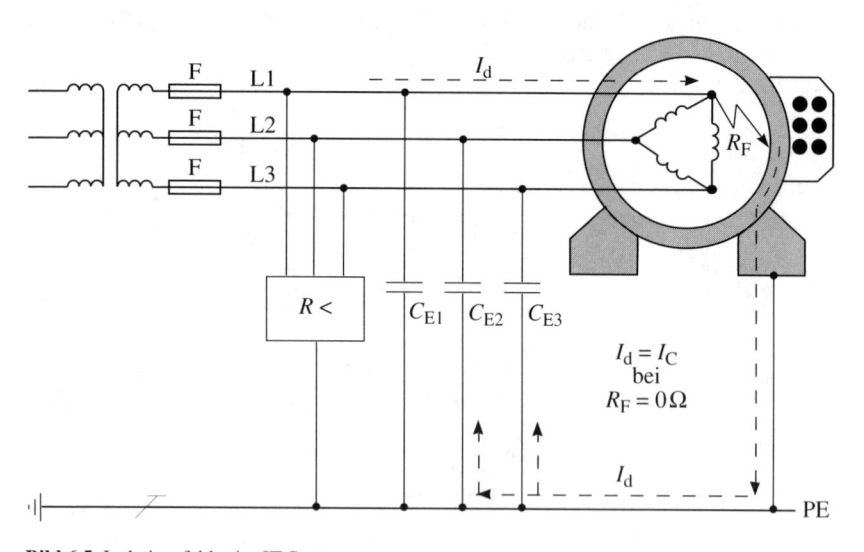

Bild 6.5 Isolationsfehler im IT-System

Beim Auftreten eines Isolationsfehlers R_F fließt im geerdeten Netz der Erdschlußstrom I_d, der dem Kurzschlußstrom I_k entspricht. Die vorgeschaltete Sicherung spricht an, und es kommt zur Betriebsunterbrechung (Bild 6.4).
Im Gegensatz dazu das ungeerdete Netz (Bild 6.5).
Hier ist leicht zu erkennen, daß bei einem Isolationsfehler $0 \leq R_F < \infty$ lediglich der meist sehr kleine, kapazitive Strom über die Leitungskapazitäten fließt. Die vorgeschaltete Sicherung spricht dann nicht an, so daß auch die Spannungsversorgung bei einpoligem Erdschluß sichergestellt ist (Bild 6.5).

6.2 Ableitströme im IT-System

Für die richtige Auswahl und Einstellung von Isolationsüberwachungsgeräten ist die Größe der Gesamtableitkapazität des zu überwachenden Netzes von großer Bedeutung [6.3]. Da diese Werte der elektrischen Anlage sehr häufig unbekannt sind, werden im folgenden Hinweise zur Ermittlung der Netzableitkapazitäten aufgezeigt. Die Ableitströme im Wechselspannungs-IT-System sind direkt proportional zur Netzableitkapazität.
Die Gesamtableitkapazität C_{Eges} des Netzes setzt sich zusammen aus der Kapazität C_T des Transformators T zwischen Sekundär- und Primärwicklung, der Leitungskapazität C_E der Einzelleiter gegen PE sowie der Kapazität C_L der Netzleiter im Verbraucher gegen Erde.
Die Transformatorkapazität kann meist vernachlässigt werden. Sie liegt bei modernen Transformatoren je nach Leistungsklasse zwischen etwa 5 nF und 30 nF.
Leitungskapazitäten sind abhängig von der Isolationsstärke zwischen den Leitern, Abstand a, Materialkonstante ε_r, elektrische Feldkonstante ε_0 und Fläche der Isolation zwischen den Leitern. Da bei einer Standardinstallation meist nur die Kapazität der Leiter nach Erde die Kapazität des Netzes bestimmt, wird dies näher erläutert (**Bild 6.6**).

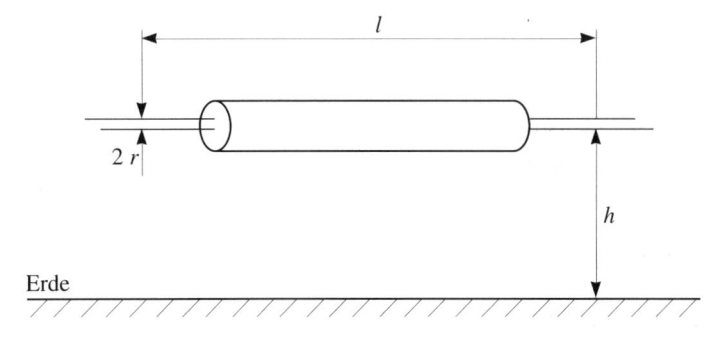

Bild 6.6 Kapazität zwischen einem zylindrischen Leiter und einer Ebene (z. B. Erde)

Die Kapazität errechnet sich nach folgender Gleichung:

$$C = \frac{2\pi \varepsilon_0 \varepsilon_r l}{\ln(2h/r)}. \tag{6.1}$$

Als Beispiel kann man eine Leitung mit folgendem Wert annehmen:

$h = 50$ mm,

$l = 500$ m,

$r = 0,69$ mm,

$\varepsilon_r = 1$ (Luft),

$\varepsilon_0 = 0,8855 \cdot 10^{-13}$ F/cm,

$$C = \frac{2\pi \cdot 0,885 \cdot 10^{-13} \text{F/cm} \cdot 2 \cdot 500 \cdot 10^{-2} \text{cm}}{\ln(100\,\text{mm}/0,69\,\text{mm})},$$

$C \approx 5,5$ nF.

Induktive Kopplungen können weitgehend vernachlässigt werden.
In Kabeln heben sich die induktiven Komponenten bei symmetrischer Anordnung der Einzelleiter im Mittel auf, so daß z. B. zwischen Anfang und Ende eines PE-Leiters nur Spannungen im mV-Bereich induziert werden.
In der Erde bzw. auf metallisch geerdeten Flächen induzierte Spannungen verteilen sich über große Flächen bzw. bilden Wirbelstromfelder, so daß keine großen Spannungsfälle zwischen verschieden räumlich getrennten Punkten durch Induktion auftreten.

6.2.1 Berechnung der Ableitströme im IT-System

Bei der Berechnung der Ableitströme im IT-System muß man den Betrag der Ableitkapazitäten berücksichtigen. Diese können durch Berechnung oder Messung ermittelt werden. Zur Berechnung kann die aufgeführte Formel herangezogen werden, wenn die nötigen Faktoren bekannt sind.
Die Messung der Ableitkapazitäten kann nach verschiedenen Verfahren durchgeführt werden (eingebaute Isolationsüberwachungsgeräte sollten während der Messungen vom Netz getrennt werden).

6.2.2 Ermittlung der Ableitkapazitäten im abgeschalteten Netz

Mit Hilfe einer Wechselspannungsquelle U und durch Messen von U_C und I_C kann C_E ermittelt werden (**Bild 6.7**):

$$C_{E\,ges} = \frac{|I_c|}{|U_c|\,\omega}. \tag{6.2}$$

Im einphasigen Wechselspannungsnetz ist $C_{E\,ges} = 2\,C_E$, im Drehstromnetz $3\,C_E$, im Vierleiternetz $4\,C_E$.

Zu beachten ist hier, daß $X_{CE} \ll R_i$ des Voltmeters sein sollte, damit der Meßfehler gering bleibt, z. B. bei $R_i = 10$ MΩ sollte $C_{E\,ges} > 0{,}3$ nF sein.

Weiterhin ist bei dieser Messung wichtig, daß der ohmsche Isolationswiderstand der Netze gegen PE größer als der kapazitive Scheinwiderstand sein muß (Beurteilung z. B. durch Anzeige des Isolationsüberwachungsgeräts im Betrieb).

Sollte der Isolationswiderstand einen endlichen Wert haben, kann durch die erläuterte Messung mit einer DC-Spannungsquelle der ohmsche Anteil R_E ermittelt werden.

Die Messung mit der Wechselspannungsquelle ergibt hier die Ableitimpedanz Z_E. Aus den beiden Meßwerten kann jetzt wiederum die Ableitkapazität errechnet werden:

$$C_{E\,ges} = \frac{1}{\omega\sqrt{Z_E^2 - R_E^2}}. \tag{6.3}$$

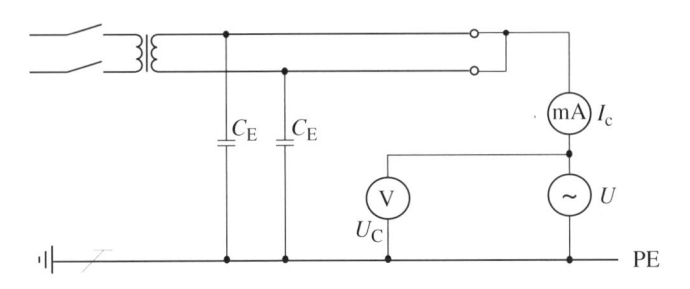

Bild 6.7 Meßaufbau zur Kapazitätsmessung im abgeschalteten Netz
U AC-Meßquelle
mA Milliamperemeter
V hochohmiges Voltmeter ($R_i > 10$ MΩ)

6.2.3 Ermittlung der Ableitkapazitäten im Betrieb

Auch hier sollte das Isolationsüberwachungsgerät während der Messung vom Netz getrennt werden (**Bild 6.8**).
Mit Hilfe des gemessenen Stroms läßt sich nun die Netzableitkapazität rechnerisch ermitteln. Mit dem mA-Meter wird dann im ungeerdeten Netz ein direkter Erdschluß erzeugt. Bevor dies jedoch durchgeführt wird, sollte man sich mit Hilfe des Isolationsüberwachungsgeräts davon überzeugen, daß dieses Netz einen guten Isolationswert hat. Zusätzlich sollte man die Spannung jedes Außenleiters nach Erde überprüfen. Liegen diese Spannungen etwa symmetrisch auf dem Wert der halben Netzspannung im Wechselspannungsnetz, so hat man die Bestätigung, daß es sich um ein IT-System handelt. Auch im isolationsfehlerfreien IT-System können jedoch durch unsymmetrische Ableitkapazitäten leichte Unsymmetrien der Spannungen Leiter gegen Erde auftreten.
Nun kann man die Ableitstrommessung durchführen. Der sich einstellende Strom ergibt sich für Wechsel- und Drehstromnetze nach folgenden Gleichungen:

Wechselstromnetze:

$$I_d = U \omega C_E, \tag{6.4}$$

daraus ergibt sich die Ableitkapazität:

$$C_E = \frac{I_d}{U \omega}. \tag{6.5}$$

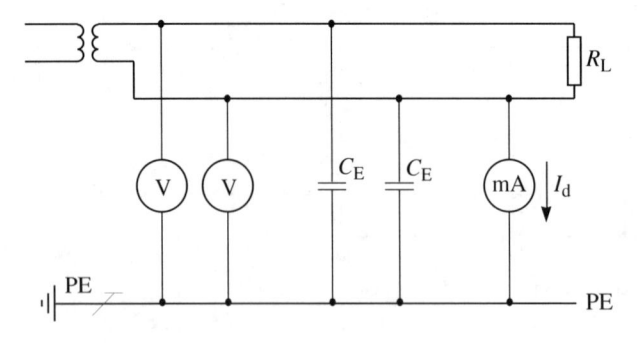

Bild 6.8 Meßaufbau zur Kapazitätsermittlung im Betrieb

Für Drehstromnetze gilt:

$$I_d = U\sqrt{3}\,\omega\,C_E, \qquad (6.6)$$

daraus ergibt sich wiederum die Ableitkapazität:

$$C_E = \frac{I_d}{U\sqrt{3}\,\omega}. \qquad (6.7)$$

Dabei sind:
C_E die Ableitkapazität eines Leiters gegen Erde,
U die Außenleiterspannung.
Hierin ist für C_E jeweils die Ableitkapazität eines Leiters gegen Erde einzusetzen; vorausgesetzt sind etwa gleich große Teilkapazitäten jedes Leiters.

6.3 Spannungsverhältnisse im Wechselspannungs-IT-System [6.4]

Bei einem IT-System stellen sich die Spannungen der Außenleiter gegen Erde entsprechend den Spannungsverteilungen durch die Ableitimpedanzen ein. Diese Impedanzen bestehen aus den Kapazitäten der Leiter und denen der Betriebsmittel gegen Erde und den hierzu parallel geschalteten Isolationswiderständen. Sind diese Ableitimpedanzen für jeden Leiter gleich groß, führen auch alle Außenleiter die gleiche Spannung gegen Erde. Hochohmige Spannungsmesser, die zwischen Außenleiter und Erde geschaltet werden, zeigen den gleichen Wert an. In Drehstromnetzen ist das die Sternspannung; bei Wechselstromnetzen wird die halbe Leiterspannung angezeigt. Isolationsüberwachungsgeräte sollten daher symmetrisch angekoppelt werden. Tritt bei einem Leiter ein Erdschluß ein, bricht dessen Spannung gegen Erde zusammen. Da aber die Spannung zwischen den Leitern bestehen bleibt, werden die gesunden Leiter auf die Leiterspannung gegen Erde angehoben.
Zu bedenken ist, daß bei Erdschluß eines Leiters in ungeerdeten Netzen der Mittelpunkt des Transformators Strangspannung annimmt und die nicht fehlerbehafteten Außenleiter auf die Außenleiterspannung gegen Erde angehoben werden.
Diese erhöhte Spannungsbeanspruchung kann an einem Punkt geringer elektrischer Isolationsfestigkeit zu einem Durchschlag und damit zu einem Doppelkörperschluß führen, der einen hohen kurzschlußartigen Strom zur Folge hat und das Ansprechen einer vorgeschalteten Schutzeinrichtung und damit eine Stromunterbrechung bewirkt. Es ist daher zweckmäßig, einen einfachen Isolationsfehler bereits im Entstehen zu erkennen, die Fehlerstelle zu orten und abzuschalten, bevor es zu einer unvorhergesehenen Stromunterbrechung kommt. Aus diesem Grund ist es nötig, den Isolationswiderstand in diesem

Netz laufend mit einer Isolationsüberwachungseinrichtung zu kontrollieren. Das Unterschreiten eines Mindestwerts des Isolationswiderstands gegen Erde ist optisch oder akustisch zu signalisieren; in Sonderfällen ist sogar eine Abschaltung herbeizuführen.
Der an der Erdschlußstelle auftretende Erdschlußstrom I_d wird durch die Ableitwiderstände der gesunden Leiter und deren Spannung im Fehlerfall bestimmt. Im Gegensatz zur Schutztrennung können die Erdschlußströme bei ausgedehnten Netzen mindestens so groß sein, daß sie bei direkter Berührung eines Außenleiters zu einer gefährlichen Durchströmung führen.
Es wird häufig fälschlich angenommen, daß man bei einem IT-System einen Außenleiter direkt berühren kann. Bei einem Vierleiternetz wird der N-Leiter bei einem Erdschluß eines Außenleiters auf die Sternspannung gegen Erde angehoben. Die in einem solchen Netz angeschlossenen Verbraucher müssen zumindest vorübergehend die Leiterspannung gegen Erde ohne Schaden aushalten (**Bild 6.9**).

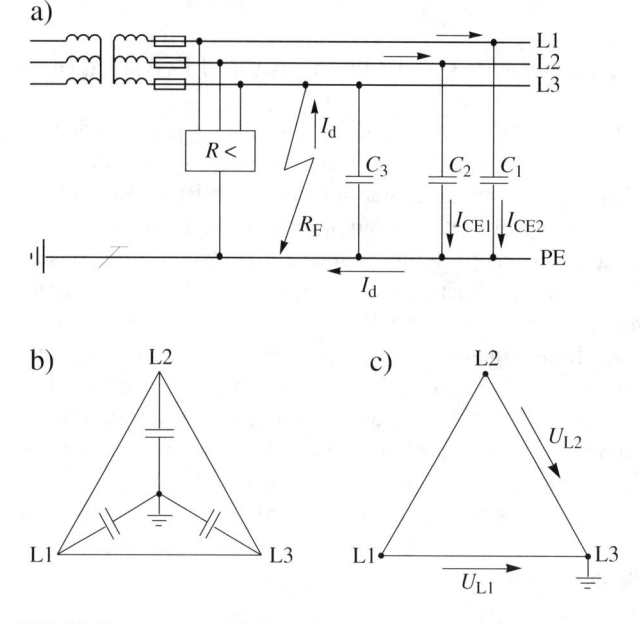

Bild 6.9 Spannungs- und Stromverhältnis im IT-System
a) IT-System mit Erdschluß auf Leiter L3. Über die Kapazitäten der gesunden Leiter fließt der Erdschlußstrom I_d.
b) Leiterspannung gegen Erde bei symmetrischer Leiterkapazität. Alle Leiter führen die Sternspannung gegen Erde.
c) Leiterspannung gegen Erde im Netz. Netz mit einem Erdschluß an Leiter L3. Die gesunden Leiter führen die Leiterspannung gegen Erde. Diese bestimmt über die Leiterkapazitäten den Betrag des Erdschlußstroms.

Im Gegensatz zum Wechselspannungs-IT-System wird die Spannung zum Schutzleiter beim Gleichspannungs-IT-System nicht durch die Größe der Netzableitkapazitäten bestimmt. Die Spannung zwischen Netz und Erde verhält sich im Verhältnis der Isolationswiderstände von Plus und Minus nach Erde. In gut gewarteten Systemen wird diese Spannung der halbe Wert der Außenleiterspannung sein.

6.4 Schutzmaßnahmen in IT-Systemen nach DIN VDE 0100-410:1997-01

Die Norm DIN VDE 0100-410:1997-01 weist besonders in IT-Systemen bedeutende Abweichungen von der Vorgängernorm DIN VDE 0100-410:1983-11 auf.
In diesem Abschnitt wird daher zum besseren Verständnis für den Leser der Original-Bestimmungstext kursiv dargestellt und zusätzlich abschnittsweise mit erläuternden Kommentaren des Autors versehen.
Im nationalen Vorwort ist in Tabelle N.1 in der Bezeichnung der Isolationsüberwachungseinrichtung eine Berichtigung vorgenommen worden. Das entsprechende Symbol trägt nun die Bezeichnung $R <$, welches über Jahrzehnte fälschlicherweise die Bezeichnung $Z <$ trug.

413.1.5 IT-Systeme
413.1.5.1 In IT-Systemen müssen die aktiven Teile entweder gegen Erde isoliert sein oder über eine ausreichend hohe Impedanz geerdet werden. Diese Impedanz darf zwischen Erde und dem Sternpunkt des Systems oder einem künstlichen Sternpunkt liegen. Der künstliche Sternpunkt darf unmittelbar mit Erde verbunden werden, wenn die resultierende Nullimpedanz des Systems ausreichend groß ist. Wenn kein Sternpunkt ausgeführt ist, darf ein Außenleiter über eine Impedanz mit Erde verbunden werden.

Dieser Abschnitt ist gegenüber dem Vorgängerabschnitt erweitert worden. Der Begriff „resultierende Nullimpedanz" ist zusätzlich eingeführt worden, jedoch ist er leider nicht weiter erläutert.
An dieser Stelle wird dies daher nachgeholt. **Bild 6.10** zeigt, daß sich für den Ableitstrom des Systems die resultierende Nullimpedanz aus der Reihenschaltung der Netzimpedanz Z_0 und der künstlichen Impedanz Z zusammensetzt.
Die Impedanz Z kann direkt mit Erde verbunden werden, wenn die „resultierende Nullimpedanz" ausreichend groß ist. In „kleinen" IT-Systemen ist die Netzimpedanz meist relativ klein. Damit wird der Wert der „resultierenden Nullimpdanz" durch die Impedanz Z bestimmt. In Deutschland wird der Wechselstrom-Innenwiderstand Z_i des Isolationsüberwachungsgeräts als ausreichend große Impedanz

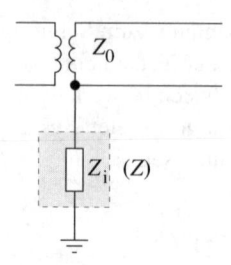

Bild 6.10 Resultierende Nullimpedanz

angesehen. Ein Isolationsüberwachungsgerät kann, wenn kein Sternpunkt ausgeführt ist, mit seiner Netzankopplung an einen oder alle Außenleiter angeschlossen werden. Der Schutzleiteranschluß des Isolationsüberwachungsgeräts ist mit Erde bzw. mit dem zusätzlichen Potentialausgleich zu verbinden.

413.1.5.1
Der Fehlerstrom bei Auftreten nur eines Körper- oder Erdschlusses ist niedrig, und eine Abschaltung ist nicht gefordert, wenn die Bedingung nach Unterabschnitt 413.1.5.3 erfüllt ist. Es müssen jedoch Maßnahmen getroffen werden, um bei Auftreten eines zweiten Fehlers das Risiko gefährlicher physiologischer Einwirkungen auf Personen, die in Verbindung mit gleichzeitig berührbaren leitfähigen Teilen stehen, zu vermeiden.

Der erste Satz bestätigt die gängige Praxis der IT-Systeme in Deutschland. Zwei typische Beispiele, IT-Systeme im medizinisch genutzten Bereich und IT-Systeme im Generatorbetrieb belegen diese Aussage. Dort liegen die Fehlerströme zwischen 0,5 mA und 10 mA, eine Abschaltung ist somit nicht erforderlich. Es sind jedoch auch ausgedehnte Wechselspannungs- bzw. Drehstromnetze bekannt, bei denen sich ein erhöhter Fehlerstrom einstellen kann (z. B. in der chemischen Industrie oder auf Schiffen). Als zusätzliche Maßnahmen können dort differenzstrommessende RCM- bzw. RCD-Relais verwendet werden. In modernen Anlagen werden heute Isolationsfehlersucheinrichtungen zur Lokalisierung des ersten Fehlers eingeschaltet, um den „zweiten Fehlerfall" erst gar nicht entstehen zu lassen.
Im Gegensatz zu der sonst im VDE-Vorschriftenwerk üblichen Praxis wird in IT-Systemen auch der „zweite Fehler" in die Schutzüberlegungen mit einbezogen.

413.1.5.2
Anmerkung: Zur Herabsetzung von Überspannungen oder zur Dämpfung von Spannungsschwingungen in der Anlage darf eine Erdung über Impedanzen oder dürfen

künstliche Sternpunkte gefordert werden, und deren Charakteristiken sollten mit den Anforderungen der Anlage übereinstimmen.

Neuere wissenschaftliche Arbeiten belegen, daß die Verwendung von Impedanzen sehr stark netz- und applikationsabhängig ist. Auch hier kann die Impedanz Z_i des Isolationsüberwachungsgeräts in bestimmten Systemen dämpfend wirken. Weitere Untersuchungen sind jedoch noch notwendig.

413.1.5.3
Körper müssen einzeln, gruppenweise oder in ihrer Gesamtheit geerdet werden.

Bild 6.11, **Bild 6.12** und **Bild 6.13** zeigen zum besseren Verständnis diese drei verschiedenen Möglichkeiten der Erdung der Körper der Betriebsmittel (BM):

Anmerkung: In großen Gebäuden, z. B. Hochhäusern, kann die unmittelbare Verbindung der Körper mit einem Erder aus praktischen Gründen nicht möglich sein. Die Erdung der Körper darf in diesen Fällen durch eine Verbindung zwischen Schutzleitern, Körpern und fremden leitfähigen Teilen erfolgen.

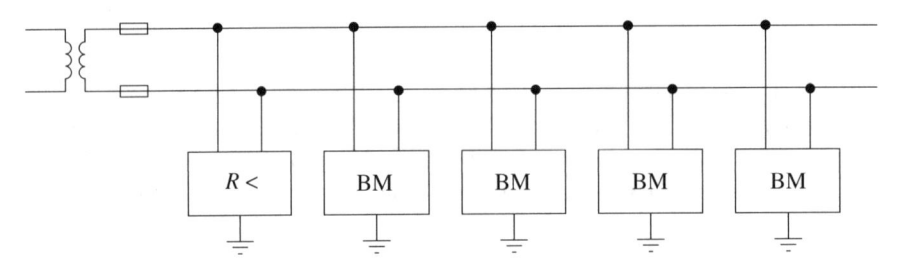

Bild 6.11 Einzelne Erdung der Körper

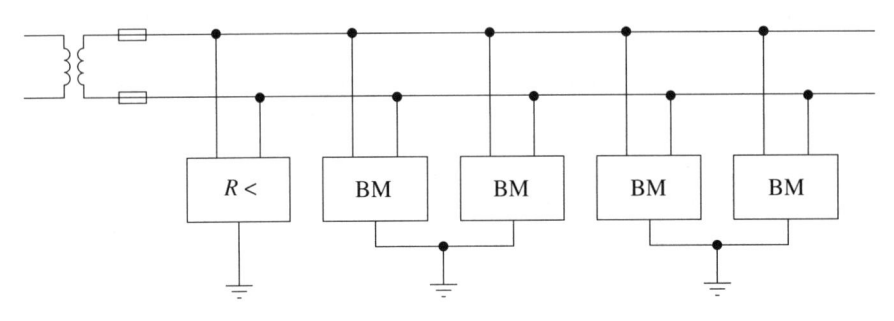

Bild 6.12 Gruppenweise Erdung der Körper

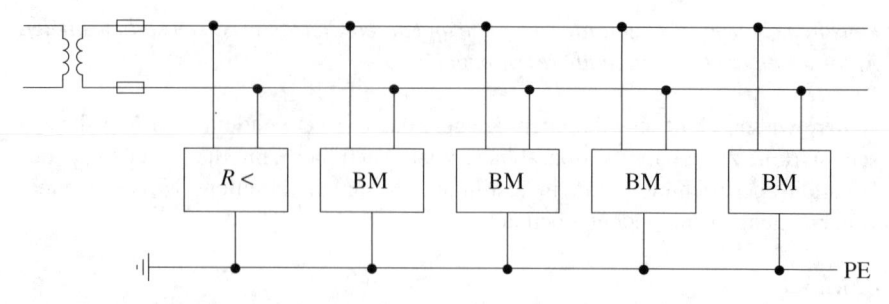

Bild 6.13 Gesamte Erdung der Körper

In Deutschland hat sich seit Jahrzehnten die Erdung aller Körper, die durch einen Schutzleiter mit der Erdungsanlage verbunden sind, bewährt. Die Verbindung zum Erdanschluß des Isolationsüberwachungsgeräts erfolgt dann über den zusätzlichen Potentialausgleich.
Die folgende Bedingung muß erfüllt sein:

$$R_A \cdot I_d \leq 50 \text{ V}.$$

Darin bedeuten:
R_A *Summe der Widerstände des Erders und des Schutzleiters der Körper,*
I_d *Fehlerstrom im Falle des ersten Fehlers mit vernachlässigbarer Impedanz zwischen einem Außenleiter und einem Körper; der Wert I_d berücksichtigt die Ableitströme und die Gesamtimpedanz der elektrischen Anlage gegen Erde.*

Die aufgeführte Formel ist selbsterklärend, wobei jedoch die Ermittlung des Fehlerstroms meist unbekannt ist.
Der hier genannte Fehlerstrom I_d kann im Wechsel- bzw. Drehstromsystem einfach nachgemessen werden. Im fehlerfreien System wird mit einem Amperemeter eine direkte Verbindung eines Außenleiters nach Erde bzw. zum zusätzlichen Potentialausgleich unter Berücksichtigung von Vorsichtsmaßnahmen hergestellt. Bei dieser Messung sind jedoch die Aufladevorgänge der Netzableitkapazitäten zu beachten; Meßverfahren ohne die Notwendigkeit der direkten Erdung sind bisher nicht eingeführt. Die aufgeführte Gesamtimpedanz ist die kapazitive Impedanz der gesamten elektrischen Anlage mit angeschlossenen Betriebsmitteln gegen Erde.
Die Grenze für die dauernd zulässige Berührungsspannung beträgt bei Wechselspannung U_L = 50 V, bei Gleichspannung U_L = 120 V. Diese Grenzen wurden international vereinbart. Für besondere Anwendungsfälle werden gegebenenfalls niedrigere Werte gefordert.

413.1.5.4
Eine Isolationsüberwachungseinrichtung muß vorgesehen werden, mit der der erste Fehler zwischen einem aktiven Teil und einem Körper oder gegen Erde durch ein hörbares und/oder ein optisches Signal angezeigt wird.
Anmerkung 1: Es wird empfohlen, den ersten Fehler so schnell wie möglich zu beseitigen.
Anmerkung 2: Eine Isolationsüberwachungseinrichtung darf auch aus Gründen, die nicht den Schutz bei indirektem Berühren betreffen, notwendig sein.

Erstmalig wird nun in dieser Norm grundsätzlich eine Isolationsüberwachungseinrichtung für IT-Systeme vorgeschrieben. Der erste Satz macht deutlich, daß eine Isolationsüberwachungseinrichtung üblicherweise aus einem Isolationsüberwachungsgerät und einer anzuschließenden Melde- und Prüfkombination besteht. Mit der Melde- und Prüfkombination werden akustische und optische Singale ausgelöst. Die optische Meldung zur Signalisierung einer Isolationswertunterschreitung ist häufig am Isolationsüberwachungsgerät selbst angebracht. In den wenigen Fällen einer Abschaltung bei Isolationswertunterschreitung wird vom Isolationsüberwachungsgerät ein Schaltelement angesteuert. Die Anmerkung 1 gibt einen wertvollen Hinweis auf eine schnelle Isolationsfehlerbeseitigung. Dazu sind Isolationsfehlersucheinrichtungen nach Entwurf DIN VDE 0413-9 als Ergänzung zum Isolationsüberwachungsgerät sinnvoll. Mit der Anmerkung 2 wird auf den besonderen Vorteil der Schutzmaßnahme IT-System und Isolationsüberwachung in bezug auf Betriebssicherheit und vorbeugende Instandhaltung hingewiesen.

413.1.5.5
Nach dem Auftreten eines ersten Fehlers müssen folgende Bedingungen für die Abschaltung der Stromversorgung im Falle eines zweiten Fehlers erfüllt werden:
a) Wenn die Körper in Gruppen oder einzeln geerdet sind, gelten für den Schutz die Bedingungen wie in Unterabschnitt 413.1.4 für das TT-System angegeben, ausgenommen den zweiten Absatz des Unterabschnitts 413.1.4.1.
b) Wenn Körper untereinander über einen Schutzleiter gemeinsam geerdet sind, gelten die Bedingungen für das TN-System entsprechend den Unterabschnitten 413.1.5.6 und 413.1.5.7.

Dieser Abschnitt beschreibt die Abschaltbedingungen im Falle eines zweiten Fehlers im IT-System.

Wenn die Körper nach Bild 6.11 oder Bild 6.12 in Gruppen oder einzeln geerdet sind, gelten die Bedingungen für das TT-System.

Wenn die Körper untereinander über einen Schutzleiter verbunden sind, nach Bild 6.13, gelten die Bedingungen für das TN-System.
Da das TN-System in Deutschland die bekannteste Form ist, gilt der Systemaufbau sinngemäß auch für das IT-System.

413.1.5.6
Die folgende Bedingung muß erfüllt werden, wenn der Neutralleiter nicht mit verteilt wird:

$$Z_s \leq \frac{U}{2 \cdot I_a},$$

oder wo der Neutralleiter mit verteilt wird:

$$Z'_s \leq \frac{U_o}{2 \cdot I_a}.$$

Darin bedeuten:
U_0 *Nennwechselspannung (effektiv) zwischen Außenleiter und Neutralleiter,*
U *Nennwechselspannung (effektiv) zwischen Außenleitern,*
Z_s *Impedanz der Fehlerschleife, bestehend aus dem Außenleiter und dem Schutzleiter des Stromkreises,*
Z'_s *Impedanz der Fehlerschleife, bestehend aus Neutralleiter und dem Schutzleiter des Stromkreises,*
I_a *Strom, der die Abschaltung des Stromkreises innerhalb der in **Tabelle 41B** angegebenen Zeit t, soweit anwendbar, oder für alle anderen Stromkreise innerhalb von 5 s bewirkt, sofern diese Abschaltzeit zugelassen ist (siehe Abschnitt 413.1.3.5).*

Nennspannung der elektrischen Anlage U_0/U in V	Abschaltzeit in s	
	Neutralleiter nicht verteilt	Neutralleiter verteilt
230/400	0,4	0,8
400/690	0,2	0,4
580/1 000	0,1	0,2

Tabelle 41B *Nennspannungen und maximale Abschaltzeiten für IT-Systeme (zweiter Fehler)*

Anmerkung 1: *Für Spannungen, die innerhalb des Toleranzbandes nach IEC 38 liegen, gilt die Abschaltzeit der zugehörigen Nennspannung.*
Anmerkung 2: *Für Zwischenwerte von Spannungen ist der nächst höhere Spannungswert aus der Tabelle 41B zu verwenden.*

In DIN VDE 0100-410:1997-01 sind in diesem Abschnitt neue Formeln für die Impedanz der Fehlerschleife eingeführt worden.
Ebenfalls neu sind maximale Abschaltzeiten, die für IT-Systeme eingeführt wurden. Hier muß deutlich gemacht werden, daß es sich dabei um die Zeit handelt, die eingehalten werden muß, wenn gleichzeitig „zwei" direkte, d. h. nahe 0 Ω liegende Widerstände an zwei unterschiedlichen Leitern auftreten.
Praxisgerecht sind IT-Systeme mit und ohne N-Leiter aufgeführt.

413.1.5.7
Wenn die Bedingungen des Unterabschnitts 413.1.5.6 bei Verwendung von Überstrom-Schutzeinrichtungen nicht erfüllt werden können, muß ein zusätzlicher Potentialausgleich entsprechend Unterabschnitt 413.1.2.2 angewendet werden. Alternativ ist der Schutz durch eine RCD für jedes Verbrauchsmittel vorzusehen.

Dieser Abschnitt wird an anderer Stelle ausführlich behandelt.

413.1.5.8
In IT-Systemen ist die Verwendung folgender Überwachungs- und Schutzeinrichtungen anerkannt:
- *Isolationsüberwachungseinrichtungen,*
- *Überstrom-Schutzeinrichtungen,*
- *RCD.*

Nicht ohne Grund steht die Isolationsüberwachungseinrichtung nun an erster Stelle in dieser Aufzählung der Überwachungs- und Schutzeinrichtungen für das IT-System. Besonders der Informationsvorsprung durch frühzeitige Meldung von Isolationsverschlechterungen durch das Isolationsüberwachungsgerät rechtfertigt die steigende Anwendung.
Die Verwendung von RCD im IT-System stellt eine Besonderheit dar, deren Problematik in den Erläuterungen zu DIN VDE 0100-410:1983-11 deutlich dargelegt wurde. Da die damaligen Aussagen auch heute noch zutreffen, ist dieser Text im folgenden aufgeführt:
Die Bestimmungen für IT-Systeme weichen in Inhalt und Aufbau am meisten vom entsprechenden § 11 „Schutzleitungssystem" der VDE 0100/05.73 ab. Das hat seine Gründe in den unterschiedlichen Schutztechniken der CENELEC-Mitgliedsländer. Während man in Deutschland in IT-Systemen – ausgehend von den weit verbreiteten TN-Systemen – vorwiegend Überstrom-Schutzeinrichtungen verwendet, werden in Frankreich – ausgehend von den dort überwiegend installierten TT-Systemen – vorwiegend Fehlerstrom-Schutzeinrichtungen verwendet. Die Forderung nach Abschaltung im Doppelfehlerfall ist daher in Frankreich vergleichsweise leicht zu

erfüllen und der Nachweis dafür auch unschwer zu erbringen. Anders in Deutschland, wo der Doppelfehlerfall bisher direkt nicht behandelt wurde, sondern nur indirekt durch die Forderung nach einem umfassenden Potentialausgleich abgedeckt war. Die neuen Bestimmungen stellen beide Möglichkeiten als gleichwertig nebeneinander, wobei wohl auch in Zukunft in Deutschland dem umfassenden Potentialausgleich – nunmehr „zusätzlicher Potentialausgleich" – der Vorzug gegeben wird. Wenn ein zusätzlicher Potentialausgleich nicht vorgesehen oder nicht möglich ist, muß die Einhaltung der Abschaltbedingungen im Doppelfehlerfall durch Rechnung oder Messung nachgewiesen werden.

Die Verwendung von Fehlerstrom-Schutzeinrichtungen im IT-System erscheint auf den ersten Blick ungewöhnlich, weil gerade im IT-System der erste Fehler noch zu keiner Abschaltung führen soll. Wenn diese übliche Bedingung eingehalten werden soll, muß der Nennfehlerstrom $I_{\Delta n}$ größer sein als der Strom I_d.

Die Verwendung von Fehlerstrom-Schutzeinrichtungen ist jedoch immer dann notwendig, wenn das IT-System im Fall des ersten Fehlers zum TT-System wird und im Falle des zweiten Fehlers eine Abschaltung sichergestellt werden soll, z. B. um den Aufwand für einen zusätzlichen Potentialausgleich zu vermeiden. Eine Abschaltung erfolgt freilich nur, wenn die beiden Fehler hinter verschiedenen Fehlerstrom-Schutzeinrichtungen liegen. Andernfalls müssen Überstrom- oder andere Schutzeinrichtungen die Abschaltung übernehmen.

Damit sind Fehlerstrom-Schutzeinrichtungen in begrenzten Anlagen – z. B. in Steuerstromkreisen, für Ersatzstromversorgungsanlagen und in medizinisch genutzten Räumen – in der Regel als Schutzeinrichtungen ungeeignet, weil sie weder beim ersten Fehler – wegen des sehr kleinen Ableitstroms – noch im Doppelfehlerfall ansprechen.

6.5 Zusätzlicher Potentialausgleich in IT-Systemen

In den zusätzlichen Potentialausgleich müssen alle gleichzeitig berührbaren Körper fest angebrachter Betriebsmittel und alle gleichzeitig berührbaren fremden leitfähigen Teile einbezogen werden. Das Potentialausgleichsystem muß mit den Schutzleitern aller Betriebsmittel, einschließlich derjenigen von Steckdosen, verbunden werden.

Die Grundidee für den Schutz bei indirektem Berühren durch zusätzlichen Potentialausgleich läßt sich folgendermaßen skizzieren:
Jeder Körper wird über Potentialausgleichsleiter mit anderen Körpern und fremden leitfähigen Teilen verbunden, die innerhalb seines Handbereichs liegen. Querschnitt und Leitungsführung müssen so gewählt sein, daß innerhalb des Handbereichs für

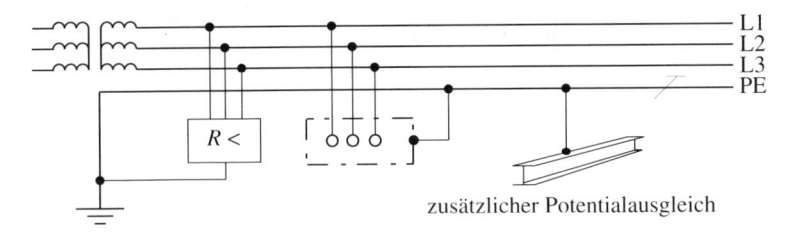

Bild 6.14 IT-System mit zusätzlichem Potentialausgleich

den Fall eines Körperschlusses keine gefährlichen Berührungsspannungen überbrückt werden können.
Der zusätzliche Potentialausgleich wird unter anderem in Anlagen oder Anlagenteilen mit IT-System und Isolationsüberwachung angewendet. Hier entspricht der zusätzliche Potentialausgleich dem Potentialausgleich, der bisher von VDE 0100/ 05.73 in § 11 für das Schutzleitersystem gefordert worden ist.
In dem „Zusätzlichen Potentialausgleich" müssen alle gleichzeitig berührbaren Körper ortsfester Betriebsmittel, Schutzleiteranschlüsse und alle „fremden leitfähigen Teile" einbezogen werden (**Bild 6.14**).
Der „Zusätzliche Potentialausgleich" muß mit einem Potentialausgleichsleiter nach DIN VDE 0100-540 durchgeführt werden.
In IT-Systemen kann dieser Potentialausgleichsleiter als Ersatz des Schutzleiters angesehen werden.

6.5.1 Mindestquerschnitte für den zusätzlichen Potentialausgleich

Im IT-System entspricht der zusätzliche Potentialausgleichsleiter dem Schutzleiter. Die zu verwendenden Querschnitte sind somit nach DIN VDE 0100-540 auszuwählen. Da im IT-System der Schutzleiter immer getrennt zu den übrigen Leitern verlegt ist, reduziert sich Tabelle 2 nach DIN VDE 0100-540 für das IT-System. Dies zeigt gekürzt **Tabelle 6.1**.
Wird der örtliche zusätzliche Potentialausgleich wegen besonderer Gefährdung aufgrund der Umgebungsbedingungen in den DIN-VDE-Bestimmungen gefordert, z. B. der Gruppe 700 der Normen der Reihe DIN VDE 0100, so müssen – sofern dort Querschnitte für den Potentialausgleichsleiter des zusätzlichen Potentialausgleichs angegeben sind – diese zur Anwendung kommen (siehe **Tabelle 6.2**) [6.5].

Außenleiter in mm²	Querschnitt für Potentialausgleichsleiter	
	getrennt verlegt, in mm²	
	Cu	Al
bis 0,5	2,5	4
0,75	2,5	4
1	2,5	4
1,5	2,5	4
2,5	2,5	4
4	4	4
6	6	6
10	10	10
16	10	10
25	16	10
35	16	16
50	25	25
70	35	35
95	35	35
120	50	50
150	50	50
185	50	50
240	50	50
300	50	50
400	50	50

Tabelle 6.1 Zuordnung der Mindestquerschnitte des Potentialausgleichsleiters zum Querschnitt des Außenleiters (Werte entsprechen Tabelle 2 aus DIN VDE 0100-540:1983-11 bzw. :1986-05)

	Querschnitte für Potentialausgleichsleiter des zusätzlichen Potentialausgleichs	
normal	zwischen zwei Körpern	1 × Querschnitt des kleineren Schutzleiters
	zwischen einem Körper und einem fremden leitfähigen Teil	0,5 × Querschnitt des Schutzleiters
mindestens	bei mechanischem Schutz	2,5 mm² Cu oder Al [*)]
	ohne mechanischen Schutz	4 mm² Cu oder Al [*)]
*) Werden Aluminiumleiter ungeschützt verlegt, besteht wegen eventueller Korrosion und geringer mechanischer Festigkeit eine erhöhte Möglichkeit der Leiterunterbrechung.		

Tabelle 6.2 Querschnitte für Potentialausgleichsleiter des zusätzlichen Potentialausgleichs (Auszug aus Tabelle 9 von DIN VDE 0100-540:1991-11)

6.6 Prüfungen des IT-Systems mit zusätzlichem Potentialausgleich und Isolationsüberwachung

Am 1. November 1987 trat DIN VDE 0100-600 „Errichten von Starkstromanlagen mit Nennspannungen bis 1000 V, Erstprüfung" in Kraft. Diese VDE-Bestimmung erläutert den Umfang der Erstprüfung einer elektrischen Anlage. Zu dieser Prüfung gehören alle Maßnahmen, mit denen festgestellt wird, ob die Ausführung von elektrischen Anlagen mit den Errichtungsnormen übereinstimmt.
Die Prüfung umfaßt: Besichtigen – Erproben – Messen.
Besichtigen ist das bewußte Ansehen einer elektrischen Anlage, um den ordnungsgemäßen Zustand festzustellen. *Erproben* umfaßt die Durchführung von Maßnahmen in elektrischen Anlagen, durch welche die Wirksamkeit nachgewiesen werden soll, z. B. Fehlerstrom-Schutzeinrichtungen, Isolationsüberwachungseinrichtungen, Not-Aus-Einrichtungen. *Messen* ist das Feststellen von Werten mit geeigneten Meßgeräten, die für die Beurteilung einer Schutzmaßnahme erforderlich sind und die durch Besichtigen und/oder Erproben nicht feststellbar sind.
Im IT-System sind einige Messungen nur möglich, wenn ein künstlicher Erdschluß hergestellt wird, wenn die Bedingungen nach DIN VDE 0100-410 exakt geprüft werden. Hierfür sind als Regel der Technik anzusehende Meßverfahren noch nicht eingeführt, so daß die Bestimmungen hierfür keine näheren Angaben machen.
Durch den künstlichen Erdschluß entstehen Beanspruchungen der Anlage durch Spannungserhöhung der „gesunden" Außenleiter und eventuelle Gefährdung durch einen während der Messung auftretenden zweiten Fehler.
Der Ableitstrom I_d kann meßtechnisch ermittelt oder abgeschätzt werden. In diese Schätzung gehen ein: Netznennspannung, Kabel- und Leitungstypen, Querschnitte und Längen des gesamten Netzes.
Beim Aufbau des IT-Systems unterscheidet man bei der Prüfung zwischen der Wirksamkeit der Schutzmaßnahmen beim ersten Fehler und der Wirksamkeit der Schutzmaßnahme bei Doppelfehler.

Wirksamkeit der Schutzmaßnahme beim ersten Fehler
Neben den allgemeinen Regeln der Besichtigung ist zu prüfen, ob die erforderliche Überwachungseinrichtung, im besonderen die Isolationsüberwachungseinrichtung, richtig ausgewählt bzw. eingestellt ist. Da das IT-System eine Schutzmaßnahme mit zusätzlichem Potentialausgleich (bzw. Schutzleiter) darstellt, ist bei der Besichtigung ebenfalls die Übereinstimmung des Schutzleiters mit der Errichtungsbestimmung zu überprüfen. Dies gilt auch für die Auswahl der Isolationsüberwachungseinrichtung.

Zusätzlich ist festzustellen, ob:
- kein aktiver Leiter der Anlage geerdet ist und
- ob die Körper einzeln oder gruppenweise oder in ihrer Gesamtheit mit einem Schutzleiter verbunden sind.

Durch Erproben muß festgestellt werden, ob die in der Anlage vorhandenen Sicherheitseinrichtungen ihren Zweck ordnungsgemäß erfüllen. Beim Erproben darf keine Gefährdung von Personen, Nutztieren oder Sachen entstehen. Durch Messung ist der Erdungswiderstand R_A festzustellen und nach Erdung eines Außenleiters an der Stromquelle der Ableitstrom I_d des Netzes zu messen. Ersatzweise darf I_d aufgrund der Planungsunterlagen abgeschätzt werden. Das Produkt aus R_A und I_d darf die Grenze der dauernd zulässigen Berührungsspannung U_L nicht übersteigen. Es kann zur Messung auch ein Außenleiter an der Stromquelle geerdet und der Spannungsfall am Erdungswiderstand R_A gemessen werden, wobei dieser kleiner sein muß als die dauernd zulässige Berührungsspannung U_L.

Wirksamkeit der Schutzmaßnahmen bei Doppelfehler
Auf Erläuterungen zu den Prüfungen nach den Abschaltbedingungen des TN-Systems im IT-System wird im folgenden nicht weiter eingegangen.
Die Besichtigung erfolgt, wie bereits oben aufgeführt. Die Erprobung wird vorgenommen durch Betätigen der Prüfeinrichtung der Isolationsüberwachungseinrichtung.
Zusätzlich wird das IT-System mit zusätzlichem Potentialausgleich durch einen simulierten Isolationsfehler im Netz erprobt. Dies geschieht durch einen richtig bemessenen Widerstand zwischen Netz und Schutzleiter.

[Prüfung in der Praxis – Anmerkung des Autors:
Dieser Widerstand sollte eine der Nennspannung des Netzes angemessene Spannungsfestigkeit haben und der Wert deutlich kleiner (etwa halber Wert) sein als der eingestellte Ansprechwert der Isolationsüberwachungseinrichtung, jedoch mindestens 2 kΩ. Die Leistung des Widerstands muß mindestens dem Wert $P = U_n \cdot I_d$ entsprechen, wobei I_d durch Messung ermittelt werden kann. Zu beachten ist ebenfalls, daß es beim Anlegen dieses Widerstands zur Entladung der betroffenen Netzableitkapazität kommt und dadurch meist ein kurzer Ausschlag des Isolationsüberwachungsgeräts zu bemerken ist. Nach Abklingen des Einschwingvorgangs ist der Wert des Prüfwiderstands stabil am Meßgerät des Isolationsüberwachungsgeräts abzulesen.]

6.6.1 Prüfung des IT-Systems nach DIN VDE 0100-610:1994-04

DIN VDE 0100-600:1987-11 wurde zwischenzeitlich von DIN VDE 0100-610: 1994-04 abgelöst. In diese Norm wurde der sachliche Inhalt von CENELEC-HD 384.6.61 S1: 1992 eingearbeitet, das der IEC-Richtlinie 364-6-61: 1986 mit gemeinsamen CENELEC-Abänderungen entspricht. Der deutsche Titel lautet: „Errichten von Starkstromanlagen mit Nennspannungen bis 1 000 V; Prüfung; Erstprüfung". Abschnitt 5.6.1.4 (Anhang) erläutert die Prüfungen im IT-System (-Netz) wie folgt: „Im IT-System (-Netz) ist die Prüfung der Wirksamkeit der Schutzmaßnahmen beim ersten Fehler nur möglich, wenn für die Messung ein künstlicher Erdschluß hergestellt wird. Durch den künstlichen Erdschluß entstehen Beanspruchungen der Isolierungen von Betriebsmitteln durch Spannungserhöhung der ‚gesunden' Leiter gegen Erde. Außerdem können Gefährdungen durch einen während der Messung auftretenden zweiten Fehler (Erdschluß) entstehen. Es werden deshalb Meßverfahren notwendig, die ohne einen künstlichen Erdschluß möglich sind."
Nach Abschnitt 5.6.1.4.1.3 (Anmerkung) wird man in den meisten Fällen mit einer Erdungsmessung auskommen. Bei Bildung lokaler IT-Systeme (-Netze), z. B. in Hochhäusern, kann der künstliche Erdschluß auch über einen geerdeten Potentialausgleichsleiter hergestellt werden. Wegen der im IT-System (-Netz) durch die begrenzte Netzausdehnung zulässigen hohen Erdungswiderstände genügt bei Prüfung der Bedingung $R_A \cdot I_d < U_L$ der Ansatz des Erdungswiderstands der Gebäudeerdungsanlage, wenn vom Anschlußpunkt des IT-Systems (-Netzes) an den Potentialausgleich die Verbindung zur Erdungsanlage ausreichend niederohmig ist. Wenn die Voraussetzungen in der Anmerkung nicht zutreffend sind, darf statt einer Messung der Ableitstrom abgeschätzt werden. Der in der Anmerkung genannte Grenzwert für Nennspannungen 660 V verschiebt sich aufgrund DIN IEC 38 auf 690 V. Der Begriff „Erdspannung" in der Anmerkung ist durch „Berührungsspannung" zu ersetzen.
In die Abschätzung gehen ein: Netz-Nennspannung, Kabel- und Leitungsbauarten, Leiterquerschnitte, Leiterlängen des gesamten Netzes. Es dürfen Literaturangaben benutzt werden.
Bei Erproben der Isolationsüberwachung nach Abschnitt 5.6.1.4.2.1.2 sollte der zwischen einem Außen- und dem Schutzleiter zu schaltende Widerstand mindestens 2 kΩ sein, aber kleiner als der an der Isolationsüberwachung eingestellte Wert. Als Ansprechwert der Isolationsüberwachung werden üblicherweise mindestens 100 Ω/V eingestellt.

6.7 Schutz von Kabeln und Leitungen in IT-Systemen

Prinzipiell müssen Kabel und Leitungen mit Überstrom-Schutzeinrichtungen gegen zu hohe Erwärmung geschützt werden, die sowohl durch betriebsmäßige Überlast als auch bei vollkommenem Kurzschluß auftreten kann.
Entsprechende Festlegungen sind in den Normen IEC 364-4-473 bzw. DIN VDE 0100-430 und DIN VDE 0100-470 getroffen.
Die folgenden Ausführungen geben einen Überblick über die gültigen Festlegungen und Empfehlungen bezüglich des IT-Systems unter Berücksichtigung angeschlossener Isolationsüberwachungseinrichtungen. Während für IT-Systeme entsprechend den angegebenen Normen eindeutige Regelungen gelten, gibt es für die Art der Absicherung von vorgeschriebenen Isolationsüberwachungseinrichtungen keine konkreten Festlegungen. Die diesbezüglichen Empfehlungen orientieren sich an bewährten Lösungen aus der Praxis unter Beachtung der Vorteile des IT-Systems (Überwachung und Meldung).

6.7.1 Schutz bei Kurzschluß

Für den Kurzschlußschutz sind Schutzeinrichtungen vorzusehen, die den Stromfluß in den Leitern eines Stromkreises unterbrechen, bevor eine Schädigung bzw. Gefährdung verursacht werden kann.
In den Normen werden keine differenzierten Festlegungen zu den Systemformen getroffen. Die Wahl der Schutzeinrichtungen richtet sich nach dem minimalen Ausschaltvermögen und der zulässigen Ausschaltzeit.
Der maximale Kurzschlußstrom muß bekannt sein bzw. nach folgenden Verfahren bestimmt werden:
- durch ein geeignetes Rechenverfahren (DIN VDE 0102),
- mittels Untersuchung an einer Netzbildung,
- durch Messungen in der Anlage,
- anhand von Angaben des EVU.

Die zulässige Ausschaltzeit wird bestimmt durch:
- den Leiterquerschnitt,
- den möglichen Kurzschlußstrom,
- den Materialkoeffizienten für verschiedene Leitungsarten.

Der Kurzschlußschutz muß am Anfang des Stromkreises eingebaut werden und an allen weiteren Stellen, wo die Kurzschlußstrombelastbarkeit gemindert wird. Das gilt für den Fall, daß eine vorgeschaltete Schutzeinrichtung den geforderten Schutz nicht leisten kann. Ein Versetzen der Schutzeinrichtung ist nur in Ausnahmefällen zulässig.

Spezielle Festlegungen gelten für den Verzicht des Kurzschlußschutzes. Beispielsweise darf der Kurzschlußschutz für Stromkreise entfallen, deren Unterbrechung den Betrieb einer Anlage gefährdet. Außerdem ist der Verzicht für Stromkreise zulässig, deren Leitungsausführung die Gefahr eines Kurzschlusses auf ein Mindestmaß beschränkt und gleichzeitig einen ausreichenden Abstand zu brennbaren Baustoffen sicherstellt.

6.7.2 Schutz bei Überlast

Analog zum Kurzschlußschutz soll durch den Überlastschutz eine schädliche Erwärmung der Kabel verhindert werden.
Der Nennstrom der Schutzeinrichtung richtet sich nach der zulässigen Strombelastbarkeit des Kabels bzw. Leitung (siehe DIN VDE 0298-2 bzw. -4).
Schutzeinrichtungen gegen Überlast müssen an allen Stellen eingebaut werden, an denen eine Minderung der Strombelastbarkeit eintritt und diese Stellen durch vorgeschaltete Schutzeinrichtungen nicht ausreichend geschützt sind. Minderungen der Strombelastbarkeit können verursacht werden durch die Änderung des Leiterquerschnitts, die Änderung der Verlegungsart und die Änderung des Kabelaufbaus.
In abzweigfreien Leitungen ist ein Versetzen der Schutzeinrichtung zulässig, falls ein entsprechender Kurzschlußschutz vorhanden bzw. der Versatz kleiner als 3 m ist. Gleichzeitig müssen die Kurzschlußgefahr minimal und die Leitungen abseits brennbarer Stoffe verlegt sein.

6.7.2.1 Verzicht auf Überlastschutz

Unter bestimmten Bedingungen darf auf den Schutz bei Überlast verzichtet werden. Das gilt beispielsweise für den Fall, daß durch die vorgeschaltete Schutzeinrichtung ein ausreichender Schutz gewährleistet ist. Der Verzicht ist auch in Leitungen möglich, wo mit dem Auftreten von Überlastströmen nicht gerechnet werden muß (z. B. Hilfsstromkreise).
Für einige Einsatzfälle wird der Verzicht von Schutzeinrichtungen zum Schutz bei Überlast empfohlen. Das betrifft speziell Stromkreise, deren Unterbrechung eine Gefahr darstellen kann (z. B. Speisestromkreise von Hubmagneten).
Durch geeignete Maßnahmen sollte das Auftreten von Überlastströmen verhindert bzw. die Kreise entsprechend ausgelegt werden. Zusätzlich wird eine Überlastmeldeeinrichtung empfohlen.

6.7.3 Besondere Festlegungen für IT-Systeme

Eingangs wurde darauf hingewiesen, daß bezüglich der Absicherung keine Unterschiede für die verschiedenen Arten der Systeme gelten. Deshalb muß auf zwei Ausnahmen gesondert hingewiesen werden:
Der Versatz oder Verzicht von Schutzeinrichtungen zum Schutz bei Überlast ist nur zulässig, falls die betroffenen Stromkreise:
- durch ein RCD geschützt oder
- der Schutzisolierung nach DIN VDE 0100-410, Abschnitt 6.2, genügen (einschließlich der angeschlossenen Betriebsmittel) oder
- durch eine Isolationsüberwachungseinrichtung überwacht und nach Meldung des ersten Fehlers dieser schnellstens beseitigt wird.

Die zweite Ausnahme betrifft die Überwachung des Neutralleiters. Bei Mitführen des Neutralleiters muß in diesem eine Überstromerfassung vorgesehen werden, die die Abschaltung aller aktiven Leiter einschließlich des Neutralleiters bewirkt.
Auf die Überstromerfassung darf verzichtet werden, falls:
- der Neutralleiter durch eine vorgeschaltete Schutzeinrichtung gegen Kurzschluß geschützt ist oder
- der betroffene Stromkreis durch eine Fehlerstromschutzeinrichtung mit dem 0,15-fachen Wert der Strombelastbarkeit geschützt ist. Die Fehlerstromschutzeinrichtung muß alle aktiven Leiter des Stromkreises (einschließlich des Neutralleiters) abschalten.

6.7.4 Anschluß von Isolationsüberwachungsgeräten

Nach EN 61010 darf eine Geräteerwärmung weder im ungestörten noch im gestörten Betrieb eine Gefährdung herbeiführen noch die Ausbreitung von Feuer verursachen. Dies gilt allgemein und somit auch für das Isolationsüberwachungsgerät in IT-Systemen.
Die Gefährdung durch Überlast kann durch entsprechende Materialwahl bei der Konstruktion des Geräts weitestgehend reduziert werden (z. B. flammwidriges und selbstverlöschendes Material).
Problematisch ist die Gefährdung als Folge eines Kurzschlusses im Gerät mit eventueller Lichtbogenbildung. Diese kann nur durch besondere konstruktive Maßnahmen (mechanische Fixierung von Leiterplatten und Bauteilen, Gehäusekapselung usw.) bzw. durch einen entsprechenden Kurzschlußschutz verhindert werden. Seitens der Normung (EN 61010) ist der Einbau von Überstromschutzeinrichtungen in die Geräte freigestellt. Bei Verzicht auf geräteinterne Schutzeinrichtungen muß in der Herstellerdokumentation die Art der vorzusehenden Schutzeinrichtung angegeben werden.

6.7.4.1 Ankopplung und Absicherung

Für die Netzankopplung von Isolationsüberwachungsgeräten kann entsprechend DIN VDE 0100-430 auf Schutzeinrichtungen zum Schutz bei Kurzschluß verzichtet werden, wenn die Leitung oder das Kabel so ausgeführt ist, daß die Gefahr des Kurzschlusses auf ein Mindestmaß beschränkt ist. Bei kurz- und erdschlußfester Verlegung der Anschlußleitungen reduziert sich die Kurzschlußgefahr auf die konstruktive Ausführung des Geräts.

Wichtige Aspekte der Risikoabschätzung sind:
- die Art des Innenwiderstands (induktiv, ohmsch),
- die Anschlußklemmenspezifikation,
- die mechanische Ausführung,
- die vorhandenen Schutzbeschaltungen.

Die Netzankopplung der Isolationsüberwachungsgeräte ohne Kurzschlußsicherung hat den Vorteil der „unterbrechungsfreien" Überwachung, d. h., eine Verfälschung des angezeigten Isolationswiderstands durch das Isolationsüberwachungsgerät infolge einer defekten Ankopplungssicherung ist ausgeschlossen. Außerdem bringt der Verzicht auf Absicherung Kostenvorteile.

Bei Ankopplung mit Kurzschlußsicherung werden Isolationsüberwachungsgeräte mit „Ankopplungsüberwachung" empfohlen. Mit dieser Variante ist der Kurzschlußschutz mit Überwachung der Ankopplung gegeben. Eine solche Realisierung bietet ein Höchstmaß an Sicherheit in Verbindung mit geeigneter Isolationsüberwachung.

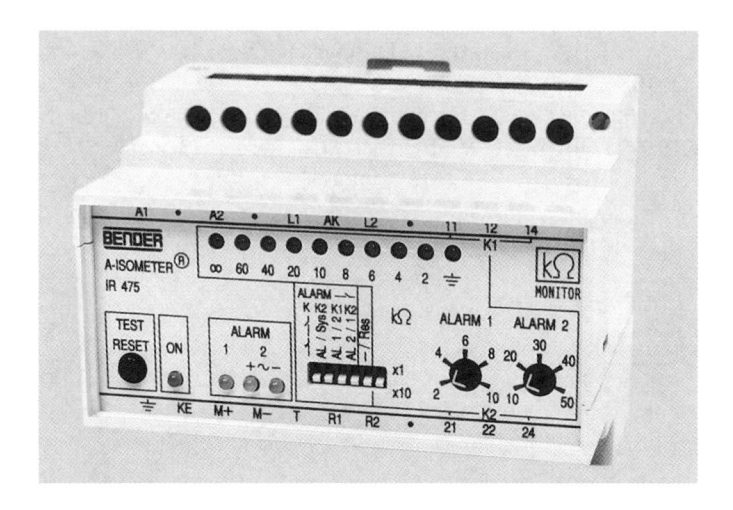

Bild 6.15 Isolationsüberwachungsgerät IR475 LYX (Werkbild Bender, Grünberg)

Ein Isolationsüberwachungsgerät mit ständiger Überwachung der korrekten Netzankopplung und Schutzleiterverbindung und einer Meldung bei Unterbrechung zeigt **Bild 6.15**.

6.7.4.2 Hilfsspannungsversorgung und Absicherung
Der Anschluß der Speisespannung von Isolationsüberwachungsgeräten ist gemäß DIN VDE 0100 Teil 430 mit Schutzeinrichtung zum Schutz bei Kurzschluß zu versehen. Ist kein geräteinterner Schutz vorgesehen, so ist eine vorgeschaltete Schutzeinrichtung zu realisieren. Ein Verzicht auf den Kurzschlußschutz ist möglich, wenn die im Abschnitt 6.7.1 genannten Bedingungen erfüllt werden.
Die Gerätehersteller geben in den Begleitdokumentationen in der Regel entsprechende Hinweise. In der Praxis wird von den Herstellern der Einbau einer Schmelzsicherung von 6 A empfohlen.

Literatur

[6.1] Hotopp, R.; Ohms, K.-J.: Schutzmaßnahmen gegen gefährliche Körperströme nach DIN 57100/VDE 0100 Teile 410 und 540. VDE-Schriftenreihe Bd. 9. Berlin und Offenbach: VDE-VERLAG, 1983

[6.2] Rößberg, H.: Das Schutzleitungssystem und seine Prüfung. de Der Elektromeister & Deutsches Elektrohandwerk (1978) H. 8.

[6.3] Kaul, K.-H.: Ableitströme im IT-Netz. Bender-Information. Grünberg, 1990

[6.4] Herhahn, A.; Winkler, A.: Elektroinstallation nach VDE 0100. Würzburg: Vogel-Verlag, 1984

[6.5] Vogt, D.: Potentialausgleich, Fundamenterder, Korrosionsgefährdung. 3. Aufl., Berlin und Offenbach: VDE-VERLAG, 1993, S. 73

7 Zur Geschichte des ungeerdeten Stromversorgungsnetzes [7.1]

Dieses Kapitel behandelt die geschichtliche Entwicklung des ungeerdeten Stromversorgungssystems der vergangenen Jahrzehnte. Von den ersten Begriffen des isolierten Systems bis hin zur Schutzerdung wird die Entwicklung beobachtet, die letztlich den Wandel des Schutzleitungssystems zum heutigen IT-System mit Isolationsüberwachung hervorbrachte.

Trotz der rasanten Entwicklung der Elektronik im allgemeinen und der enormen Verbesserung der elektrischen Schutztechnik im besonderen ist es auch heute noch interessant, den Gedanken der Pioniere der Schutztechnik nachzugehen. Auch im jüngsten VDE-Vorschriftenwerk finden sich noch Überlegungen aus der Anfangszeit der Elektrotechnik wieder, z. B. über gefährliche Berührungsspannungen etc.

Die ersten Stromversorgungsnetze wurden wohl alle isoliert aufgebaut. Meist waren dies kleine Netze, die zur Versorgung von Beleuchtungsanlagen installiert wurden. 1850 und 1851 wurden Bogenlichtlampen in den Opernhäusern von Dresden und Stuttgart zur Beleuchtung benutzt. Bereits 1858 wurde ein Gleichspannungsnetz als Beleuchtungsanlage für festliche Zwecke in Berlin installiert. 1876 wurden auch in der Industrie Bogenlampen eingesetzt. In den darauffolgenden Jahren entstand eine Reihe industrieller elektrischer Anlagen. Im Jahr 1881 installierte der Mechernicher Bergwerksverein die elektrische Beleuchtung seiner Anlagen, und zwar nicht nur zur Förderung der Arbeiten, sondern hauptsächlich, um die Gefahren des Bergbaus auf das geringstmögliche Maß zu beschränken. 1879 und 1880 wurden die Bahnhöfe in Berlin, München, Hannover, Düsseldorf, Elberfeld, Straßburg und Wien mit elektrischem Bogenlicht ausgestattet. Als *Edison* 1881 auf der internationalen Ausstellung in Paris die Glühlampen vorstellte, stieg der Bedarf an elektrischen Netzen stark. Die elektrische Glühlichtbeleuchtung hielt überall Einzug, weil ihre Annehmlichkeiten und Vorteile gegenüber der Gaslichtbeleuchtung sehr geschätzt waren. Als geradezu unentbehrlich fanden sie aber die Ärzte in Krankenhäusern, besonders in Operationszimmern, weil bei der Verwendung von Chloroform in Räumen mit Gasbeleuchtung leicht Unglücksfälle eintreten konnten. Bemerkenswert ist hierbei, daß sich der Betrieb ungeerdeter Stromversorgungsnetze in den beiden genannten Bereichen Bergbau und Krankenhaus bis in die heutige Zeit erhalten und bestens bewährt hat.

Im Jahr 1886 waren 4 100 elektrische Maschinen in Deutschland installiert, 58 zur Kraftübertragung, 604 für chemische Zwecke und 3 427 für Beleuchtungszwecke.

Als Spannung wurde allgemein 65 V verwendet. Etwas später ging man dann auf 100 V bis 110 V über. Damit konnten jedoch keine größeren Entfernungen überbrückt werden. Auch das Drei-Leiter- und später das Fünf-Leiter-System brachten bei der nur möglichen Verbrauchsspannung von 110 V noch keine genügenden Erfolge in der Versorgung größerer Gebiete. Da zunächst das Zwei-Leiter-System verwendet wurde, konnte man die Verteilung nur auf verhältnismäßig geringe Entfernung vornehmen.

Die ersten Elektrizitätswerke wurden noch in Zwei-Leiter-Technik ausgeführt, und zwar 1882 in Stuttgart, 1884 in Berlin, 1886 in Dessau, Echternach, Lübeck.

Große Sorgen bereitete den ersten Herstellern elektrischer Anlagen die Erzielung und Erhaltung einer genügenden Isolation, weil nur wenige geeignete Stoffe zur Verfügung standen. Man mußte also die Höhe des Isolationswiderstands nicht nur bei der Herstellung der Apparate und Anlagen, sondern auch später im Betrieb immer wieder feststellen. Dazu wurde nach Angaben von *H. Meyer* von Siemens Halske ein Prüfapparat gebaut. Er bestand aus einem kleinen Magnetinduktor, der durch eine Handkurbel betrieben wurde, und enthielt ein Galvanometer, dessen Skala gleich in Widerstandseinheiten geteilt war. Zum festen Einbau in die Anlage gab *Weinhold* im Jahr 1885 einen Erdschlußprüfer an, der aus zwei hintereinander geschalteten Glühlampen gleicher Spannung wie die der Anlage bestand. Die Mitte zwischen ihnen war geerdet. Solange kein Fehler in einer der beiden Hauptleitungen vorhanden war, brannten die beiden Lampen gleichmäßig schwach. Bekam jedoch eine davon Erdverbindung, so leuchtete die an ihr liegende Lampe entweder schwächer oder gar nicht, während die andere heller brannte. Bei beiderseitigem Erdschluß waren beide dunkel.

Die Vorläufer der heutigen, modernen Isolationsüberwachungsgeräte und Erdschlußrelais waren somit geboren.

Die ersten „Sicherheitsvorschriften für elektrische Starkstromanlagen" in Deutschland wurden herausgegeben vom Verband Deutscher Elektrotechniker e.V. (VDE), der im Jahr 1893 gegründet wurde. Sie wurden veröffentlicht am 9. Januar 1896 in der etz Elektrotechnische Zeitschrift, 17. Jahrgang, Heft 2. Beschlossen wurden diese Vorschriften am 23. November 1895 in Eisenach. Dem Isolationswiderstand wurde der gesamte Abschnitt IV „Isolation der Anlage" gewidmet.

„§17

a) Der Isolationswiderstand des gesamten Leitungsnetzes gegen Erde muß mindestens betragen:

$$R_i \geq \frac{1\,000\,000\,\Omega}{n}, \tag{7.1}$$

n ist die Zahl der an die betreffende Leitung angeschlossenen Glühlampen, einschließlich eines Äquivalents von zehn Glühlampen für jede Bogenlampe, jeden Elektromotor oder anderen stromverbrauchenden Apparat;
b) bei Messungen von Neuanlagen muß nicht nur die Isolation zwischen den Leitungen und Erde, sondern auch die Isolation je zweier Leitungen verschiedenen Potentials gegeneinander gemessen werden;
c) bei Messungen der Isolation sind folgende Bedingungen zu beachten: bei Isolationsmessung durch Gleichstrom gegen Erde soll, wenn möglich, der negative Pol der Stromquelle an die zu messende Leitung gelegt werden."
Im Jahr 1913 veröffentlichte der VDE Berlin „Leitsätze für Schutzerdung", die am 1. Januar 1914 in Kraft traten.
Zweck der Schutzerdung ist es, zu verhindern, daß Teile einer elektrischen Starkstromanlage, die im normalen Zustand spannungslos sind oder Niederspannung führen, durch Zufall gefährliche Spannung annehmen.
Diese Erdungsvorschriften galten für Anlagen mit mehr als 250 V gegen Erde. Die Schutzerdung war im wesentlichen für folgende Anwendungen vorgesehen:
- Elektrizitätswerke,
- Leitungen im Freien,
- Verbrauchsanlagen.

Da die Schutzerdung für die zu erwartende Erdschlußstromstärke zu bemessen war, können wir davon ausgehen, daß die zu schützenden Netze ungeerdete Wechsel- bzw. Drehstromnetze waren.
Erklärt wird diese Aussage durch die „Erläuterungen zu den Leitsätzen für Schutzerdungen" der Ausgabe August 1913 mit dem lesenswerten Abschnitt:
„Von den grundsätzlichen Vorschriften der Erdung der Niederspannungswicklung von Starkstromtransformatoren muß vor der Hand abgesehen werden wegen der noch schwebenden Arbeiten der Reichspost und des Verbandes Deutscher Elektrotechniker auf diesem Gebiet."
In den ein Jahr später veröffentlichten „Leitsätzen für Schutzerdung" (Abn.-Nr. 28, 1914) finden wir den zusätzlich eingeführten Hinweis:
„Als ungefährlich wird im allgemeinen eine Spannung von 125 V angesehen, welche parallel zu einem Widerstand von 1 000 Ω zu messen ist."
[**Anmerkung des Autors:** Diese 1000 Ω finden wir z. B. in der neuesten Ausgabe der IEC-Richtlinie 601-1 wieder. Dieser Wert ist bedingt durch den angenommenen Mittelwert des ohmschen Innen- oder Übergangswiderstands eines menschlichen Körpers.]
In den Erläuterungen dieser Leitsätze wird auf frühe Veröffentlichung in der etz Elektrotechnische Zeitschrift von 1901, 1902, 1910 und 1913 hingewiesen, die sich mit der Thematik der Berührungsspannung beschäftigen.
Den Begriff des Erdschlusses und einen weiteren Hinweis auf das ungeerdete, isoliert aufgebaute Stromversorgungsnetz finden wir in VDE 314.

Diese VDE-Bestimmung trat am 1. Dezember 1924 in Kraft mit dem Titel „Leitsätze für Erdung und Nullung in Niederspannungsanlagen." Dort findet man bereits in den Begriffserklärungen Hinweise auf mögliche Erdschlüsse und somit Isolationsfehler eines Netzes:
Erdschluß entsteht, wenn ein betriebsmäßig isolierter Leiter mit Erde in leitende Verbindung tritt, wobei in der Regel die Spannung anderer Netzteile gegen Erde erhöht wird.

- Einzelerdschluß liegt vor, wenn ein Leiter des Netzes Erdschluß hat,
- Doppel- oder Mehrfacherdschluß liegt bei gleichzeitigem Erdschluß verschiedener Leiter vor, der an verschiedenen Stellen auftreten kann.
- Erdschlußstrom ist der an der Erdschlußstelle aus dem Betriebsstromkreis austretende Strom.

Im Abschnitt „III. Erdung bzw. Nullung" wird das ungeerdete Stromversorgungssystem und die Aufgabe der „Schutzerdung" recht deutlich erklärt.
Erdungen bzw. Nullung werden angewendet, „um zu verhindern, daß metallene Teile der elektrischen Anlagen, die der Berührung zugänglich sind, bei Störungen (Körperschluß) eine gefährliche Spannung annehmen. Sie werden nur dann Strom zur Erde ableiten, wenn die *Isolation* des zu schützenden Anlagenteils gegen Erde oder gegen die spannungsführenden Leitungen vermindert oder aufgehoben ist."
Dieser Abschnitt regte sicherlich auch dazu an, den Isolationszustand der ungeerdeten Netze mit Schutzerdung auch später einmal kontinuierlich zu überwachen.
Dies läßt sich auch aus Abschnitt „VI. Prüfung der Erdung" herauslesen. Dort finden wir den Hinweis, „Vor Inbetriebnahme der Anlage ist eine entsprechende Prüfung auf die Wirkung der Schutzmaßnahme vorzusehen".
Das „Schutzleitungssystem" selbst wird dann in VDE 0448 L.E.S. 1. / 1932 beschrieben. Vorgänger dieser Ausgabe war VDE 0488, die wiederum VDE 314 ablöste. Der Titel dieser VDE-Bestimmung lautete:
„Leitsätze für Schutzmaßnahmen in Starkstromanlagen mit Betriebsspannungen unter 1000 V; F. Schutzleitungssystem; § 15 Anwendung des Schutzleitungssystems"
Dort heißt es: „In begrenzten einheitlichen Anlagen, wie z. B. Fabriken mit eigener Stromerzeugung oder eigenem Transformator mit elektrisch getrennten Wicklungen, kann ein Schutz durch Verbindung aller zu schützenden Anlagenteile untereinander sowie mit den der Berührung zugänglichen Gebäudekonstruktionsteilen, Rohrleitungen u. dgl. erreicht werden. Diese Verbindungsleitungen, die das Schutzleitungssystem bilden, sind zu erden.
Ist eine Isolationskontrolle vorhanden, dann genügt für die Erdung des Schutzleitungssystems ein Erdungswiderstand von 20 Ω bis 30 Ω.
Ist vorstehende Bedingung nicht erfüllt, so ist nach § 9 zu erden.

Wird das Schutzleitungssystem mit einem Netzpunkt verbunden, so müssen die Nullungsbedingungen erfüllt werden."
Interessanterweise wird hier deutlich, daß das „Schutzleitungssystem" im Grunde genommen nicht das ungeerdete Stromversorgungsnetz allein war, sondern es beschrieb primär die Nutzung eines zusätzlichen Schutzleiters zur Verbindung aller zu schützenden Anlagenteile. Diese Verbindungsleitungen bildeten das „Schutzleitungssystem" und konnten somit in ungeerdeten als auch in geerdeten Netzen verwendet werden.
Auch hier kann man davon ausgehen, daß der Wunsch zur *Isolationsüberwachung* bestand, da man bereits die Isolationskontrolle beschrieb und mit der Überwachung gleichzeitig einen höheren Erdungswiderstand zuließ. Auch auf § 20 sollte hingewiesen werden. Hier finden wir den Grund, warum man bei größeren Anlagen vom ungeerdeten auf das genullte Netz wechselte.
Um in Mehrleiteranlagen mit Betriebsspannungen über 250 V zu verhindern, daß bei Erdschluß eines Außenleiters die Spannung eines anderen Außenleiters gegen Erde über 250 V steigt, ist der Mittelpunkt bzw. Sternpunkt zu erden.
Im November 1947 wurde dann DIN 57 140 veröffentlicht mit dem Titel „Leitsätze für Schutzmaßnahmen in Starkstromanlagen mit Betriebsspannungen unter 1000 V". Dieser Text entsprach VDE 0140 / 1932.
Eine komplette Überarbeitung der oben genannten Leitsätze ergab dann VDE 0100/ 11.58 mit dem gleichen Titel.
Dort ist nun das Schutzleitungssystem unter § 3 N h) „Schutzmaßnahmen gegen zu hohe Berührungsspannungen" zu finden:
„6. Schutzleitungssystem.
Schutzleitungssystem ist die leitende Verbindung aller nicht zum Betriebsstromkreis gehörenden leitfähigen Anlagenteile untereinander sowie mit den leitenden Gebäudekonstruktionsteilen, Rohrleitungen und dgl. und Erdern."
Die detaillierte Beschreibung dieses Systems ist dann unter § 11 N „Schutzleitungssystem" dargestellt:
a) Das Schutzleitungssystem soll zu hohe Berührungsspannungen verhindern. Dies wird durch Verbinden aller zu schützenden, nicht zum Betriebsstromkreis gehörenden Anlagenteile miteinander, mit den der Berührung zugänglichen leitenden Gebäudekonstruktionsteilen, Rohrleitungen und dgl. sowie mit Erdern über einen Schutzleiter erreicht (**Bild 7.1**).
b) Die Anwendung des Schutzleitungssystems ist nur in begrenzten Anlagen zulässig, z. B. in Fabriken mit eigenem Stromerzeuger oder einem Transformator mit getrennten Wicklungen oder beweglichen Notstromerzeugeranlagen (Notstromsätze) zum Betrieb einzelner ortsveränderlicher Betriebsmittel.
c) Beim Schutzleitungssystem sind folgende Bedingungen zu erfüllen:

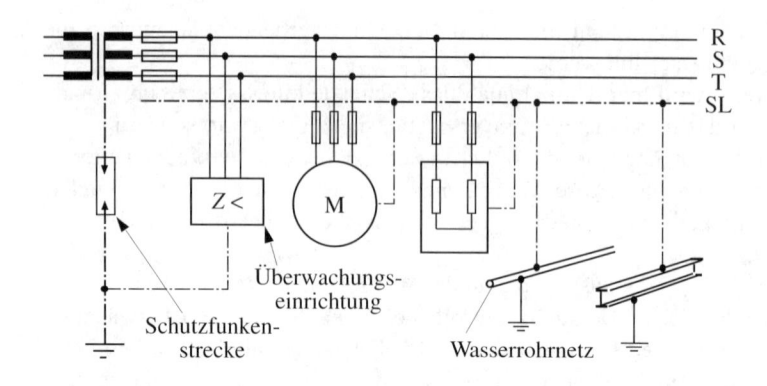

Bild 7.1 VDE 0100/11.58 (Bild 19, Beispiel für das Schutzleitungssytem)

1. Erdung eines Netzpunkts ist nur als offene Erdung zulässig. Meßgeräte oder Relaiseinrichtungen mit hohem inneren Widerstand (mindestens 15 kΩ) dürfen jedoch zum Prüfen oder Melden der Unterschreitung festgelegter Mindestwerte des Isolationszustands der Anlage zwischen Leiter und Erde angeschlossen werden.
2. Alle in die Schutzmaßnahme einzubeziehenden Anlagenteile sowie die der Berührung zugänglichen leitenden Konstruktionsteile, metallene Rohrleitungen und sonstige gute Erder sind gut leitend mit dem Schutzleiter zu verbinden (siehe auch § 6Nf).
3. Zum Prüfen des Isolationszustands der Anlage ist eine Überwachungseinrichtung anzubringen, die auch das Ansprechen der Überspannungssicherung oder Schutzfunkenstrecke erkennen läßt und die Unterschreitung eines Mindestwerts des Isolationszustands optisch oder akustisch anzeigt.

An dieser Stelle wird nun erstmalig auf eine kontinuierliche Überwachung des Isolationswiderstands hingewiesen. Diese Forderungen wurden auch nach VDE 0118 gestellt. Zwar gab es bereits Netzprüfgeräte, doch eine VDE-Norm für solche Überwachungsgeräte war noch nicht verfügbar.

Die Nachfolgeausgabe der vorgenannten Bestimmung wurde die erweiterte VDE 0100/05.73.

In weiten Bereichen blieb die Ausgabe von Mai 1973 gegenüber der Veröffentlichung von VDE 0100/11.58 unverändert, so daß im folgenden Abschnitt nur auf abweichende Bestimmungstexte hingewiesen wird.

Hier wurde nun erstmalig das Schutzleitungssystem als eine Maßnahme zum Schutz bei indirektem Berühren unter §3 h) aufgeführt und der Begriff des ungeerdeten Netzes in Punkt 6 eingeführt:

„6. Schutzleitungssystem ist die leitende Verbindung aller Körper miteinander und mit den der Berührung zugänglichen leitenden Gebäudekonstruktionsteilen, Rohrleitungen und dergleichen sowie mit Erdern in ungeerdeten Netzen, um bei Isolationsfehlern das Auftreten einer zu hohen Berührungsspannung zu verhindern."
Das Schutzleitungssystem selbst wurde unter § 11 beschrieben. Der Text von Punkt a) wurde geringfügig geändert, und in **Bild 7.2** (Bild 11-1) ist die Schutzfunkenstrecke nicht mehr enthalten. Auch in Punkt c)1 wird deutlich ausgeführt, daß das Netz ungeerdet zu betreiben ist.

„§ 11 Schutzleitungssystem
a) Das Schutzleitungssystem soll zu hohe Berührungsspannungen verhindern. Dies wird durch Verbinden aller Körper miteinander, mit den der Berührung zugänglichen Gebäudekonstruktionsteilen, Rohrleitungen und dergleichen sowie mit Erdern über einen Schutzleiter erreicht.
c) Beim Schutzleitungssystem sind folgende Bedingungen zu erfüllen:
1. Das Netz ist ungeerdet zu betreiben. Offene Erdung ist zulässig. Meßgeräte oder Relaiseinrichtungen mit hohem inneren Widerstand (mindestens 15 kΩ) dürfen jedoch zum Prüfen oder Melden der Unterschreitung festgelegter Mindestwerte des Isolationszustands der Anlage zwischen Leiter und Erde angeschlossen werden.
3. Zum Prüfen des Isolationszustands der Anlage ist eine Überwachungseinrichtung anzubringen, die die Unterschreitung eines Mindestwerts des Isolationszustands optisch oder akustisch anzeigt und bei Vorhandensein eines Überspannungsschutzorgans auch dessen Ansprechen erkennen läßt."

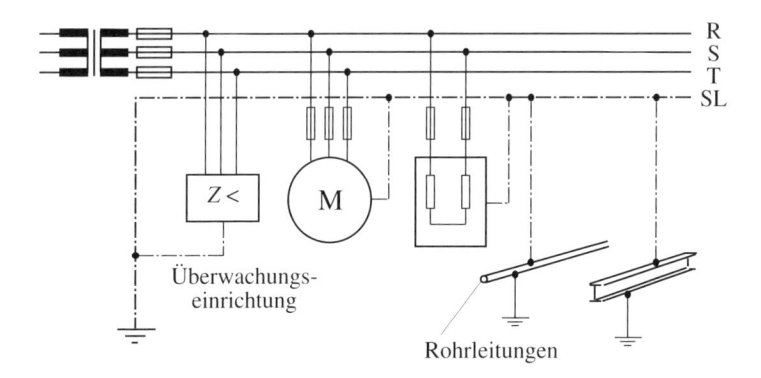

Bild 7.2 VDE 0100/05.73 (Bild 11-1, Beispiel für das Schutzleitungssystem)

In Punkt 3 ist erneut auf eine Überwachungseinrichtung hingewiesen, die den Isolationszustand der Anlage überwacht und das Unterschreiten eines Mindestwerts optisch oder akustisch anzeigt. Für diesen Anwendungsfall war zwischenzeitlich VDE 0413 Teil 2/01.73 veröffentlicht worden. Diese VDE-Bestimmung hatte den Titel „Geräte zum Prüfen der Schutzmaßnahmen in elektrischen Anlagen", mit dem Teil 2: „Isolationsüberwachungsgeräte zum Überwachen von Wechselspannungsnetzen mit überlagerter Meßgleichspannung".

Ebenfalls in „§ 53 Ersatzstromversorgungsanlagen" wurde nun auf das Schutzleitungssystem hingewiesen, wobei dann der Erdungswiderstand bis 100 Ω betragen konnte.

Auch der „§ 60 Hilfsstromkreise" benannte nun den ungeerdeten Hilfsstromkreis für Netze bis maximal 220 V Wechselspannung und 250 V Gleichspannung.

Damit ist die kurze historische Betrachtung des ungeerdeten Stromversorgungssystems mit Isolationsüberwachung abgeschlossen. Der Wandel in der Beschreibung des Schutzleitungssystems wurde erkennbar: vom vorher beschriebenen geerdeten oder ungeerdeten Schutzleitungssystem zu dem bis in die heutigen Tage bekannten ungeerdeten Schutzleitungssystem mit Isolationsüberwachung. Nicht mit einbezogen in die Entwicklung dieser Schutzform wurden das ungeerdete Netz im Bergbau und in medizinisch genutzten Räumen, worauf später erneut eingegangen wird. Die weitere Entwicklung dieser Netzform und der Isolationsüberwachung ist in Abschnitt 7.1 nachzulesen.

Den aktuellen Stand des ungeerdeten Stromversorgungssystems, nun IT-System genannt, beschreibt heute DIN VDE 0100 im allgemeinen und eine Vielzahl von weiteren Einzelvorschriften im besonderen.

7.1 Zur Geschichte des Schutzleitungssystems und der Isolationsüberwachung [7.2]

Die Bezeichnung „Schutzleitungssystem" erscheint zum erstenmal im Jahr 1932 in VDE 0140/01.32 „Leitsätze für Schutzmaßnahmen in Starkstromanlagen mit Betriebsspannungen unter 1000 V". In VDE 0118/05.44 ist in § 6 b) unter „Schutzerdung" ein Absatz angehängt, der dieses System dem Sinne nach beschreibt, aber nicht besonders benennt. Das ist bis mindestens 1955 so geblieben. Erst nachdem die VDE 0140 in die VDE 0100 eingearbeitet wurde, erschien in VDE 0100/11.58 unter § 11 N auch das Schutzleitungssystem.

In Beschreibungen und Darstellungen des Schutzleitungssystems wurde in der Regel ein Drehstromtrenntransformator mit sekundärseitiger, offener Sternpunkterdung mittels Schutzfunkenstrecke (in VDE 0118 „Durchschlagsicherung" genannt) als Beispiel gewählt. Die Durchschlagsicherung sollte den Sternpunkt bei

Übertritt der Oberspannung auf die Unterspannungsseite durch das Verschweißen von zwei durch eine gelochte Glimmerplatte getrennte Metallplatten fest an Erde legen, damit das isoliert betriebene Netz nicht die Oberspannung annimmt. Die vorher noch bindend vorgeschriebene Durchschlagsicherung wurde in VDE 0118 etwa seit 1958 verboten. In VDE 0100/12.65 war sie nach § 16 a noch erforderlich, in der neuen Fassung VDE 0100/05.73 ist sie nur noch als zulässig erwähnt und in Bild 11-1 bereits nicht mehr aufgeführt.

Die Durchschlagsicherung hatte nämlich die üble Eigenschaft, auch bei „normalen" Überspannungen anzusprechen, die etwa durch induktive und kapazitive Verkettung mit dem Oberspannungsnetz durch dortige Ausgleichsvorgänge entstanden oder durch Schaltvorgänge im Unterspannungsnetz hervorgerufen wurden. Die Beschaltung der Durchschlagsicherung mit Überspannungsableitern mit geringem Zündverzug, die seit 1954 angewendet wurde, ergab zwar eine statistische Verminderung der Störungsfälle, aber der so beschaltete Sternpunkt blieb eine Schwachstelle in der Netzisolation. Bei der weitgehenden Verkabelung der Mittelspannungsnetze und bei dem heutigen Stand des Transformatorenbaus erscheint die Durchschlagsicherung mehr als Relikt und Störenfried. Dem Verfasser ist übrigens bis heute, trotz vieler Umfragen bei Überwachungsbeamten und Betriebsleuten, kein Fall bekannt geworden, in dem die Durchschlagsicherung für ihre eigentliche Aufgabe in Funktion getreten wäre.

Immerhin waren damals Dreileiternetze mit Durchschlagsicherung – und theoretisch auch Vierleiternetze – der erste Anlaß, sich über neue Methoden der Erdschlußüberwachung in Drehstromnetzen unter 1 000 V Gedanken zu machen. Die bequeme und jedem verständliche Überwachung mit drei Spannungsmessern (**Bild 7.3**) reichte jedoch bald nicht mehr aus, da hiermit Sternpunkterdschlüsse nicht erfaßt werden konn-

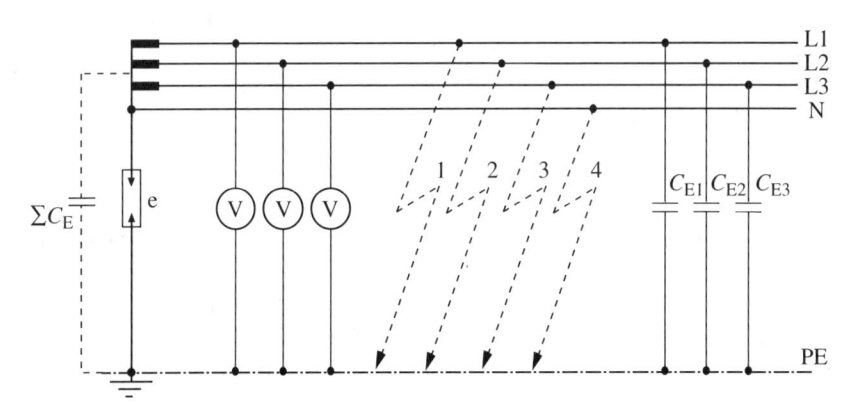

Bild 7.3 Drei-Voltmeter-Schaltung

ten und bei hinzukommenden Isolationsfehlern an den Außenleitern die drei Voltmeter sogar ein gesundes Netz vortäuschten. Vorwiegend handelt es sich um die im Bergbau, in der Schwerindustrie und in Chemiebetrieben häufig angewendeten Dreileiternetze mit 500 V. Das Vierleiternetz mit 380/220 V, als Hausinstallation bekannt, war bereits damals eine Domäne der Nullung und ist es auch geblieben.

Die ursprüngliche Forderung, bei Spannungen über 250 V den Mittelpunkt von Mehrleiternetzen zu erden, um Spannungserhöhungen über 250 V zu verhindern, galt für das Schutzleitungssystem nicht. Dadurch wurde der Aufbau von Netzen mit hoher Nennspannung möglich, jedoch wurde im Gegensatz zur Schutzerdung ein zusätzlicher Schutzleiter notwendig. Das Schutzleitungssystem wurde aber auch mit der Nullung verglichen. Um in einem 500-V-Netz mit Nullung bei Erdschluß auch nur eine Sicherung von 6 A zum Ansprechen zu bringen, bedarf es eines Isolationsfehlers unter 50 Ω. Welch große Brandgefahr durch Lichtbögen schon bei solch kleinen Werten, vollends erst bei größeren Sicherungen! Solch niederohmige Anzeige- und Ansprechwerte sollten deshalb beim Schutzleitungssystem nicht vorgegeben werden.

Der Sicherheitsvorsprung blieb immer dann gewahrt, wenn fortgeschrittene Erdschlüsse (Größenordnung 1 kΩ bis 10 kΩ und darüber) der Außenleiter oder des Sternpunkts erfaßt wurden. Niederohmige Isolationsfehler zwischen den Außenleitern können naturgemäß auch im Schutzleitungssystem nicht erkannt werden. Tatsächlich sind in der Praxis spontane niederohmige Körperschlüsse am häufigsten. Weil der Erdschlußstrom an der Fehlerstelle immer unvergleichlich niedriger ist als bei der Nullung und weil selbst bei Doppelerdschluß der Fehlerstrom immer von der kleineren Sicherung begrenzt ist, begnügte man sich in VDE 0118 mindestens bis 1955 mit einer Anzeige des Erdschlusses, ohne selbsttätige Meldung. Aus dieser Sicht muß der damalige Stand der Technik betrachtet werden.

Ein schon vor dem Krieg viel gebrauchtes „Netzprüfgerät" von Siemens (**Bild 7.4**) erfüllte die in VDE 0118 gestellte Forderung, daß die Prüfeinrichtung auch den Zustand der Durchschlagsicherung erkennen lassen muß. Die laufende Erdschlußüberwachung der Außenleiter erfolgte mittels einer zwischen Sternpunkt und Erde – also parallel zur Durchschlagsicherung – liegenden Glimmlampe H1. Diese leuchtete bei fortgeschrittenem Erdschluß eines Außenleiters. Um die Durchschlagsicherung zu prüfen, wurde mittels eines Tastschalters S ein Außenleiter über den Widerstand R_1 an Erde gelegt. Leuchtete hierbei die Glimmlampe H2, dann war die Durchschlagsicherung in Ordnung: blieb die Lampe dunkel, so waren die Metallplatten der Durchschlagsicherung verschweißt.

Im ersteren Fall erschien mit Hilfe der zweiten Lampe H2 das Signal „IN" „O", d. h. „In Ordnung". Das handliche und einfach gebaute Gerät war besonders beim Bergbau unter Tage viel anzutreffen. Der Widerstand der ständig zwischen Netzsternpunkt und Erde liegenden Glimmlampe H1 mit Vor- und Parallelwiderstand betrug bei der üblichen Netzspannung von 500 V – sage und schreibe – 15 kΩ. Die Vermu-

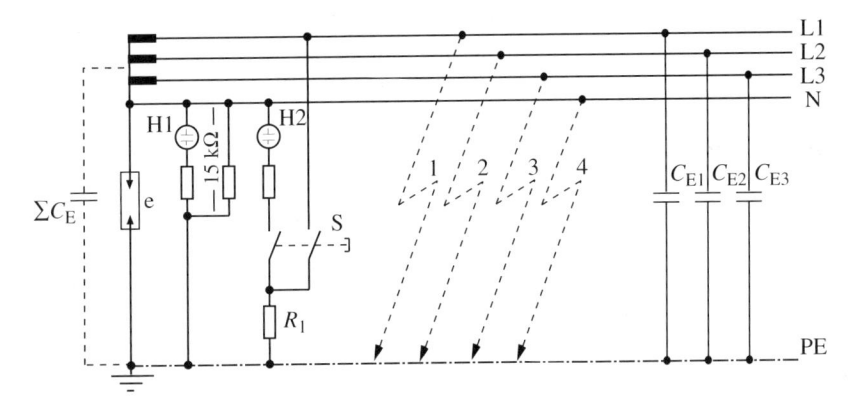

Bild 7.4 Netzprüfgerät der Fa. Siemens (vor 1939)

tung ist wohl naheliegend, daß – bei der hohen Beteiligung des Ruhrbergbaus an dem später erarbeiteten VDE-Vorschriftenwerk – diesem Wert noch heute in VDE 0100 § 11 (Allgemeiner Deutscher Bierkomment) ein Denkmal gesetzt ist.
Eine andere Erdschlußerkennungsmethode war die Zwei-Voltmeter-Schaltung (**Bild 7.5**). Sie liefert aus der Kombination von zwei Anzeigen klare Aussagen über vollkommene Erdschlüsse. Die Normalanzeige bei erdschlußfreiem Netz bestand jedoch ebenfalls aus zwei verschiedenen Anzeigen, die von der Netzgröße abhängig sind. Diese Anzeigen und diejenigen, die bei Widerstandserdschlüssen verschiedener Größe und Phasenlage entstehen, überschneiden sich und sind praktisch nicht deutbar. Die Auswirkung der Netzkapazitäten auf die Normalanzeige wird am einfachsten mit Hilfe einer bekannten meßtechnischen Ersatzschaltung deutlich.

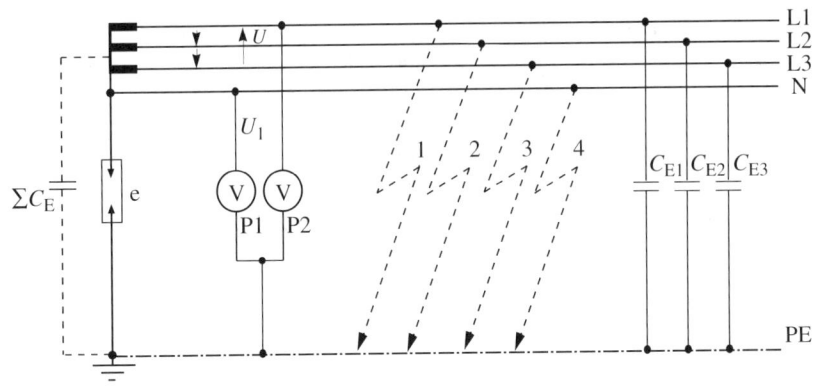

Bild 7.5 Zwei-Voltmeter-Schaltung (etwa 1933)

Weil die Kapazitäten C_E jedes Außenleiters praktisch gleich sind, können sie wie eine einzige Ersatzkapazität $\Sigma C_E = 3 \cdot C_E$ behandelt werden, die zwischen Sternpunkt und Erde liegt. ΣC_E liegt also parallel zum Spannungsmesser P1. Hierdurch muß immer $U_1 < U_2$ sein. Der Unterschied ist schon in kleinen Netzen beträchtlich, wie am Beispiel eines 500-V-Netzes mit etwa 250 m gesamter Leitungslänge gezeigt werden kann. Der kapazitive Erdschlußstrom errechnet sich nach VDE 0118 § 10 zu etwa 0,025 A. Der Wechselstromwiderstand $1/[\omega \Sigma C_E]$ ist mithin etwa 12 kΩ. Dieser kapazitive Widerstand liegt also parallel zum Spannungsmesser P1, der bei einem Meßbereich 0 V bis 600 V einen Innenwiderstand von etwa 100 kΩ haben mag. Zudem ist der Meßzweig P1 ‖ ΣC_E vorwiegend kapazitiv, während P2 rein ohmsch ist. Für die angezeigten Meßwerte gilt also $U_1 + U_2 > U_p$. Angezeigt wird bei dem vorgenannten kapazitiven Erdschlußstrom von 0,025 A: etwa $U_1 = 50$ V, $U_2 = 275$ V, während nach Literaturangaben $U_1 \approx 145$ V, $U_2 \approx 145$ V zu erwarten war. Diese Schaltung wurde hier so ausführlich behandelt, weil sie, irrtümlich, in der halboffiziellen VDE-Literatur (von 1974) als Stand der Technik dargestellt ist.

Mittels der vorstehenden Überlegungen wurde mit Unterstützung des TÜV Frankfurt (Oder) eine im Aufbau ähnliche Schaltung entwickelt [7.3], siehe **Bild 7.6**. Die beiden

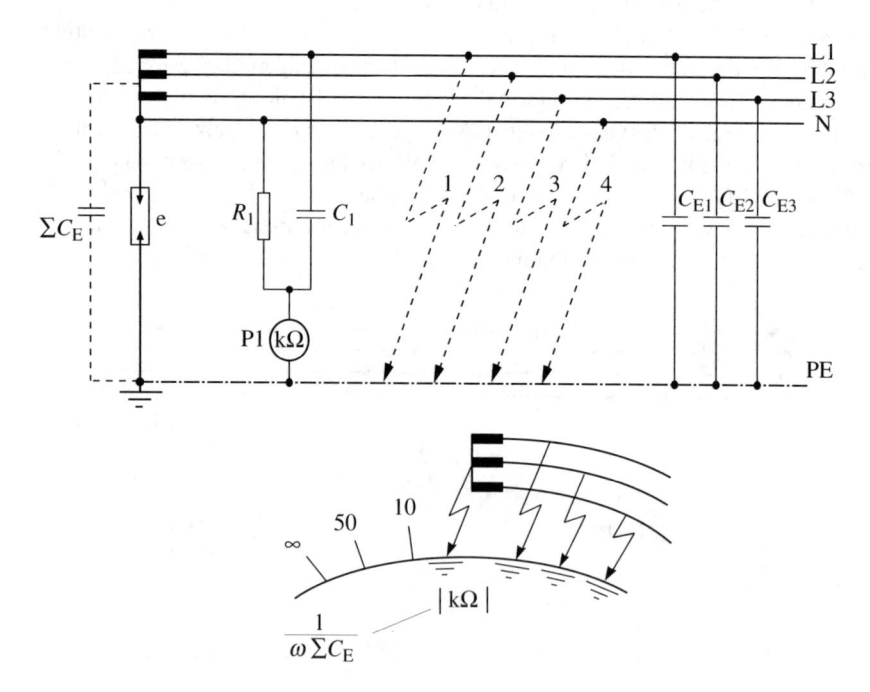

Bild 7.6 Altes Erdschlußüberwachungsgerät von 1943 [Werkbild Fa. Bender, Grünberg]

Spannungsmesser waren durch Wechselstromwiderstände verschiedener Phasenlage ersetzt (hier R_1, C_1), die in der Größenordnung des Wechselstromwiderstands $1/[\omega \sum C_1]$ gewählt war. Die Anzeige erfolgte nunmehr an nur einem Instrument, dem Strommesser P1 im Erdzweig der Schaltung. Die kontinuierliche Skala war in ihrem Anfangsteil in „kΩ kap." der Netzkapazitäten geeicht. In ihrem Eichpunkt 0 lag die Anzeige „Sternpunkterdschluß" (Durchschlagsicherung), dann folgten nacheinander die Meßpunkte für Leitererdschlüsse L1, L2, L3. Die Normalanzeige lag also im linken Teil der Skala. Der Zeigerausschlag stieg mit der Zuschaltung von Netzteilen. Widerstandserdschlüsse ergaben jedenfalls nur eine Änderung des Normalausschlags. Derartige Geräte wurden nach dem Kriege vorwiegend im Kali- und Erzbergbau verwendet. Im schlagwettergefährdeten Steinkohlenbergbau war lediglich die mit dieser Schaltung verbundene Erhöhung des Erdschlußstroms unerwünscht, obgleich sie in mäßigen Grenzen zu halten war. Mit zunehmender Mechanisierung der Abbaubetriebe im Steinkohlenbergbau wurden die Netze aber ohnehin bis an die zulässige Grenze des Erdschlußstroms ausgedehnt.

Auf der Suche nach einer hochohmigen Meßschaltung ergab sich ein Gerät nach **Bild 7.7**, bei dem – zunächst unter Beibehaltung der Grundschaltung von Bild 7.6 –

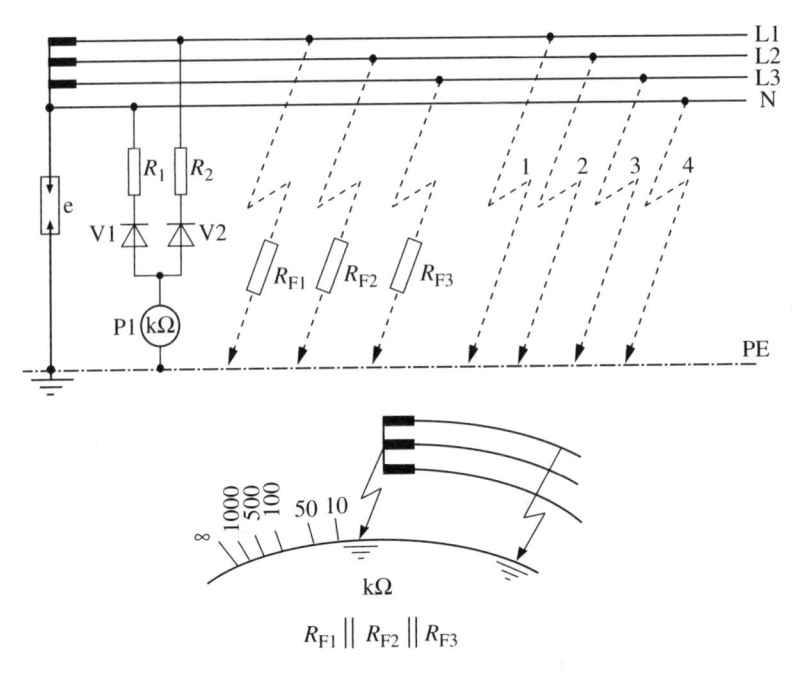

Bild 7.7 Altes Erdschlußüberwachungsgerät der Fa. Calor Emag (1948)

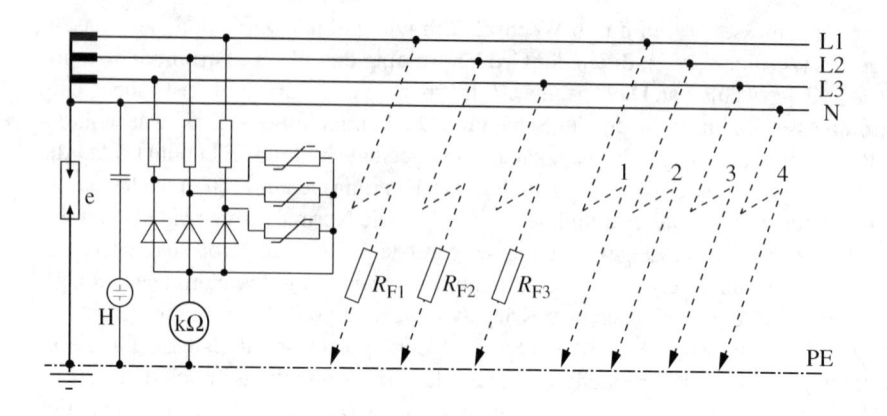

Bild 7.8 Isolationsüberwachungsgerät der Fa. Calor Emag und Siemens (1954)

die Meßzweige mit hochohmigen Widerständen R_1, R_2 und Se-Gleichrichtern V1, V2 ausgeführt waren. Die hiermit zwischen Netz und Erde eingeprägte Meßgleichspannung erlaubte eine von den Netzkapazitäten unabhängige Messung der reinen Isolationswiderstände $R_{F1} \parallel R_{F2} \parallel R_{F3}$, die im linken Skalenbereich angezeigt wurden. Im letzten Drittel der Skala wurde unterschieden zwischen Sternpunkterdschluß (Durchschlagsicherung) und Leitererdschluß.
Bild 7.8 zeigt eine symmetrisch an den Außenleitern liegende Variante der Schaltung, bei der die Höhe der Meßgleichspannung durch parallel zu den Gleichrichtern liegende Varistoren bestimmt und stabilisiert wurde. Beide Ausführungen enthielten Melderelais mit bis zu 200 kΩ einstellbarem Ansprechwert.

Mit den beiden zuletzt genannten Meßverfahren war es erstmals möglich, den „absoluten Isolationswert" des Netzes während des Betriebs zu ermitteln. Diese Technik mit dem System der überlagerten oder eingeprägten Meßgleichspannung nennt man in Fachkreisen A-Isometer-Verfahren. Das A-Isometer-Meßprinzip wurde bereits 1939 Dipl.-Ing. Walther Bender (Grünberg) patentiert. **Bild 7.9** zeigt die Patenturkunde.

Deutsches Reich

Urkunde
über die Erteilung des Patents

722348

Für die in der angefügten Patentschrift dargestellte Erfindung ist in dem gesetzlich vorgeschriebenen Verfahren

dem Dipl.-Ing. Walther Bender in Frankfurt, Oder

ein Patent erteilt worden, das in der Rolle die oben angegebene Nummer erhalten hat.

Das Patent führt die Bezeichnung

Isolationsüberwachungs- und Erdschlußanzeigeeinrichtung für Drehstromanlagen

und hat angefangen am 9. Februar 1939.

Reichspatentamt

Die Patentgebühr wird in jedem Jahre fällig am 9. Februar.

Pat.-Rolle 2 10. 41. 10000 7678 41 2 D

Bild 7.9 Patentschrift für eine Isolationsüberwachungseinrichtung aus dem Jahr 1939

Ein Gerät nach **Bild 7.10** wurde im Sommer 1948 auf der Schachtanlage Ewald – Fortsetzung in Erkenschwick – vorgestellt.
Weil im Bergbau – besonders im schlagwettergefährdeten Steinkohlenbergbau – großes Interesse an der Unfall- und Betriebssicherheit der Grubennetze bestand, wurden auf der Bergbauausstellung 1950 in Essen bereits von drei Firmen Isolationsüberwachungsgeräte gezeigt, die mit überlagerter Meßgleichspannung arbeiteten: Calor Emag, Siemens und Funke & Huster (System Wilke). Die beiden ersten arbeiteten mit galvanisch am Netz liegenden Gleichrichtern, das letzte mit gesondert erzeugter und aufgedrückter Gleichspannung. Bei grundsätzlicher Gleichwertigkeit beider Ausführungsarten der Meßmethode hat sich heute die zweite wegen der bequemeren Wahl und Erzeugung der Meßgleichspannung allgemein durchgesetzt.
Die Geräte wurden vorwiegend in Relaistechnik gebaut. Die Röhrentechnik wurde wenig angewendet, während die fortschreitende Transistorentechnik bald auch bei Isolationsüberwachungsgeräten Eingang fand.
Weil im Anfang der Entwicklung PVC-isolierter Leitungen bei Gleichspannung noch von Zersetzungserscheinungen berichtet wurde, die besonders am Minuspol auftraten, wurde das Netz an den positiven Pol der Meßgleichspannung gelegt (**Bild 7.11**). Obgleich diese Vorsichtsmaßnahme bald überflüssig erschien, wurde sie bis heute größtenteils beibehalten.

Bild 7.10 Isolationsüberwachungsgerät von 1948 [Werkbild Fa. Bender, Grünberg]

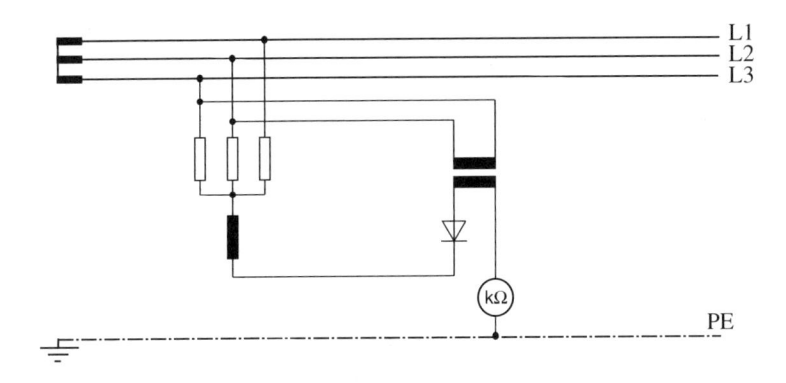

Bild 7.11 Grundschaltung Isolationsüberwachungsgerät

Während die beschriebenen Phasen der Entwicklung von Isolationsüberwachungsgeräten vorwiegend von den Erfordernissen des Bergbaus bestimmt, vorangetrieben und die gefundenen Lösungen auch von anderen Anwendern benutzt wurden, kamen um 1968 neue Anstöße aus dem Gebiet des Steuerungsbaus, da bei ungeerdeten Hilfsstromkreisen auch die Notwendigkeit einer Isolationsüberwachung erkannt wurde. Hier wurden in Wechselspannungs-Hilfsstromkreisen in zunehmendem Maße Bauteile verwendet, die aus bemessungstechnischen Gründen Magnetspulen mit vorgeschalteten Gleichrichtern enthalten. Das sind z. B. Magnetventile, Hilfsschütze, Magnetkupplungen und ähnliche Geräte, bei denen den Betätigungsspulen unmittelbar am Netz liegende Vollweggleichrichter vorgeschaltet sind. Obgleich diese Anwendungen anlagentechnisch nicht ganz unbedenklich sind, weil verschleppte Gleichspannungen bei bestimmten Fehlerkonstellationen unerwünschte Vormagnetisierungen bewirken können, mußte die Technik der Isolationsüberwachung angepaßt werden. Denn nun konnten ja außer der Meßgleichspannung noch fremde Gleichspannungen in den Meßstromkreis gelangen, und zwar in beiden Stromrichtungen. Auch hierfür gibt es seit 1969 brauchbare Lösungen [7.4].
Mit der rasch voranschreitenden Thyristortechnik entstand ein ähnliches Problem nun auch in Hauptstromkreisen, z. B. in Drehstromsystemen mit gesteuerten Gleichrichtersätzen und drehzahlgeregelten Gleichstromantrieben. Bei Hilfsstrom-

kreisen bestand noch eine obere Grenze bis 220 V Wechselspannung, hierbei wurde aber mit der neuen Drehstromspannung 660 V die 1000-V-Grenze für die Gleichspannung erreicht und in einigen Fällen sogar überschritten. Deshalb müssen neue Wege für die Isolationsüberwachung gefunden werden. Die Entwicklung ist noch immer nicht abgeschlossen, jedoch deuten Entwicklungen auf Mikroprozessorbasis Lösungen der Zukunft an.

Literatur

[7.1] Dettmar, G.: Buchreihe „Geschichte der Elektrotechnik", Bd. 8. Die Entwicklung der Starkstromtechnik in Deutschland, Teil 1: Die Anfänge bis etwa 1890. 2. Aufl., Berlin und Offenbach: VDE-VERLAG, 1989
[7.2] Bender, W.: Geschichte des Schutzleitungssystems. Fa. W. Bender, Grünberg, 1976
[7.3] Bender, W.: Erdschlußüberwachung von Drehstromnetzen und Generatoren. etz Elektrotech. Z. 64 (1943) H. 23/24
[7.4] Junga, U.: Erdschluß- und Isolationsüberwachung mit neuen elektronischen Relais. Tech. Mitt. AEG-Telefunken G1(1971) H. 5

8 Verwendung von IT-Systemen, Besonderheiten und Vorteile

Die von Erde völlig isoliert betriebenen IT-Systeme sind vielen Fachleuten noch ungewohnt, weil in Deutschland z. B. bevorzugt Netzformen angewendet werden, bei denen der Sternpunkt geerdet wird. Bei ungeerdeten Netzen handelt es sich immer um Einzelnetze mit eigenem Transformator, eigenem Stromerzeuger oder eigener Batterie. Angewandt werden sie dort, wo es auf hohe Betriebs-, Unfall- oder Brandsicherheit ankommt.
In der Bundesrepublik Deutschland werden IT-Systeme daher vorgeschrieben, empfohlen oder aus anderen Gründen bei folgenden Anwendungsfällen eingesetzt:
- Starkstromanlagen mit Nennspannungen bis 1 000 V,
- Operations- und Anästhesieräume sowie Intensivstationen der Krankenhäuser,
- Sicherheitsbeleuchtungen in Versammlungsstätten,
- Bergbau über- und untertage,
- Schiffe,
- Steuer- und Regelstromkreise,
- Feuerungsanlagen,
- Hüttenwerke,
- Kraftwerke,
- Chemische Industrie,
- Betriebe mit störungsempfindlichem Produktionsablauf,
- explosions- und sprengstoffgefährdete Betriebe,
- Prüf- und Laboreinrichtungen,
- Computer-Stromversorgungen,
- Elektrische Anlagen für Bahnen,
- Fußboden- und Deckenheizungen,
- Informationstechnische Anlagen,
- Elektrische Ausrüstung von Maschinen,
- Elektro-Straßenfahrzeuge,
- Fernmeldetechnik,
- Ersatzstromerzeuger,
- Elektrische Einrichtung für Taucherarbeiten,
- Baustellen.

Der jeweilige Anwender hat sich dann mit den Besonderheiten ungeerdeter IT-Systeme vertraut zu machen.

Gegenüber einem Stromversorgungssystem mit starr geerdetem Netzpunkt haben ungeerdete IT-Systeme folgende Vorteile:
- höhere Betriebssicherheit,
- höhere Brandsicherheit,
- höhere Unfallsicherheit infolge begrenzter Berührungsströme,
- höherer zulässiger Erdungswiderstand,
- Informationsvorsprung.

Nicht in jedem Fall können alle diese Vorteile zugleich genutzt werden. Es bleiben aber für viele Anwendungsgebiete wesentliche Gründe, die für das ungeerdete IT-System sprechen.

Demgegenüber muß als Nachteil in Kauf genommen werden, daß sich die Erdschlußstelle nicht durch Ansprechen der Sicherung selbst kenntlich macht. Besonders in umfangreichen Anlagen erfordert die Fehlersuche einige Übung und gute Kenntnisse der betrieblichen Verhältnisse.

Die heute auf dem Markt erhältlichen Erdschlußsucheinrichtungen können für den Praktiker eine große Hilfe sein.

8.1 Höhere Betriebssicherheit

Folgende Punkte zeigen anhand einiger Beispiele die Vorteile des ungeerdeten IT-Systems in bezug auf die Betriebssicherheit:
- mit Hilfe der nur beim ungeerdeten IT-System möglichen Isolationsüberwachung kann das Netz in einem Zustand hoher Zuverlässigkeit gehalten werden;
- ein Leiter kann vollen Erdschluß haben, ohne daß der Betrieb gestört wird;
- eine vorbeugende Instandhaltung durch eine kontinuierliche Überwachung und Anzeige des jeweiligen Isolationszustands der Anlage ist möglich;
- Früherkennung von fehlerbehafteten Geräten durch sofortige Meldung beim Zuschalten;
- Überwachung eines abgeschalteten Netzes;
- Überwachung von Gleichspannungsnetzen;
- kein Fehlverhalten von Steuerungen bei vollkommenen oder unvollkommenen Erdschlüssen. Dies gilt im besonderen für Hilfsstromkreise.

Weitere Hinweise zum letzten Beispiel „Aufbau von Hilfsstromkreisen" [8.1]:

Bild 8.1 zeigt den richtigen Aufbau eines geerdeten Hilfsstromkreises. Dabei ist die Wirkung von auftretenden Erdschlüssen R_F dargestellt.

In diesem richtigen Aufbau eines geerdeten Hilfsstromkreises führen Erdschlüsse nach dem Einschalten zum Ansprechen der jeweils vorgeschalteten Sicherung und somit zur Betriebsunterbrechung.

In einigen wichtigen Betriebsabläufen sind diese Betriebsunterbrechungen durch einen Erdschluß jedoch von großem Nachteil.

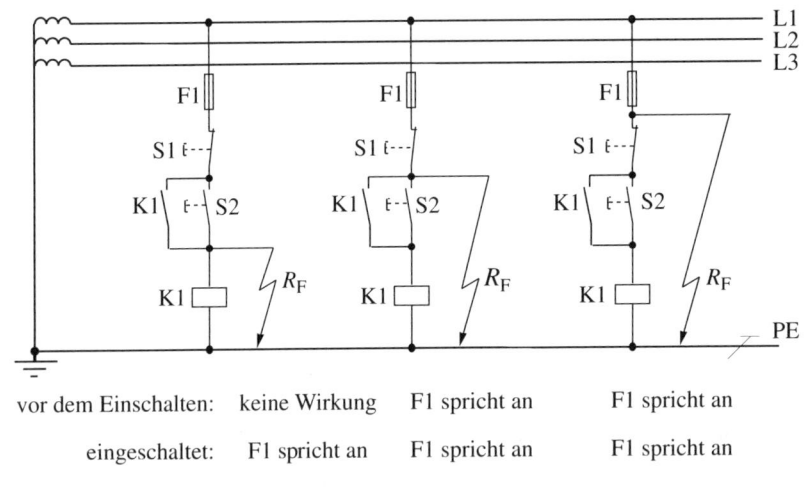

vor dem Einschalten:	keine Wirkung	F1 spricht an	F1 spricht an
eingeschaltet:	F1 spricht an	F1 spricht an	F1 spricht an

Bild 8.1 Richtiger Aufbau eines geerdeten Hilfsstromkreises

Bild 8.2 zeigt einen falschen und unzulässigen Aufbau eines geerdeten Hilfsstromkreises. Dabei kann die gefährliche Situation auftreten, daß ein Schütz durch einen

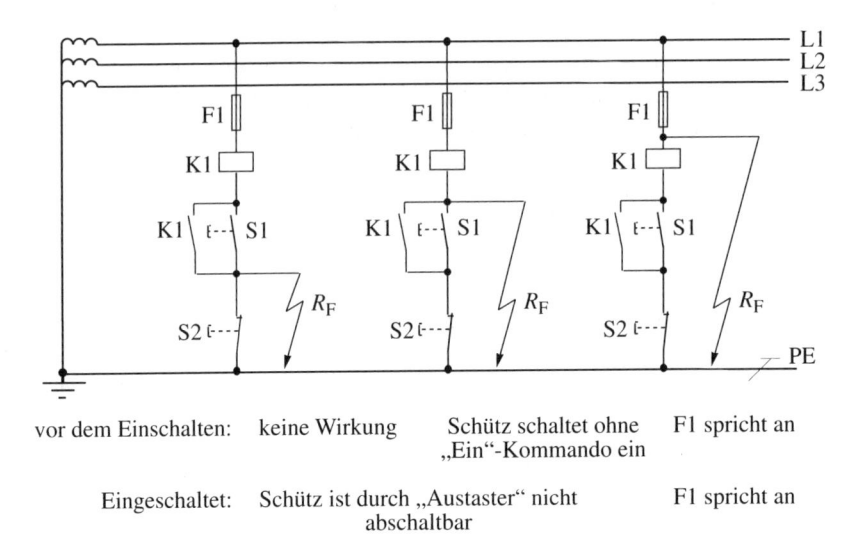

vor dem Einschalten:	keine Wirkung	Schütz schaltet ohne „Ein"-Kommando ein	F1 spricht an
Eingeschaltet:		Schütz ist durch „Austaster" nicht abschaltbar	F1 spricht an

Bild 8.2 Falscher Aufbau eines geerdeten Hilfsstromkreises

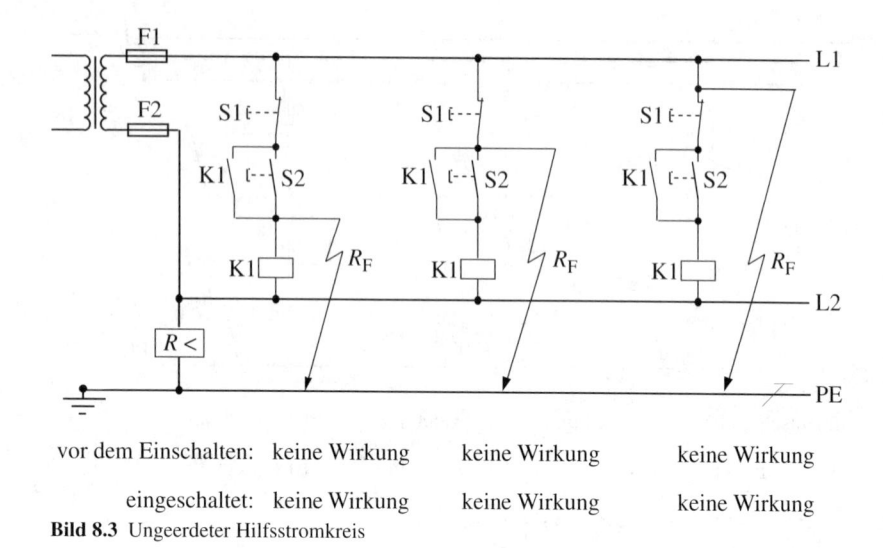

vor dem Einschalten: keine Wirkung   keine Wirkung   keine Wirkung

   eingeschaltet: keine Wirkung   keine Wirkung   keine Wirkung
Bild 8.3 Ungeerdeter Hilfsstromkreis

„Austaster" nicht mehr zum Abfallen gebracht werden kann. Ein solcher Aufbau sollte daher unter allen Umständen vermieden werden.

Bei richtiger Auslegung eines ungeerdeten Hilfsstromkreises kommt es weder zu Betriebsunterbrechungen noch zu Fehlschaltungen der Steuerungen, wie **Bild 8.3** zeigt.

Bei der Planung von Hilfsstromkreisen ist davon auszugehen, daß durch einen Erdschluß weder ein unbeabsichtigtes Einschalten verursacht noch das Ausschalten eines Wirkungsglieds verhindert wird. Da die kleinste Einschalt-Scheinleistung größer ist als die kleinste Rückfall-Scheinleistung, genügt es, nur die letztere zu berücksichtigen.

Zur Verdeutlichung ist daher der Netzaufbau noch einmal im Ersatzschaltbild (**Bild 8.4**) dargestellt.

Ein erster Isolationsfehler R_{F1} sollte zur Meldung führen, sobald die Gefahr besteht, daß bei einem zweiten Fehler, z. B. R_F, ein Wirkungsglied K1 nicht mehr ausgeschaltet werden kann.

Z_1 auf L1 bezogener Wechselstrom-Innenwiderstand des Isolationsüberwachungsgeräts,
Z_{CE} kapazitive Impedanz von L1 gegen Erde,
R_{F1} Isolationsfehler an L1,
R_{F2} Isolationsfehler an L2,
R_F Isolationsfehler hinter einem Betätigungsglied,
Z_2 gegenseitige kapazitive Impedanz einer Ausschaltleitung.

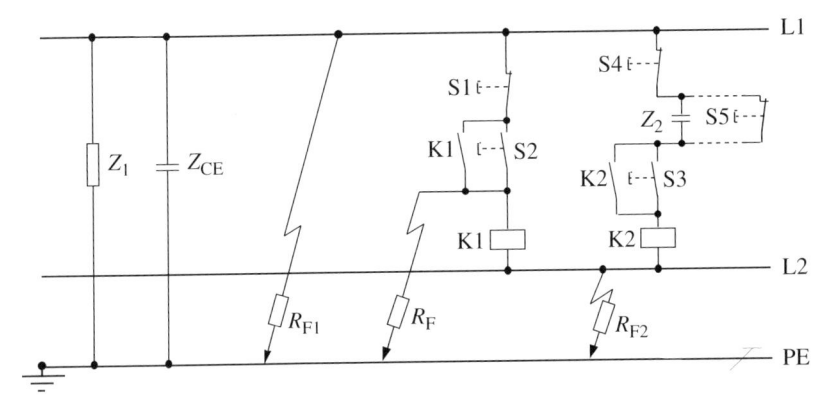

Bild 8.4 Wechselspannungs-Hilfsstromkreis mit Impedanzen gegen Erde

Wie in **Bild 8.5** als Ersatzschaltbild dargestellt, liegen parallel zu R_{F1} die auf den „gesteuerten" Leiter L1 bezogenen Impedanzen Z_1 des Isolationsüberwachungsgeräts und Z_{CE} der Erdkapazität der Steuerleitungen. Die Gesamtimpedanz Z ist also bei Auslegung der Steuerung bzw. bei Auswahl des Isolationsüberwachungsgeräts zu berücksichtigen:

$$|Z| \approx |Z_1 \parallel Z_{CE} \parallel R_{F1}|. \tag{8.1}$$

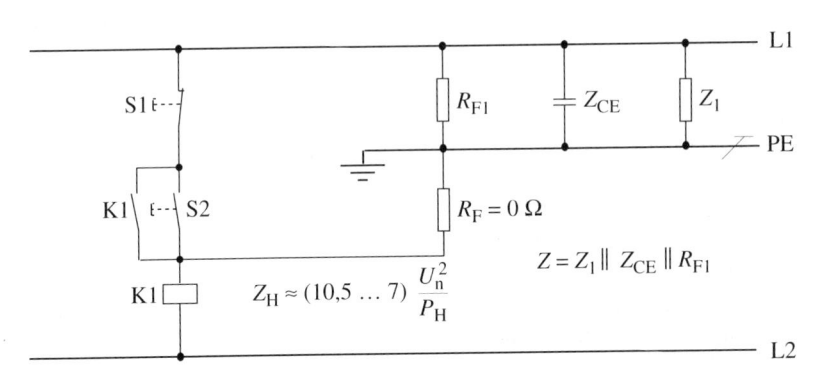

Bild 8.5 Ersatzschaltbild – Wechselspannungs-Hilfsstromkreis
P_H Nenn-Haltescheinleistung, anzustreben ist $Z > Z_H$

Legt man nach DIN VDE 0660 und DIN VDE 0435 als kleinste Haltespannung (0,1 ... 0,15) U_n ein in der Steuerung eingebautes Wirkungsglied zugrunde, dann ist eine damit in Reihe liegende Halte-Impedanz Z_H, die den Rückfall bei 5 % Überspannung gerade noch verhindern kann, unter Vernachlässigung der Spulenimpedanz etwa:

$$Z_H \approx (10,5 \ldots 7)\frac{U_n^2}{P_H}, \tag{8.2}$$

P_H Nenn-Haltescheinleistung des Wirkungsglieds.
Anzustreben ist also $Z > Z_H$.
Bei Verwendung von Isolationsüberwachungsgeräten mit überlagerter Meßgleichspannung ist der Meßstrom zu berücksichtigen. Ist der Meßkreis des Überwachungsgeräts nur über L2 an das Netz gekoppelt, gilt in Gl. (8.1) $Z_1 \to \infty$. Wird ein Hilfsstromkreis anstatt mit 220 V, 50 Hz, z. B. mit 110 V betrieben (Vorzugsspannung nach IEC-Richtlinie 204), so sinkt die Halte-Impedanz Z_H auf ein Viertel des Werts für 220 V. Auch durch Verwendung von Schützen und dgl. mit größerer Rückfall-Scheinleistung kann der Wert Z_H herabgesetzt werden. Beide Maßnahmen wirken sich in gleicher Abhängigkeit günstig aus gegen das fehlerhafte Halten durch kapazitive Ströme über Z_2 bei längeren Ausschaltleitungen [8.2]. Dies verdeutlicht die Ersatzschaltung der zuletzt gezeigten Darstellung des ungeerdeten Hilfsstromkreises mit Impedanzen.
Das Ersatzschaltbild, Bild 8.5, zeigt ebenfalls die Bedeutung der Netzableitkapazitäten und den Einfluß des Innenwiderstands des Isolationsüberwachungsgeräts.
Für Wechselspannungshilfsstromkreise, an die höchste Anforderungen an die Betriebssicherheit wegen des Vermeidens von Fehlschaltungen gestellt werden, sind daher Isolationsüberwachungsgeräte einzusetzen, welche die Gesamtableitimpedanz des Netzes messen und einen sehr hohen Innenwiderstand haben (siehe Abschnitt 9.2.4).
Ist der Einsatz solcher Geräte aus Sicherheitsgründen geplant, so ist bereits bei der Planung des Netzes der Größe der Netzableitkapazitäten Beachtung zu schenken.
Erdschlüsse sind in gut gewarteten Hilfsstromkreisen ein seltenes Ereignis, weil Schwachstellen in der Isolation frühzeitig erkannt und beseitigt werden können. In sachgemäß gebauten Steuerschränken sind sie unwahrscheinlich. Treten Erdschlüsse in den nach außen geführten Leitungen auf, so wird in normalen, trockenen Betrieben eher mit einem spontanen, niederohmigen Erdschluß zu rechnen sein als mit einer schleichenden Isolationsverschlechterung, die sich hart an der Grenze des Ansprechwerts des Überwachungsgeräts bewegt.
In Anlagen mit isolationsmindernden Einflüssen, z. B. durch Feuchtigkeit oder leitenden Staub, sollte mit kleineren Nennspannungen gearbeitet werden, die – unter

Berücksichtigung genügender Kontaktsicherheit – dadurch mit geringerer Gefahr durch Kriechströme behaftet sind.
Hierbei kann Gl. (8.2) Vergleichswerte für die Kriechstromgefährdung liefern. Bei ausgedehnten Steuerungen ist auch eine Unterteilung in zwei oder mehrere selbständige Hilfsstromkreise zu erwägen, wodurch die Fehlerwahrscheinlichkeit weiter herabgesetzt und dem Betriebselektriker die Fehlersuche erleichtert werden kann. Diese am Beispiel eines Hilfsstromkreises gezeigten Bedingungen lassen sich jedoch auch auf Hauptstromkreise übertragen. Jedoch sind in bezug auf den Ansprechwert andere Bedingungen zu erfüllen. Durch die meist größeren Systeme werden oft Isolationsüberwachungsgeräte mit niedrigem Ansprechwert eingesetzt.

8.2   Höhere Brandsicherheit

In bezug auf die Brandsicherheit sprechen für das ungeerdete IT-System unter anderem folgende Punkte:
- schleichende Isolationsschäden können schon im Entstehen erkannt und beseitigt werden;
- Fehlerlichtbögen als häufige Brandursache können nicht auftreten (Ausnahme sind besonders leistungsstarke Systeme);
- Brand- oder explosionsgefährdete Betriebsteile können durch Trenntransformatoren vom übrigen Netz abgetrennt und als isoliertes kleines Netz betrieben werden, mit allen Vorteilen der hochempfindlichen selbsttätigen Überwachung;
- wertvolle Geräte, z. B. Motoren, können durch Lichtbögen bei unvollkommenem Körperschluß nicht beschädigt werden.

Bild 8.6 zeigt, wie durch einen aufgetretenen Erdschluß Wärmeenergie an einer Fehlerstelle auftreten kann, da im geerdeten Netz der Stromkreis über die Sternpunkt-Erdverbindung des Transformators geschlossen wird.
Hinsichtlich der Brandgefahr kommt es im wesentlichen auf die Verlustleistung am Fehlerwiderstand an, weil sie den Temperaturanstieg an der Fehlerstelle bestimmt. Zum Brand kann es jedoch nur kommen, wenn die vier folgenden Bedingungen erfüllt sind [8.3]:
- entzündlicher bzw. brennbarer Stoff,
- Sauerstoff,
- richtiges Mengenverhältnis,
- Zündtemperatur.

Betrachten wir zunächst die Zündtemperatur, die als einzige Komponente mit dem elektrischen Strom in Zusammenhang steht. Ob diese Temperatur erreicht wird, hängt nicht allein von der Verlustleistung am Fehlerwiderstand, sondern auch von den wärmespezifischen Eigenschaften der Fehlerstelle ab.

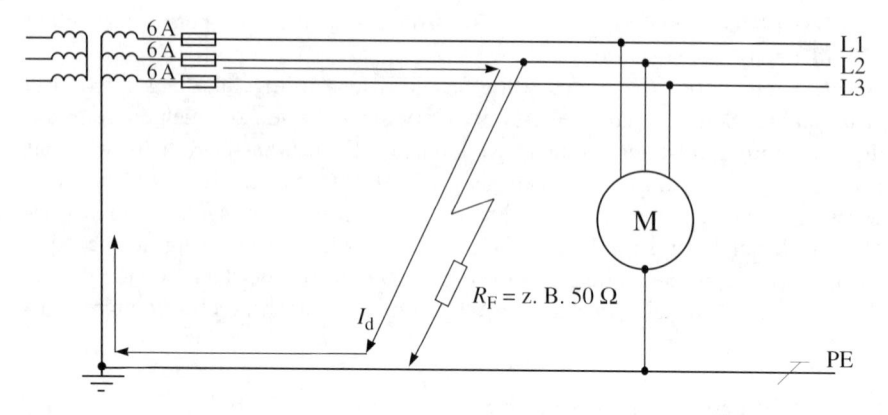

Bild 8.6 Geerdetes TN-System

Die in der Zeit t von einem Strom I_d an einer Fehlerstelle R_F geleistete Arbeit:

$$W = I_d^2 R_F t \tag{8.3}$$

wird in Wärmeenergie umgesetzt. Da sich R_F im Bereich von „unendlich" bis „Null" ändern kann, können die freiwerdenden Leistungen vorher nicht bestimmt werden. Der vielfach vertretenen Meinung: „Feuerursache Kurzschluß" kann widersprochen werden, da, wie aus Gl. (8.3) ersichtlich, $W = 0$ wird, wenn $R_F = 0$ ist. In der Praxis

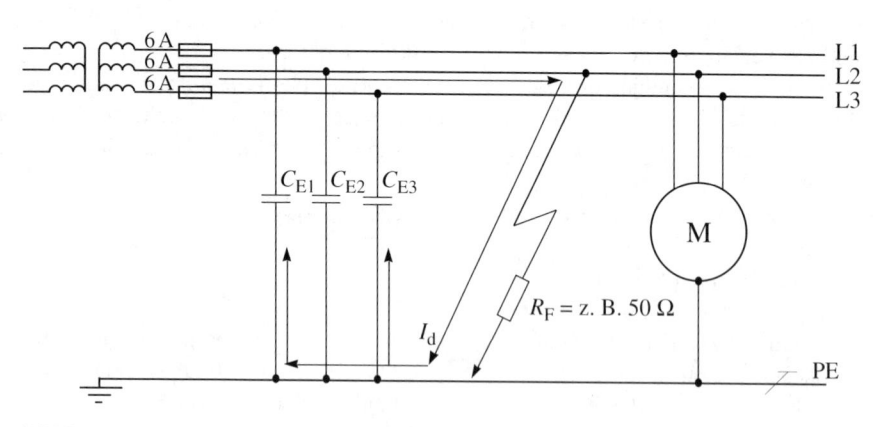

Bild 8.7 Ungeerdetes IT-System

tritt dieser Fehler jedoch kaum auf. Vielmehr wird sich an der Fehlerstelle ein Übergangswiderstand einstellen, der sich dann im geerdeten System unter Einwirkung von Wärme zum Kurzschluß ausbildet und abgeschaltet wird.
Bild 8.7 zeigt das zuvor beschriebene System mit derselben Fehlerkonstellation, jedoch als ungeerdetes System. Die auftretende Wärmeenergie am Fehlerwiderstand ist in diesem Fall sehr gering. Der fließende Strom wird nur von der Größe der Netzableitkapazitäten bestimmt, die jedoch häufig vernachlässigbar klein sind. In ungeerdeten Netzen werden daher in der Regel die Mindestwerte für das Auslösen eines Brands von 60 W Verlustleistung an der Fehlerstelle, einem Strom von mindestens 0,3 A und einer Energie von mehr als 5 Ws nicht erreicht (*H. F. Schwenkhagen, P. Schnell*).

8.3 Höhere Unfallsicherheit infolge begrenzter Berührungsströme

Besondere Bedeutung hat das IT-System bezüglich der Berührungssicherheit für den Menschen gegen elektrische Gefährdung. Denn:
- In kleinen und mittelgroßen Anlagen lassen sich die Erdschlußströme und somit die größtmöglichen Berührungsströme so klein halten, daß Menschen auch bei direkter Berührung zwischen einem Leiter und Erde nicht zu Schaden kommen können.

Wie bereits in einem der vorhergehenden Bilder gezeigt, sind in IT-Systemen die maximalen Fehlerströme lediglich vom Innenwiderstand der Isolationsüberwachungsgeräte und von den vorhandenen Netzableitkapazitäten abhängig. Die maximalen Ströme, die zur Körperdurchströmung führen können, liegen meist unterhalb der Gefährdungsgrenze.

Es soll jedoch nicht der Eindruck erweckt werden, daß das IT-System einen Schutz gegen gefährliche Körperströme bei direktem Berühren bewirkt. Der mögliche Körperstrom im Wechselspannungs-IT-System wird maßgeblich von den Netzableitkapazitäten und dem Körperwiderstand bestimmt. Da auch große Industrienetze ungeerdet betrieben werden, können naturgemäß auch große Körperströme fließen.

8.4 Höherer zulässiger Erdungswiderstand

Ein nicht zu vernachlässigender Vorteil des IT-Systems besteht darin, daß im Gegensatz zum TN-System ein höherer Erdungswiderstand zulässig ist. Diesen Vorteil nutzt man sehr häufig für den Einsatz von mobilen Generatoren (**Bild 8.8**) bei Feuerwehr, Technisches Hilfswerk (THW), Rotes Kreuz, Bundeswehr [8.4] etc., um im

Bild 8.8 Generator mit Isolationsüberwachung [Werkbild: Fa. Honda Deutschland]

Notfall trotz unbekannter Erdungsbedingungen einen ausreichenden Schutz zu gewährleisten. DIN VDE 0100-410:1997-01 sagt dazu:
„Im IT-System müssen die Körper einzeln, gruppenweise oder in ihrer Gesamtheit mit dem Schutzleiter verbunden werden."
Die folgende Bedingung muß erfüllt sein:

$$R_A \cdot I_d \leq 50 \text{ V}. \tag{8.4}$$

Dabei sind:
R_A Summe der Widerstände der Erders und des Schutzleiters der Körper;
I_d Fehlerstrom im Fall des ersten Fehlers mit vernachlässigbarer Impedanz zwischen einem Außenleiter und einem Körper. Der Wert von I_d berücksichtigt die Ableitströme und die Gesamtimpedanz der elektrischen Anlage gegen Erde.
Bei der Erarbeitung der DIN VDE 0100-728:1984-04 (Ersatzstromversorgungsanlagen) wurde dieser Vorteil erkannt und auch in der VDE-Bestimmung berücksichtigt. Ersatzstromversorgungsanlagen sind Stromversorgungsanlagen, welche die elektrische Energieversorgung von Netzteilen, Verbraucheranlagen oder einzelnen Verbrauchsmitteln nach Ausfall oder Abschaltung der Stromversorgung übernehmen.

Wird diese Ersatzstromversorgungsanlage als IT-System betrieben, müssen alle Körper durch einen Schutzleiter miteinander verbunden werden. Ein Erdungswiderstand $R_A \leq 100\ \Omega$ wird in jedem Fall ausreichend sein.
Sehr häufig sind diese Anlagen mit Isolationsüberwachungsgeräten ausgestattet, da eine Meldung gefordert wird, wenn der Isolationswiderstand zwischen aktiven Teilen und Potentialausgleichsleiter unter 100 Ω/V sinkt.

8.5 Informationsvorsprung im IT-System

Die vorigen Abschnitte hatten die in den Normen und VDE-Bestimmungen definierten Arten von Systemen und die möglichen Schutzmaßnahmen zum Thema. Dies erfolgte ohne jede Wertung hinsichtlich der Aspekte Wirksamkeit der Schutzmaßnahme, vorbeugende Instandhaltung, Verfügbarkeit, Kostenbetrachtung und Wartungsaufwand.

Die Verfügbarkeit von elektrischen Anlagen und die vorbeugende Instandhaltung werden, direkt oder indirekt, in verschiedenen Normen angesprochen. Direkt mit der Instandhaltung befaßt sich die Deutsche Norm DIN 31051. Hier werden Maßnahmen zur Bewahrung und Wiederherstellung des Sollzustands von technischen Mitteln eines Systems dargestellt.

Hinweise zur Instandhaltung von elektrischen Anlagen finden sich weiterhin in EN 50110. Dabei wird zwischen „vorbeugender Instandhaltung" und „fehlerbehebender Instandhaltung" unterschieden. Es werden regelmäßige Prüfungen, u. a. auch des Isolationswiderstands, gefordert. Mit den Forderungen dieser Norm soll das sichere Betreiben von Starkstromanlagen und das sichere Arbeiten in der Nähe solcher Anlagen erreicht werden. Somit stellen die in der Norm genannten Maßnahmen (Prüfungen, Messungen) Beiträge zur Vermeidung von Betriebsausfällen und zur Kosteneinsparung dar. Dennoch: es sind Momentaufnahmen der Anlage; eine geplante vorbeugende Instandhaltung – wie sie die permanente Überwachung bietet – wird nicht erreicht.

Die vorangegangenen Abschnitte in diesem Kapitel haben die greifbaren und nachweisbaren Vorteile von Stromversorgungen mit IT-Systemen aufgezeigt. Doch was bedeuten die Begriffe:
- höhere Betriebssicherheit,
- höhere Brandsicherheit,
- höhere Unfallsicherheit,
- höherer zulässiger Erdungswiderstand

in der Praxis? Wie wird diese Kenntnis umgesetzt? Wie läßt sie sich in Mark und Pfennig ausdrücken?

Es ist keinesfalls damit getan, eine Stromversorgung als IT-System aufzubauen und sich dann in Erwartung aller Vorteile zufrieden zurückzulehnen. Zu einem IT-System gehört zwingend die Isolationsüberwachungseinrichtung. Mit dieser Einrichtung oder besser mit deren richtiger Auswahl, steht und fällt die hohe Verfügbarkeit einer solchen Stromversorgung. Wird hier falsch projektiert, so kann sich eine nur scheinbare Sicherheit ergeben. Nicht oder falsch messende Isolationsüberwachungsgeräte machen die natürlichen Vorteile des IT-Systems sehr leicht zunichte. Bereits bei der Planung muß dies entsprechend berücksichtigt werden.

Grundsätzlich und unabhängig von der Art der Verteilungssysteme gilt: der Isolationswiderstand ist ein bestimmender Faktor für die Verfügbarkeit eines elektrischen Systems. Nicht umsonst steht er in der Auflistung der Schutzziele der Elektrosicherheit an vorderster Stelle.

Dabei sind die Ursachen für die Verschlechterung des Isolationswiderstands die alltäglichen Dinge dieser Welt: Feuchtigkeit, Alterung, Verschmutzung, klimatische Einflüsse.

Hinzu kommen natürlich auch unvorhergesehene Ereignisse wie die Schaufel des Baggers, die ein Zuleitungskabel beschädigt, oder der Bohrhammer, der die Leitung durchtrennt.

Die Liste der möglichen Auswirkungen von Isolationsfehlern ist lang und reicht von lästig bis gefährlich:

- Unerwartetes Abschalten der Anlage, Unterbrechung wichtiger Produktionsprozesse oder lebenswichtiger Maßnahmen.
- Fehlsteuerungen aufgrund mehrerer Isolationsfehler. Treffen zwei Isolationsfehler ungünstig zusammen, so kann dies den Effekt eines Befehlsgebers haben.
- Brandgefahr durch Verlustleistung an hochohmigen Isolationsfehlern. Bereits 40 W bis 60 W an der Fehlerstelle werden als brandgefährlicher Wert eingestuft.
- Langwierige, schwierige und kostenintensive Suche nach der Fehlerstelle.

Ausfälle der Stromversorgung verursachen immer Kosten, wobei die Höhe dieser Kosten oft nicht direkt greifbar ist. Der Ausfall einer Beleuchtungsanlage in einem Ausstellungsraum verursacht Kosten in einer anderen Größenordnung als der Ausfall eines Rührwerks im Produktionsprozeß einer chemischen Fabrik. Dabei kann die Ursache für beide Ausfälle die gleiche sein: ein sich langsam entwickelnder und dabei fortschreitender Isolationsfehler, der dann irgendwann einen Schaden verursacht oder die vorgeschaltete Sicherung zum Ansprechen gebracht hat.

Die Fehlerstatistiken von großen Industriebetrieben und der EVU nennen, und dies ist keine Überraschung, Isolationsfehler und Erdschlüsse als eine der großen Ursachen für Betriebsstörungen (siehe dazu auch Kapitel 4: Isolationswiderstand). Die Praxis zeigt, daß dabei ein sehr hoher Anteil langfristig entstehende Fehler sind, relativ wenige Fehler treten schlagartig auf.

Ganz im Gegensatz zu diesen Erfahrungen reagieren die bekannten Schutzeinrichtungen wie RCD und LS-Schalter jedoch bevorzugt auf diese schlagartigen Fehler. Für die große Zahl der langsam entstehenden Fehler wird nur allzu häufig keine Maßnahme getroffen.

Es gilt also, etwas gegen die Auswirkungen von Isolationsfehlern zu tun. Das Absinken des Isolationswiderstands kann rechtzeitig erkannt werden, wenn eine intelligente und zur elektrischen Anlage passende Isolationsüberwachungseinrichtung installiert wird. Der so entstehende Informationsvorsprung wird zur geplanten Instandhaltung genutzt (**Bild 8.9**).

Den Informationsvorsprung und die damit verbundene hohe Verfügbarkeit und Wirtschaftlichkeit gibt es nicht zum Nulltarif. Es müssen aktiv Maßnahmen getroffen werden, um das gesteckte Ziel zu erreichen.

Die Art und Weise der Maßnahmen hängt von verschiedenen Faktoren ab. Wertigkeit der Stromversorgung, deren Einsatzhäufigkeit, Art der Verbraucher, Ausdehnung des Netzes, Wartungshäufigkeit sind nur einige davon.

Häufig ist es ausreichend, im IT-System ein wirkungsvolles, richtig projektiertes und ausgewähltes Isolationsüberwachungsgerät zu verwenden. Andere Anlagen benötigen vielleicht eine umfangreichere Überwachung mittels Isolationsfehlersucheinrichtung. Hier sind Projekteure und Planer gefordert, die für das jeweilige IT-System richtige Isolationsüberwachungseinrichtung auszuwählen. Bestehende Anla-

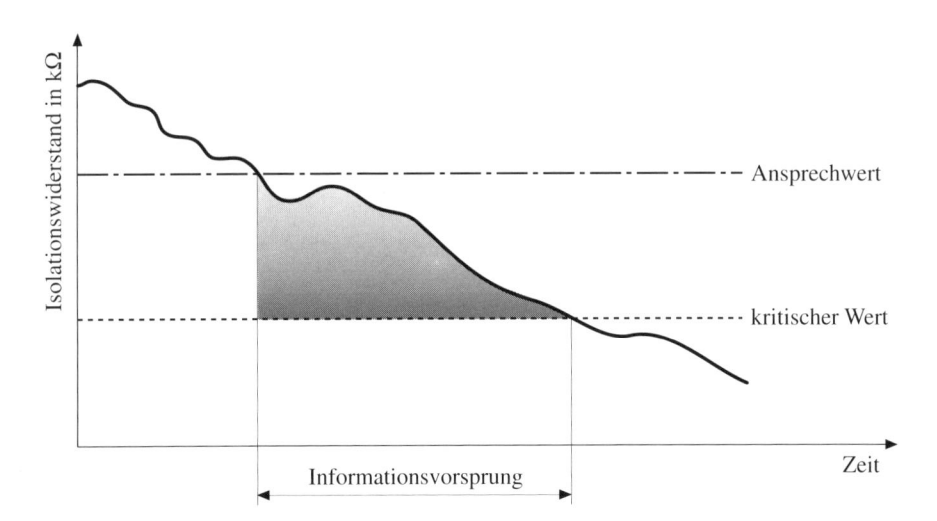

Bild 8.9 Informationsvorsprung durch Überwachung des Isolationswiderstands

gen benötigen häufig den prüfenden Blick des Betreibers und eventuell die Anpassung der Isolationsüberwachungseinrichtung an die jeweiligen Gegebenheiten und besonderen Anforderungen.

Die Nutzung des sich daraus im Betrieb ergebenden Informationsvorsprungs für den Betreiber bringt greifbare Vorteile in bezug auf die Verfügbarkeit und die elektrische Sicherheit der Anlage, die in dieser Form in anderen Arten von Verteilungssystemen nicht vorhanden sind.

Literatur

[8.1] Kämper, H.; Hofheinz, W.: Isolationsüberwachung in Hilfsstromkreisen. etz-b Elektrotech. Z., Ausgabe B, 29 (1977) H. 4
[8.2] Seck, A.: Steuerstromkreise an Maschinen mit besonderer Gefährdung. Elektrische Ausrüstung 15 (1974) H. 3/4
[8.3] Wessel, W.: Feuergefährdete Betriebsstätten. Der Elektromeister. de-Sonderheft: Brandverhütung in elektrischen Anlagen. Heidelberg: Hüthig & Pflaum-Verlag, 1977, S. 28
[8.4] Brand, W.; Faller, E.: Elektrische Energieversorgung im Felde. Wehrtechnik (1993) H. 7, S. 52

9 Ungeerdetes Stromversorgungsnetz in medizinisch genutzten Räumen

9.1 IT-System und die Isolationsüberwachung in medizinisch genutzten Räumen nach DIN VDE 0107:1989-11

Die Anwendung des ungeerdeten Stromversorgungsnetzes in medizinisch genutzten Räumen ist eine seit Jahrzehnten angewandte und bewährte Technik. Die Vorteile dieser Art von Stromversorgung haben sich national und international durchgesetzt. Zwar haben sich die Schutzziele vom ursprünglichen Explosionsschutz mehr zur Versorgungssicherheit und Reduzierung möglicher Körperströme gewandelt, doch findet die Anwendung auch international zunehmende Beachtung. Bevor die erste VDE-Bestimmung für medizinisch genutzte Räume im Jahr 1962 erstellt worden war, wurden die Krankenhäuser in Deutschland nach VDE 0100 installiert. Die alte VDE-Bestimmung aus dem Jahr 1962, die nicht in allen Einzelheiten befriedigen konnte, mußte schon bald dem Stand der Technik angepaßt werden. Am 1.3.1968 wurde dann die Neufassung der VDE 0107 in Kraft gesetzt, die bis 1981 gültig war. Aufgrund neuer Erkenntnisse, unter Berücksichtigung international geltender Festlegungen und in Erfüllung der Forderungen der Hersteller elektromedizinisch genutzter Geräte war eine erneute Überarbeitung notwendig. Zwei weitere Entwürfe wurden 1972 und 1977 der Öffentlichkeit vorgestellt. Am 1. Juni 1981 trat dann die vorletzte Ausgabe von DIN VDE 0107:1981-06 „Errichten und Prüfen von elektrischen Anlagen in medizinisch genutzten Räumen" in Kraft.
Bei der Festlegung der Anpassungskriterien (technische Maßnahmen, Kosten, Fristen) in DIN VDE 0107, Ausgabe 1981, bestand die Aufgabe darin, eine Reihe sich widersprechender Faktoren in optimale Übereinstimmung zu bringen. Wesentliche Faktoren waren:
- der angestrebte Sicherheitspegel,
- der erforderliche private und volkswirtschaftliche Aufwand,
- der Zeitbedarf für Planung, Mittelbewilligung, Ausschreibung und Anlagenerrichtung,
- der bei bestehenden medizinischen Einrichtungen störende Eingriff in den normalen Betrieb.

Weiterhin wurde eine Reihe neuer bzw. veränderter technischer und betrieblicher Sachverhalte berücksichtigt wie:
- Anwendung elektromedizinischer Geräte auch außerhalb der Räume, in denen sie bestimmungsgemäß eingesetzt werden (Abnahme von EKG im Bettenraum),

- Anpassung der Schutzmaßnahmen bei indirektem Berühren und des Potentialausgleichs an die Art der medizinischen Nutzung,
- Explosionsschutz unter Berücksichtigung der Explosionschutzlinien (Ex-RL),
- Abschirmmaßnahmen gegen induktive und kapazitive Störungen elektromedizinischer Meßeinrichtungen,
- Anforderungen an die besondere Ersatzstromversorgung.

Im November 1989 wurde die vorgenannte Bestimmung durch DIN VDE 0107: 1989-11 „Starkstromanlagen in Krankenhäusern und medizinisch genutzten Räumen außerhalb von Krankenhäusern" abgelöst.
Gegenüber DIN VDE 0107:1981-06, DIN VDE 0107 A1:1982-11 und DIN VDE 0108:1979-12 wurden folgende Änderungen vorgenommen:
- Streichung der Forderung nach Anpassung bestehender Anlagen.
- Erweiterung des Anwendungsbereichs auf die gesamte Starkstromanlage von Krankenhäusern, Polikliniken und Gebäuden mit entsprechender Zweckbestimmung. Deshalb Aufnahme neuer Festlegungen und Übernahme von Festlegungen aus DIN VDE 0108.
- Angleichung der Begriffe an diejenigen der Normen der Reihe DIN VDE 0100 und DIN VDE 0108-1. Neuordnung der Anwendungsgruppen medizinisch genutzter Räume.
- Verweise auf Baurecht durch Randbalken.
- Hinweise auf Maßnahmen des baulichen Brandschutzes nicht mehr enthalten, da im Beiblatt 1 zu DIN VDE 0107 aufgenommen.
- Aufnahme von Festlegungen für das Verteilungsnetz, wie z. B. über die Netzformen und die redundante Stromversorgung der IT-Systeme.
- Alternativen für eine besondere Ersatzstromversorgung (BEV) für elektromedizinische Geräte, mit Ausnahme von OP-Leuchten und vergleichbaren Leuchten.
- Beschränkung des zusätzlichen Potentialausgleichs auf den Bereich der Patientenposition bei Anwendung netzabhängiger elektromedizinischer Geräte. Verkleinerung dieses Bereichs in Räumen der Anwendungsgruppe 2 auf 1,25 m.
- Aufnahme von Bestimmungen für Räume, in denen Untersuchungen mit Einschwemmkathetern durchgeführt werden.
- Streichung der Forderung, daß der Widerstand von Schutzleitern in Verbraucherstromkreisen und von Potentialausgleichsleitern nicht größer als 0,2 Ω sein darf.
- Berücksichtigung von Festlegungen des CENELEC-HD 384.5.56, das in DIN VDE 0100-560 „Elektrische Anlagen für Sicherheitszwecke" eingearbeitet ist.
- Berücksichtigung der Krankenhausbauverordnung des Landes Nordrhein-Westfalen, insbesondere hinsichtlich der Sicherheitsstromversorgung.
- Zusammenfassung der Bestimmungen, die für Starkstromanlagen in Praxisräumen der Human- und Dentalmedizin außerhalb von Krankenhäusern gelten.

- Aufnahme von Festlegungen für die elektrische Installation in Wohnräumen, in denen regelmäßig Heimdialyse durchgeführt wird.
- Aufnahme von Festlegungen über Pläne, Unterlagen, Prüfungen.

Die Norm DIN VDE 0107:1989-11 wurde vom Komitee K 227 „Elektrische Anlagen in medizinischen Einrichtungen" der Deutschen Elektrotechnischen Kommission in DIN und VDE (DKE) ausgearbeitet.

9.1.1 Sicherheitskonzept im Krankenhaus

Elektrische Anlagen in medizinisch genutzten Räumen unterliegen außergewöhnlichen Anforderungen, weil Leben oder Gesundheit des Patienten bereits gefährdet sein können, wenn sehr kleine Ströme durch seinen Körper fließen oder wenn lebenserhaltende Geräte ausfallen, mit denen er untersucht, überwacht oder behandelt wird. Bei der Festlegung der sicherheitstechnischen Anforderungen war zu berücksichtigen, daß Patienten fest mit Teilen elektromedizinischer Geräte verbunden sein können, ihr Hautwiderstand anwendungsbedingt durchbrochen sein kann, ihr Abwehrvermögen bei Analgesie herabgesetzt oder bei Anästhesie ausgeschaltet ist und bei Anwendungen von Geräteteilen im oder am Herzen wegen der hohen Stromempfindlichkeit des Herzinnenmuskels (Ströme größer 10 µA) eine besondere Gefährdung gegeben ist [9.1].

Das gesamte Sicherheitskonzept ist schematisch in **Bild 9.1** dargestellt.

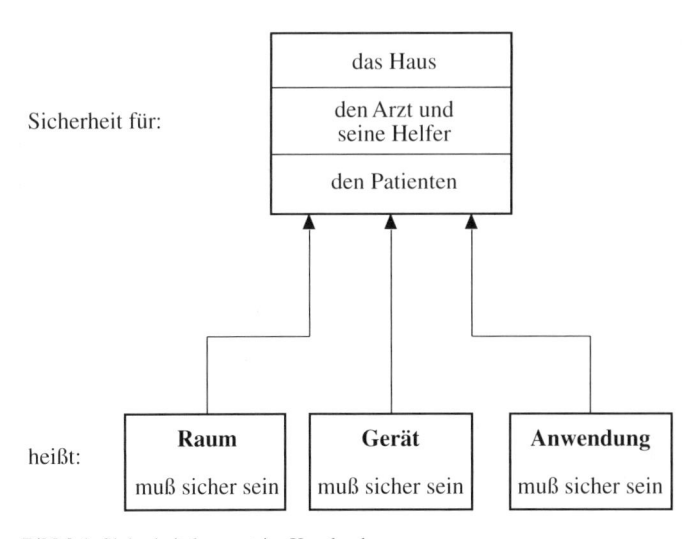

Bild 9.1 Sicherheitskonzept im Krankenhaus

Um einen möglichst weitgehenden Schutz des Patienten vor elektrischen Gefahren zu gewährleisten, sind zusätzliche Schutzmaßnahmen bei der Installation der medizinisch genutzten Räume erforderlich. Da Art und Umfang dieser Gefahren von den angewandten Untersuchungs- und Behandlungsmethoden abhängen, muß der Arzt (bei der Planung) die bestimmungsgemäße Nutzung der Räume, die „Raumart", festlegen und der Errichter der elektrischen Anlage die Anforderungen der entsprechenden „Anwendungsgruppe" berücksichtigen (**Tabelle 9.1**).

Anwendungsgruppe	Raumart, bezogen auf den bestimmungsgemäßen Gebrauch	Art der medizinischen Nutzung
0	Bettenräume, OP-Sterilisationsräume, OP-Waschräume, Praxisräume der Human- und Dentalmedizin	keine Anwendung elektromedizinischer Geräte oder Anwendung elektromedizinischer Geräte
1	Bettenräume, Räume für physikalische Therapie, Räume für Hydro-Therapie, Massageräume, Praxisräume der Human- und Dentalmedizin	Anwendung elektromedizinischer Geräte am oder im Körper über natürliche Körperöffnungen oder bei kleineren operativen Eingriffen (kleine Chirurgie)
	Räume für radiologische Diagnostik und Therapie Endoskopieräume	
	Dialyse-Räume, Intensiv-Untersuchungsräume, Entbindungsräume, Chirurgische Ambulanzen	
	Herzkatheder-Räume für Diagnostik	Untersuchungen mit Schwemmkatheder
2	Operations-Vorbereitungsräume, Operationsräume, Aufwachräume, Operations-Gipsräume, Intensiv-Untersuchungsräume, Intensiv-Überwachungsräume, Endoskopie-Räume	Organoperationen jeder Art (große Chirurgie), Einbringen von Herzkathedern, chirurgisches Einbringen von Geräteteilen, Operationen jeder Art, Erhalten der Lebensfunktionen mit elektromedizinischen Geräten, Eingriffe am offenen Herzen
	Räume für radiologische Diagnostik und Therapie, Herzkatheder-Räume für Diagnostik und Therapie (ausgenommen diejenigen, in denen ausschließlich Schwemmkatheder angewendet werden), klinische Entbindungsräume, Räume für Notfall- und Akutdialyse	

Tabelle 9.1 Beispiele für die Zuordnung der Raumarten zu den Anwendungsgruppen nach DIN VDE 0107:1989-11

9.1.2 Räume der Anwendungsgruppen

Nach DIN VDE 0107:1989-11 werden medizinisch genutzte Räume in drei Anwendungsgruppen eingeteilt.

Räume der Anwendungsgruppe 0
Dies sind medizinisch genutzte Räume, in denen Patienten durch elektromedizinische Geräte nicht über das Normalmaß hinaus gefährdet sind [9.2]. Dies ist sichergestellt, wenn bestimmungsgemäß:
- elektromedizinische Geräte nicht angewendet werden,
- Patienten mit elektromedizinischen Geräten nicht in Verbindung kommen oder
- elektromedizinische Geräte zur Anwendung kommen, die gemäß Angabe in den Begleitpapieren und außerhalb von medizinisch genutzten Räumen verwendet werden dürfen, oder
- elektromedizinische Geräte betrieben werden, die ausschließlich aus eingebauten Stromquellen versorgt werden.

Für diese Gruppe sind die Festlegungen der Normenreihe DIN VDE 0100 ausreichend.

Räume der Anwendungsgruppe 1
Dies sind medizinisch genutzte Räume, in denen netzabhängige elektromedizinische Geräte verwendet werden, mit denen oder mit deren Anwendungsteilen Patienten bei der Untersuchung oder Behandlung bestimmungsgemäß in Berührung kommen.

Bei Auftreten eines ersten Körperschlusses (Erdschlusses) oder Ausfall der allgemeinen Stromversorgung kann deren Abschaltung hingenommen werden, ohne daß hierdurch Patienten gefährdet werden. Untersuchungen oder Behandlungen können abgebrochen und wiederholt werden.

Räume der Anwendungsgruppe 2
Dies sind medizinisch genutzte Räume, in denen netzabhängige elektromedizinische Geräte betrieben werden, die operativen Eingriffen oder Maßnahmen dienen, die lebenswichtig sind. Bei Auftreten eines ersten Körperschlusses (Erdschlusses) oder Ausfall der allgemeinen Stromversorgung müssen diese Geräte weiterbetrieben werden können, weil Untersuchungen und Behandlungen nicht ohne Gefahr für den Patienten abgebrochen und wiederholt werden können.

In den Räumen der Anwendungsgruppe 2, z. B. Operations-Vorbereitungsräume, Operationsräume, Aufwachräume, Operations-Gipsräume, Intensiv-Untersuchungsräume, Endoskopie-Räume, Räume für radiologische Diagnostik und Therapie, Herzkatheter-Räume für Diagnostik und Therapie (Ausnahme Schwemmkatheter),

klinische Entbindungsräume, werden operative Eingriffe oder lebenswichtige Maßnahmen vorgenommen, wie:
- Organoperationen jeder Art (große Chirurgie);
- Einbringen von Herzkathetern (Ausnahme Schwemmkatheter);
- chirurgisches Einbringen von Geräteteilen;
- Erhalten der Lebensfunktionen mit elektromedizinischen Geräten;
- Eingriffe am offenen Herzen;
- Operationen jeder Art.

9.1.3 Stromversorgung von Räumen der Anwendungsgruppe 2

Es muß heute vorausgesetzt werden, daß in allen Operationsräumen IT-Systeme eingebaut sind [9.3]. Geht man davon aus, daß mindestens alle fünf Jahre die elektrischen Anlagen von anerkannten Sachverständigen geprüft werden, so müssen Mängel festgestellt und zwischenzeitlich behoben worden sein. Einen Operationsraum heute zum Beispiel in klassischer Nullung zu betreiben, ist nicht zu verantworten. Hierfür dürfte es auch keine vorübergehende Betriebserlaubnis der aufsichtsführenden Behörde geben.

Für jeden Raum oder jede Raumgruppe der Anwendungsgruppe 2 ist für Stromkreise, die der Versorgung elektromedizinischer Geräte für operative Eingriffe oder Maßnahmen dienen, die lebenswichtig sind, mindestens ein eigenes IT-System zu errichten.

In Räumen der Anwendungsgruppe 2 darf beim ersten Fehler keine Abschaltung, sondern nur eine Meldung erfolgen, weil Untersuchungen oder Behandlungen nicht ohne Gefahr für den Patienten unterbrochen werden können. Deshalb ist in diesen Räumen die Schutzmaßnahme „Meldung durch Isolationsüberwachung im IT-System" mindestens für folgende Stromkreise anzuwenden:
- Stromkreise mit zweipoligen Steckvorrichtungen mit Schutzkontakt, an die elektromedizinische Einrichtungen angeschlossen werden, die operativen Eingriffen oder Maßnahmen dienen, die lebensnotwendig sind.
- Stromkreise für Operationsleuchten und vergleichbare Leuchten, die mit Nennspannungen über 25 V Wechsel- oder 60 V Gleichspannung betrieben werden.

Für Steckdosenstromkreise in IT-Systemen der Anwendungsgruppe 2 wird empfohlen, alle Stromkreise mit zweipoligen Steckvorrichtungen mit Schutzkontakt aus dem IT-System zu versorgen. Die Steckdosen an jedem Patientenplatz sind auf mindestens zwei Stromkreise aufzuteilen. Jeder Stromkreis sollte nicht mehr als sechs Steckdosen enthalten. Diese Steckdosen des IT-Systems sind eindeutig zu kennzeichnen.

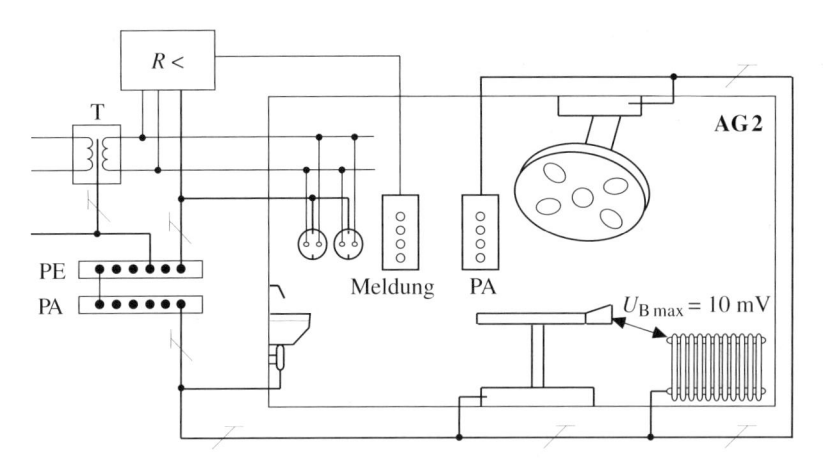

Bild 9.2 Raum der Anwendungsgruppe 2

9.1.3.1 Zusätzlicher Potentialausgleich in Anwendungsgruppe 2

Zum Ausgleich von Potentialunterschieden in Räumen der Anwendungsgruppen 1 und 2 ist zwischen den Körpern der elektrischen Betriebsmittel und fest eingebauten fremden leitfähigen Teilen ein zusätzlicher Potentialausgleich zu errichten. In Räumen, in denen intrakardiale Eingriffe vorgenommen werden, sind zusätzliche Maßnahmen erforderlich. In der Anwendungsgruppe 2 (**Bild 9.2**), wo Untersuchungen oder Behandlungen im Herzen oder am freigelegten Herzen vorgenommen werden, darf die Spannung im Bereich von 1,25 m um die zu erwartende Position des Patienten 10 mV nicht überschreiten. Die Auswahl und die Bemessung der Leiter wird nach DIN VDE 0540 vorgenommen und muß grüngelb gekennzeichnet werden. Für jeden Stromkreis ist ein eigener Schutzleiter notwendig.

9.1.4 Schutz durch Meldung im IT-System

Jedes IT-System für die Stromversorgung in Räumen der Anwendungsgruppe 2 ist mit einem Isolationsüberwachungsgerät nach DIN VDE 0413-2 auszurüsten, das folgenden zusätzlichen Festlegungen entsprechen muß:
- der Wechselstrom-Innenwiderstand muß mindestens 100 kΩ betragen;
- die Meßspannung darf nicht größer als 25 V Gleichspannung sein;
- der Meßstrom darf auch im Fehlerfall nicht größer als 1 mA sein;
- die Anzeige muß spätestens bei Absinken des Isolationswiderstands auf 50 kΩ erfolgen.

Für jedes IT-System ist an geeigneter, während des Betriebs von medizinisch zuständigem Personal ständig überwachbarer (oder sichtbar/hörbarer) Stelle eine Meldekombination anzuordnen, die folgende Einrichtungen enthält:
- eine grüne Meldeleuchte als Betriebsanzeige;
- eine gelbe Meldeleuchte, die bei Erreichen des eingestellten Isolationswiderstands aufleuchtet. Sie darf nicht löschbar und nicht abschaltbar sein;
- eine akustische Meldung, die bei Erreichen des eingestellten Isolationswiderstands ertönt. Sie darf löschbar, aber nicht abschaltbar sein;
- eine Prüftaste zur Funktionsprüfung, bei deren Betätigung ein Widerstand von 42 kΩ zwischen einen Außenleiter und den Schutzleiter geschaltet wird.

In der Anwendungsgruppe 2 ist für jeden Raum mindestens ein IT-System zu errichten, wenn die Stromkreise zur Versorgung elektromedizinischer Geräte für operative Eingriffe dienen, die lebenswichtig sind. Für die Dauer der Sicherheitsstromversorgung dürfen die IT-Systeme mehrerer Räume oder Raumgruppen zu einem gemeinsamen IT-System mit Isolationsüberwachung zusammengeschaltet werden, wenn dieses bei Ausfall der allgemeinen Stromversorgung aus einer zusätzlichen Stromversorgung versorgt wird.

[Anmerkung des Autors: In dieser Situation muß jedoch sowohl von der Planerals auch von der Nutzerseite beachtet werden, daß die entsprechenden Isolationsüberwachungsgeräte unkorrekte Werte anzeigen, da die Meßspannungen der Einzelgeräte parallel geschaltet werden.]

9.1.5 Transformatoren im IT-System

Zu beachten ist ebenfalls, daß die Transformatoren des IT-Systems außerhalb der medizinisch genutzten Räume ortsfest aufgestellt werden sollen. Die Transformatoren selbst müssen DIN VDE 0550-1 entsprechen und getrennte Wicklungen mit doppelter oder verstärkter Isolierung nach DIN VDE 0551-1:1989-09 haben. Die Nennspannung der Sekundärseite darf 230 V nicht übersteigen.
Die Kurzschlußspannung und der Leerlaufstrom dürfen 3 % nicht überschreiten. Die Transformatoren sind so auszuführen, daß der Einschaltstrom im Leerlauf nicht größer als der achtfache Nennstrom ist.
Neu ist auch die Forderung, daß Transformatoren eine Einrichtung haben müssen, die eine zu hohe Erwärmung melden. Die Meldung muß so erfolgen, daß sie auch vom medizinischen Personal wahrgenommen werden kann.
Mit Rücksicht auf Nutzung, Störeinflüsse und Ableitströme sollte:
- die Nennleistung der Transformatoren nicht kleiner als 3,15 kVA und nicht größer als 8 kVA sein,
- der Anschluß für die Isolationsüberwachungseinrichtung symmetrisch sein.

Neu ist ebenfalls, daß den IT-System-Transformatoren keine Überstrom-Schutzeinrichtungen mehr zugeordnet werden dürfen, die eine Abschaltung bewirken. Beim

Ansprechen einer solchen Einrichtung würden nämlich alle aus dem IT-System versorgten Geräte ausfallen.
Bei Körperschluß im Transformator darf keine Abschaltung erfolgen. Für den Schutz bei indirektem Berühren ist deshalb bei diesen Transformatoren die Schutzisolierung, der Schutz durch nicht leitende Räume, der erdfreie, örtliche Potentialausgleich oder der Schutz durch besondere Art der Aufstellung (isoliert und gegen Erde nicht berührbar) anzuwenden. Diese isolierten Arten der Aufstellung der Transformatoren haben sich in der Praxis als die übliche Art durchgesetzt.

9.1.6 Operationsleuchten im IT-System

Auch Operationsleuchten und ähnliche Leuchten müssen, wenn sie mit mehr als 25 V Wechselspannung und 60 V Gleichspannung betrieben werden, als IT-System mit Isolationsüberwachung ausgeführt werden. Wobei für die Überwachungsgeräte für Gleichspannung meist Geräte nach dem Unsymmetrieverfahren eingesetzt werden, da hier die schnelle Ansprechzeit gewünscht wird.

9.1.7 Versorgung für Geräte der Heimdialyse

Auch für die regelmäßige Versorgung von Geräten der Heimdialyse wird als Alternative zu einer festen Installation eine Anschluß-Einrichtung zwischen Steckdose und Hausinstallation vorgeschlagen. Diese Einrichtung kann mit einem Transformator nach DIN VDE 0551-1 und einer Isolationsüberwachungseinrichtung ausgeführt werden. Hier macht man sich den Vorteil zunutze, daß beim ersten Fehler keine Abschaltung erfolgt. Auf die Meldeanzeige muß jedoch der deutliche Hinweis folgen, daß beim Ansprechen der Meldung die Dialyse beendet werden darf, aber eine erneute Dialyse erst nach Beseitigung des Fehlers zulässig ist.

9.1.8 Prüfungen der Komponenten des IT-Systems

9.1.8.1 Erstprüfung
Die Erstprüfungen sind vor Inbetriebnahme sowie nach Änderungen der Instandsetzung vor der Wiederinbetriebnahme durchzuführen.
- Prüfungen entsprechend der Festlegungen der Norm DIN VDE 0100-600,
- Funktionsprüfung der Isolationsüberwachungseinrichtung der IT-Systeme und der Meldekombinationen.

9.1.8.2 Wiederkehrende Prüfungen
Auch die elektrischen Anlagen im Krankenhaus sind nach DIN VDE 0105-1 wiederkehrend zu prüfen.

Für das IT-System mit Isolationsüberwachung gilt:
a) Die Isolationsüberwachungseinrichtung ist mindestens alle sechs Monate durch Betätigen der Prüfeinrichtung durch eine Elektrofachkraft oder eine elektrotechnisch unterwiesene Person durchzuführen;
b) Messung des Isolationswiderstands von Stromkreisen der Operationsleuchten, die mit Funktionskleinspannung ohne Isolationsüberwachungseinrichtung betrieben werden, mindestens alle sechs Monate durch eine Elektrofachkraft.

Die wiederkehrende Prüfung nach b) kann somit entfallen, wenn die Operationsleuchte mit einer Isolationsüberwachungseinrichtung versehen ist und eine Meldekombination an einer von medizinischem Personal ständig überwachten Stelle vorhanden ist.

9.1.9 Informationen zum Beiblatt 2 zur DIN VDE 0107/09.93

Im September 1993 wurde das Beiblatt 2 zur DIN VDE 0107 veröffentlicht. Dieses Beiblatt wurde vom K 227 „Elektrische Anlagen in medizinischen Einrichtungen" der Deutschen Elektrotechnischen Kommission nach DIN und VDE (DKE) ausgearbeitet und enthält Informationen, Erläuterungen und Beispiele zur geltenden Norm DIN VDE 0107:1989-11. Weiter sind die im Entwurf DIN VDE 0107 A2: 1992-11 zur DIN VDE 0107 enthaltenen Überarbeitungen bzw. Ergänzungen zur Norm berücksichtigt.

Bezüglich des IT-Systems wurden die folgenden Ergänzungen und Kommentierungen vorgenommen:

Zusätzlicher Abschnitt 3.3.3.10 (Versorgung lebenswichtiger Einrichtungen):
Für die selbsttätige Umschalteinrichtung nach den Abschnitten 3.3.3.1 und 3.3.3.9 gelten die nachfolgenden Anforderungen unter zusätzlicher Beachtung des Abschnitts 5.9:
- zur Spannungsüberwachung ist eine eigenständige allpolige Überwachungseinrichtung erforderlich;
- die Schaltgeräte der Umschalteinrichtung sind für die Nenndaten der IT-System-Transformatoren anzulegen. Bei Schützen nach DIN VDE 0660-102 ist für das Nennschaltvermögen die Gebrauchskategorie AC 3 und für den Kurzschlußschutz die Anforderung „verschweißfrei" zugrunde zu legen. Halbleiterschütze entsprechend DIN VDE 0660-109 sind nicht zulässig;
- die Schaltgeräte in den beiden Zuleitungen müssen sicher gegeneinander verriegelt werden;
- die Rückschaltung auf die bevorzugte Zuleitung bei Spannungswiederkehr muß zeitverzögert erfolgen;

- die Umschaltung ist optisch und akustisch zu melden. Die Meldung muß so erfolgen, daß sie vom medizinischen Personal des betroffenen Bereichs wahrgenomen werden kann.

Anmerkung:
Es wird empfohlen, die Meldung auch beim zuständigen technischen Personal anzuzeigen:
- die Betriebsbereitschaft der zweiten Zuleitung ist zu überwachen;
- zur Funktionsprüfung der Umschalteinrichtung ist im Verteiler ein Prüftaster vorzusehen, er ist dem Zugriff unbefugter Personen zu entziehen.

Abschnitt 3.3.3.5 (Zuordnung der IT-System-Transformatoren) wurde ebenfalls ergänzt und kommentiert.
Die Anforderungen an die Zuordnung von IT-System-Transformatoren an die zu versorgenden Verbrauchernetze wurden im Entwurf DIN VDE 0107 A2:1992-11 geändert. Danach gilt:
Zur Bildung der IT-Systeme sind vorzugsweise Einphasen-Transformatoren vorzusehen.
Ist auch die Versorgung von Drehstromverbrauchern über ein System erforderlich, so sollte hierfür ein getrennter Drehstrom-Trenntransformator vorgesehen werden.
Wird ein Drehstrom-Transformator auch für die Versorgung von Einphasenverbrauchern eingesetzt, so muß durch seine Bauart oder Schaltungsart sichergestellt sein, daß auch bei Schieflast und denkbarem Fehler auf der Primärseite keine Spannungsverschiebung auf der Verbraucherseite auftreten.

Anmerkung:
Die Nennleistung der Transformatoren sollte nicht kleiner als 3,15 kVA und nicht größer als 8 kVA sein.
Die Transformatoren sind außerhalb medizinisch genutzter Räume ortsfest aufzustellen.
Drehstrom-Transformatoren, die die geforderten Anforderungen erfüllen, können sein: Ringkern-Transformatoren und Transformatoren mit Stern/Stern-Schaltung.

Abschnitt 3.3.3.6 (IT-System-Transformatoren) wurde neu festgelegt:
Es sind Trenntransformatoren nach DIN VDE 0551-1 mit doppelter oder verstärkter Isolierung zu verwenden. Für den Isolationswiderstand und die Spannungsfestigkeit der Trenntransformatoren gelten die Anforderungen der Tabelle V von DIN VDE 0551-1:1989-09 für Transformatoren mit verstärkter Isolierung und der Ausführung Schutzklasse II.

Anmerkung:
Mit Rücksicht auf Störeinflüsse und Ableitströme sollte der Anschluß für die Isolationsüberwachungseinrichtung symmetrisch sein.

Zusätzlich gilt für die Transformatoren:
- die Nennspannung der Sekundärseite darf 230 V, bei Drehstrom-Transformatoren auch zwischen den Außenleitern, nicht überschreiten;
- die Kurzschlußspannung u_Z und der Leerlaufstrom I_0 dürfen 3 % nicht überschreiten;
- der Einschaltstrom im Leerlauf I_E darf das achtfache des Nennstroms nicht überschreiten.

Abschnitt 3.3.3.7 wurde klarer gefaßt und lautet nun:
„Für IT-System-Transformatoren, ihre primärseitige Zuleitung und sekundärseitige Ableitung sind Überstrom-Schutzeinrichtungen nur zum Schutz bei Kurzschluß zulässig. Für den Schutz des Transformators gegen Überlast sind Überwachungseinrichtungen vorzusehen, die eine zu hohe Erwärmung, z. B. infolge zu hoher Last, akustisch (löschbar) und optisch melden.
Die Meldung muß so erfolgen, daß sie während der medizinischen Nutzung an einer ständig besetzten Stelle wahrgenommen werden kann."
Anmerkung:
Es wird empfohlen, die Meldung auch beim zuständigen Personal anzuzeigen.
Ein durch selbsttätiges Abschalten wirkender Überlastschutz des Transformatorstromkreises ist nicht zulässig. Für zu erwartende Überlast ist entsprechende Reserve durch Dimensionierung vorzusehen.
Eine Stromüberwachung sollte vorgesehen werden, weil über diese eine schnelle Anzeige bei Überlast erfolgt und bei Lastrücknahme (Verbraucherabschaltung) diese ebenfalls schnell reagiert.
Die Kombination von Strom- und Temperaturüberwachung als Überlastüberwachung wird als beste Lösung angesehen.
Anzeige auch beim technischen Personal ist empfehlenswert!
In Anlagen, die nach früher geltenden Normen errichtet wurden, können Überlast-Schutzeinrichtungen auf der sekundären Seite des IT-System-Transformators eingebaut sein. Bei Überlast aus der Summe der angeschlossenen Stromkreise besteht die Gefahr, daß das gesamte IT-System ausfällt. Eine Prüfung wird empfohlen!

Isolationsüberwachung
Die in den Abschnitten 4.3.5.1 und 4.3.5.2 (Isolationsüberwachung in AG-2-Räumen) aufgeführten Anforderungen an das Isolationsüberwachungsgerät gelten zusätzlich zu denen in DIN VDE 0413-2:1973-01 aufgeführten Errichtungsbestimmungen.

[Anmerkung des Autors:
Das vorliegende Beiblatt 2 zur DIN VDE 0107:1989-11 ist in seiner Gesamtheit dem Planer, Betreiber oder Errichter von elektrischen Anlagen im Krankenhaus zu

empfehlen. Ausführlichere Informationen der genannten Norm würde den Rahmen dieses Werks sprengen. Weitere Erläuterungen zu DIN VDE 0107 sind in Band 17 der VDE-Schriftenreihe zu finden [9.4].]

9.1.10 IT-System nach DIN VDE 0107:1994-10

Aufgrund von vielen Hinweisen aus der Fachwelt und durch die in der Praxis gemachten Erfahrungen ist nun die neue DIN VDE 0107:1994-10 erstellt worden. Der Titel wurde unverändert übernommen: „Starkstromanlagen in Krankenhäusern und medizinisch genutzten Räumen außerhalb von Krankenhäusern". Diese Norm gilt seit 1. Oktober 1994.
Am 1. Oktober 1994 in Planung oder im Bau befindliche Anlagen dürfen noch in einer Übergangsfrist bis zum 30. September 1995 nach DIN VDE 0107:1989-11 errichtet werden.
Gegenüber DIN VDE 0107:1989-11 und Beiblatt 2 zu DIN VDE 0107:1993-9 wurden folgende Änderungen vorgenommen:
- Anforderungen und Verwendung der selbständigen Umschalteinrichtungen für die redundanten Einspeisungen,
- Auswahl und Verwendung der Trenntransformatoren zur Bildung der IT-Systeme (-Netze),
- Festlegung der Leistung der Sicherheitsstromquelle,
- Netzaufbau der Sicherheitsstromversorgung,
- Erweiterung des Bereichs um die Patientenposition, in dem der zusätzliche Potentialausgleich durchzuführen ist,
- Verweis auf DIN 6280 Teil 13, zusätzliche Anforderungen an Stromerzeugungsaggregate,
- Angleichung an internationale Festlegungen.

Die Sachaussagen zum IT-System und der Isolationsüberwachung wurden im wesentlichen unverändert übernommen. Zur weiteren Information ist es unbedingt erforderlich, die neueste VDE-Bestimmung zu Rate zu ziehen. Neben dem Bestimmungstext sind dort zusätzliche Erläuterungen zu einzelnen Abschnitten zu finden.

9.1.11 Allgemeines

In den Räumen der Anwendungsklasse 2 wird das IT-System mit zusätzlichem Potentialausgleich und Isolationsüberwachung (**Bild 9.3**) angewandt. Damit sind die Forderungen nach ungestörter Weiterarbeit nach dem ersten Fehler eines Geräts und einer höchsten Berührungsspannung von 10 mV technisch zu erfüllen. Die Netzeinspeisung erfolgt dann nicht über das Stadtnetz, sondern über einen Isoliertransformator mit getrennten Wicklungen. Die Sekundärspannung darf 230 V nicht überschrei-

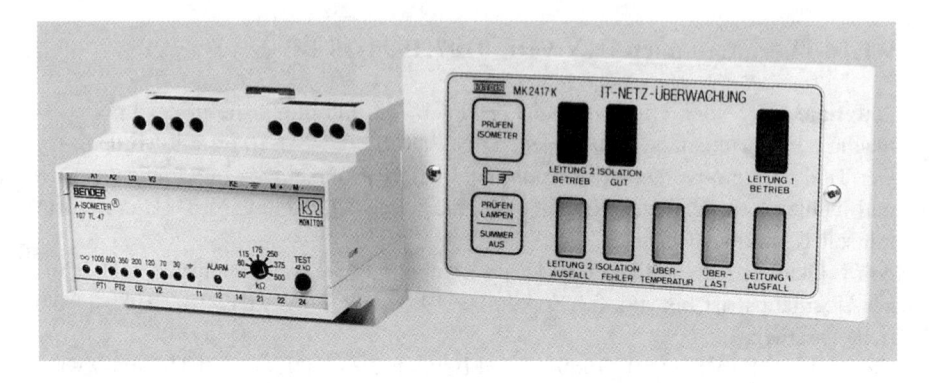

Bild 9.3 Isolationsüberwachungsgerät 107 TL47 und Melde- und Prüfkombination MK 2417 K
[Werkbild Fa. Bender, Grünberg]

ten, und kein Punkt der Wicklung darf betriebsmäßig geerdet sein. Zusammenfassend bleibt festzuhalten, daß elektrische Unfälle in medizinisch genutzten Räumen häufig auf falsche Anwendung, nicht sachgemäßen Gebrauch und menschliches Versagen zurückzuführen sind. Die Ursachen hierfür sind meist nicht in Mängeln der elektrischen Anlagen oder in der Konstruktion der elektromedizinischen Geräte zu suchen.

9.2 Ungeerdete Stromversorgungsnetze in Krankenhäusern und medizinisch genutzten Räumen in den USA

Die Anwendung ungeerdeter Stromversorgungsnetze wurde von den Betreibern medizinischer Einrichtungen in den USA als notwendig anerkannt, um ein hohes Sicherheitsniveau für den Patienten und das Personal zu erreichen. Eine kurze geschichtliche Zusammenfassung gibt einen Überblick über die Entstehung des ungeerdeten Stromversorgungsnetzes und seinen gegenwärtigen Status, klassifiziert nach der Sicherheit von Personal und Patienten in medizinischen Einrichtungen. Der Begriff Ableitstrom wird erklärt, und verschiedene Gefährdungen durch elektrische Ströme werden untersucht. Es ist gilt zweifellos als bewiesen, daß das ungeerdete Stromversorgungsnetz ein bedeutender Bestandteil für die Gewährleistung einer sicheren Patientenumgebung ist.

9.2.1 Geschichtlicher Hintergrund

Die zunehmende Anzahl von Bränden und Explosionen in Operationsräumen in den USA während der zwanziger und der frühen dreißiger Jahre schreckten die Fachwelt auf. Man erkannte, daß 75 % der gemeldeten Unfälle in zwei Kategorien aufgeteilt werden können: Unfälle durch menschliche Fehler und statische Elektrizität. Obwohl man 1939 begonnen hatte, alle Bedingungen zu untersuchen, um einen Sicherheitsstandard zu schaffen, wurden die ersten Ergebnisse dieser Untersuchungen durch den Beginn des Zweiten Weltkriegs bis 1944 verzögert. Zu diesem Zeitpunkt wurde die Vorschrift „Safe Practices in Hospital Operating Rooms" von der NFPA (National Fire Protection Association) veröffentlicht. Jedoch bis 1947 wurden diese ersten Empfehlungen bei der Errichtung neuer Krankenhäuser nicht generell berücksichtigt. Es zeigte sich schnell, daß diese ersten Empfehlungen nicht ausreichend waren, um entsprechende Richtlinien für die Errichtung von Räumen zu schaffen, in denen entzündbare Anästhesiegase verwendet werden. Von der NFPA wurde ein Komitee ernannt, um die Bestimmungen, die 1944 veröffentlicht wurden, zu überarbeiten und eine neue Norm zu erstellen. Diese wurde 1949 übernommen und als NFPA Nr. 56 veröffentlicht. Sie diente als Grundlage für die jetzigen Vorschriften [9.5].

Der National Electrical Code von 1959 spezifizierte die Anwendung von ungeerdeten Stromversorgungsnetzen in allen Räumen, in denen entflammbare Gase benutzt werden. Im selben Jahr wurden auch die NFPA-Vorschriften in den National Electrical Code aufgenommen.

Die steigende Anwendung elektronischer Diagnose- und Behandlungsgeräte und die Erkenntnis, daß diese Geräte in bestimmten Krankenhausbereichen eine erhöhte Gefahr mit sich bringen, führten dazu, daß in vielen Bereichen des Krankenhauses seit 1971 das ungeerdete Stromversorgungsnetz eingeführt wurde. Erstmals offiziell anerkannt wurden diese Gefahren in dem NFPA-Bulletin Nr. 76BM, das 1971 veröffentlicht wurde.

Ende 1980 gab es 12 Dokumente mit einer Vielzahl von Themen, elf davon waren direkt auf die Risiken von Explosionen und Bränden in medizinischen Einrichtungen bezogen. Zu diesen Dokumenten gehörten:
- NFPA 56A   Standard on the Use of Inhalation Anesthetics
- NFPA 56D   Standard on Hyperbaric Facilities
- NFPA 56G   Standard on Inhalation Anesthetics in Ambulatory Care Facilities
- NFPA 76A   Standard on Essential Electrical Systems for Health Care facilities
- NFPA 76B   Standard on Safe Use of Electricity in Patient Care Areas of Health Care Facilities

Im Januar 1982 stellte das Komitee jeweils die neuesten Ausgaben der 12 Dokumente zusammen. Die Zusammenstellung bekam die Bezeichnung NFPA 99 „Health Care Facilities Code" und wurde 1984 erstmalig veröffentlicht. Das ungeerdete Stromversorgungssystem und die Überwachung von Ableitströmen werden ausführlich in Abschnitt 3 des Codes beschrieben. Ungeerdete Stromversorgungsnetze werden jetzt häufig eigens für den Zweck des Schutzes gegen elektrischen Schlag verwendet, wie z. B. für ICU (Intensivstationen), CCU (Räume für Behandlung am Herzen), Notfallbehandlungsräume, bei speziellen Verfahren, kardiovaskulären Laboreinrichtungen, Dialyse-Räumen und Naßräumen usw.

9.2.2 Gegenwärtige NFPA-Anforderungen für ungeerdete Stromversorgungsnetze

Die Vorschrift NFPA 99-1990 „Health Care Facilities" ist mit einer Reihe von Anmerkungen zum ungeerdeten Stromversorgungsnetz versehen. Ein großer Teil davon ist nachfolgend zusammengefaßt wiedergegeben. Als man sich in den vierziger Jahren erstmals mit dem Problem der Explosionen in OP-Räumen befaßte, war das ungeerdete Stromversorgungsnetz eine der Techniken, die man anwendete, um das Auftreten von Funken zu vermeiden. (In der Umgebung von entflammbaren Gasen reicht ein Funken aus, um eine Explosion zu verursachen.) Obwohl sich der Gebrauch von entflammbaren Anästhesielösungen deutlich verringert hat, bedeutet das nicht, daß entflammbare Lösungen (z. B. Alkohol, Desinfektionslösungen, Knochenzement) gänzlich aus den Anästhesieräumen verschwunden sind. Diese entflammbaren Lösungen – zusammen mit der entflammbaren Atmosphäre in den Operationsräumen – und der Gebrauch von oxidierenden Stoffen (z. B. Sauerstoff und Lachgas) wurden bis dahin vom Komitee nicht berücksichtigt. Hinzu kommt, daß durch den beinahe universellen Gebrauch von HF-Chirurgie-Geräten, die Funken und Flammen verursachen können, immer noch ein Grund zur Besorgnis besteht. Mitte der siebziger Jahre stellten einige Mitglieder des Komitees für Anästhesiemittel die Anwendung ungeerdeter Stromversorgungsnetze in Anästhesieräumen mit nicht entflammbaren Stoffen in Frage. Andere Mitglieder jedoch wiesen auf verschiedene Möglichkeiten hin, die zu einer ernsthaften Gefahr des elektrischen Schlags für das Personal führen könnten, wie z. B. häufiges Verschütten biologischer oder anderer Flüssigkeiten, der zunehmende Einsatz elektrischer Geräte im Operationsraum und verschiedene Möglichkeiten einer Erdverbindung durch das Personal. Im Februar 1980 wurden vom Komitee vier Bedingungen für die Anästhesiebereiche vorgelegt, unter denen nach Meinung des Komitees gefährliche Situationen auftreten können, die die Installation eines ungeerdeten Netzes rechtfertigen:

- Die Möglichkeit, daß Feuchtigkeit entsteht, einschließlich stehender Flüssigkeiten auf dem Fußboden.

- Wo die Möglichkeit existiert, daß drei oder mehr elektrische Geräte mit dem Patienten verbunden sind.
- Wo Verfahren angewendet werden, die nicht unterbrochen werden dürfen.
- Wo entflammbare Anästhesiemittel werden werden.

Weitere Versuche, die verbindlichen Anforderungen für ein ungeerdetes Stromversorgungsnetz für Räume mit nichtentflammbaren Stoffen zu streichen, scheiterten an der Zwei-Drittel-Mehrheit des Komitees. Eingaben an das Normen-Komitee (NFPA) führten zu der Empfehlung, daß in der Vorschrift NFPA99-1984 eine Fußnote eingefügt werden sollte, die nachdrücklich die Installation eines ungeerdeten Stromversorgungsnetzes empfiehlt, da alle angehörten Mitglieder der Meinung zustimmten, daß mit diesen Systemen ein zusätzliches Sicherheitsniveau für den Patienten und das Personal gewährleistet werden kann. Das Entscheidungsgremium der NFPA lehnte ein Gesuch des Komitees für Anästhesiemittel ab, die Entscheidung des Normen-Komitees aufzuheben, und hielt auch den Kompromiß-Vorschlag des Normen-Komitees, die oben erwähnte Fußnote [9.6] einzufügen, für unangebracht.

Die NFPA 99-1984 verlangte ein zusätzliches Sicherheitsniveau in Naßräumen, was entweder durch einen FI-Schutzschalter oder durch ein ungeerdetes Stromversorgungsnetz erreicht werden kann (je nachdem, ob eine Stromunterbrechung toleriert werden kann).

Als für alle Anästhesieräume ein ungeerdetes Stromversorgungsnetz verlangt wurde, war die Frage, welche Anästhesieräume man als Naßräume bezeichnet, noch nicht in Betracht gezogen worden. Mit der Änderung im Jahr 1984 wurde es jedoch notwendig, die Vorgänge zu definieren, die in den jeweiligen OP-Räumen stattfinden (da die Definition „Naßräume" für viele Räume zutrifft). Außerdem wurde es notwendig anzugeben, welcher Schutz gegen elektrischen Schlag in den jeweiligen OP-Räumen vorgesehen ist, in denen möglicherweise Behandlungen durchgeführt werden, bei denen Feuchtigkeit auftritt.

Nach der Vorschrift NFPA99-1987 lag die Verantwortung bei dem jeweiligen Krankenhaus-Betreiber selbst, welche Anästhesieräume als „Naßräume" zu definieren sind. Nach NFPA99-1990 ist ein „Naßraum" folgendermaßen definiert: „In Räumen zur Patientenbehandlung, in denen Feuchtigkeit auftreten kann." Dies schließt folgende Umstände ein: Flüssigkeiten auf dem Fußboden oder ein durchnäßter Arbeitsbereich, welche die Voraussetzungen für einen direkten Kontakt mit dem Patienten oder dem Personal bieten. Bei Routine-Reinigungsarbeiten und unabsichtlichem Verschütten von Flüssigkeiten werden die Räume nicht als „Naßräume" definiert.

Die Anforderungen an eine Stromversorgung in Räumen, in denen Patienten behandelt werden und die als „Naßräume" definiert sind, lauten: „Patientenbehandlungsräume, die als Naßräume bezeichnet werden, müssen mit einem besonderen Schutzsystem gegen elektrischen Schlag versehen sein, da der Körperwiderstand durch Feuchtigkeit herabgesetzt sein kann und mit einem Versagen der elektrischen Isolation gerechnet werden muß. Diese besondere Schutzmaßnahme sollte durch ein Stromversorgungssystem gewährleistet werden, das einen möglichen Fehlerstrom bei einem ersten Fehler niedrig hält und die Stromversorgung nicht unterbricht oder durch ein Stromversorgungssystem, das die Stromversorgung unterbricht, sobald der Erdschlußstrom 6 mA überschreitet."

9.2.3 Elektrisch sichere Umgebung des Patienten

Gefährdungsströme, die in der besonderen Umwelt eines Krankenhauses auftreten können, lassen sich in zwei Kategorien einteilen:
- Die erste Kategorie und leichter durchschaubare Art des Gefährdungsstroms stellt nicht nur für den Patienten, sondern auch für das Personal eine Gefahr dar und wird durch das Versagen der Geräte und Zuleitungen verursacht, wobei Personen in direkten Kontakt mit spannungsführenden Leitern oder Teilen, die unter Spannung stehen, kommen können. Bei durchgescheuerten Netzkabeln, defekten Steckern, defekten Lampenfassungen und falsch angeschlossenen Steckdosen sind die Voraussetzungen für einen Kontakt zu spannungsführenden Teilen gegeben, der lebensgefährlich sein kann. Man ist sich dieser Gefahren im allgemeinen bewußt, und ein sorgfältiges Wartungsprogramm hilft, diese Gefahren unter Kontrolle zu bringen. Solch ein Wartungsprogramm erfordert, daß in einem gut ausgestatteten Krankenhaus ein Verfahren festgelegt ist, mit dem solche Gefahren sofort gemeldet und behoben werden.
- Die zweite Kategorie ist eine schwerer durchschaubare Gefahrenquelle, aber genauso tödlich wie der direkte Kontakt mit einem spannungsführenden Leiter, besonders für einen katheterisierten Patienten. Der Auslöser dieser subtilen Gefahrenquelle ist untrennbar mit dem häufig diskutierten, aber auch oftmals falsch verstandenen Ableitstrom verbunden. Im wesentlichen ist es Aufgabe der elektrischen Sicherheit zu verhüten, daß Ableitströme über den Patienten fließen können [9.7].

Es gibt zwei grundsätzliche Methoden, um die Sicherheit von Patienten zu verbessern:
- isoliertes Anwendungsteil in medizinischen Geräten (z. B. Überwachungssystemen) und
- Isolation der kompletten elektrischen Stromversorgung. Jedoch beginnt der erste Schritt für den Aufbau und die Installation eines elektrisch sicheren Patienten-Überwachungssystems mit einem geeigneten Potentialausgleichssystem.

9.2.3.1 Grundlegendes zum Ableitstrom

Die Bezeichnung Ableitstrom ist etwas unpassend, da der Name für dieses Phänomen suggeriert, daß dieser Ableitstrom gefährlich sei, obwohl er in jeder elektrischen Anlage existiert.

Der Gesamtwert des Ableitstroms setzt sich normalerweise aus einem kapazitiven und aus einem ohmschen Anteil zusammen. Die Kapazität zwischen zwei getrennten Leitern verursacht einen kapazitiven Ableitstrom. Wenn eine Wechselspannung zwischen den Leitern angelegt wird, fließt ein Strom. Bezogen auf elektrische Anlagen treten diese Ströme überwiegend auf durch kapazitive Kopplungen in Netz-Entstörfiltern und zwischen den primären Wicklungen, dem Kern und dem Gehäuse des Transformators sowie zwischen den Netzleitern und Erde.

Ableitkapazitäten existieren sowohl im geerdeten Netz (**Bild 9.4**) als auch im isolierten (ungeerdeten) Netz (wie in **Bild 9.5** dargestellt).

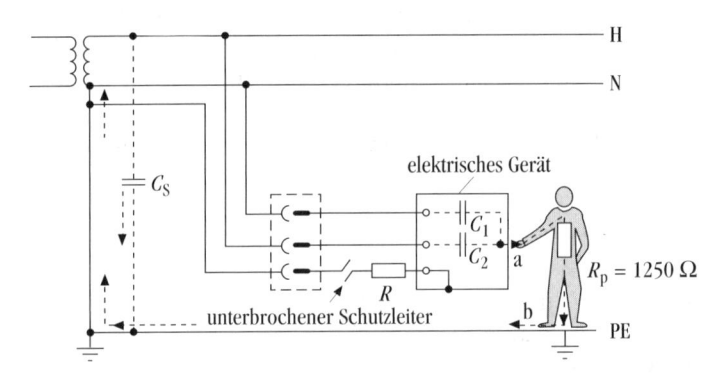

Bild 9.4 Ableitstrom im geerdeten Netz

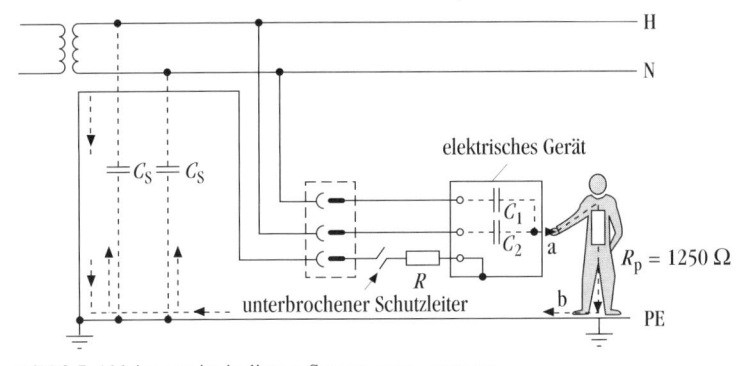

Bild 9.5 Ableitstrom im isolierten Stromversorgungsnetz

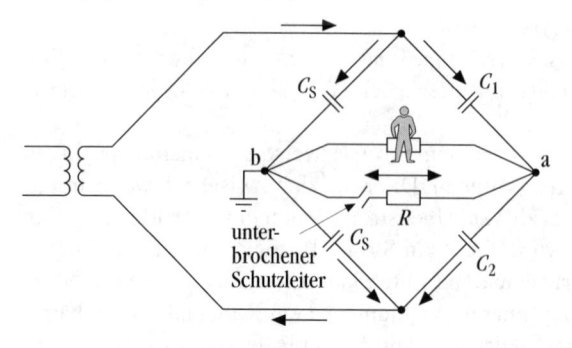

Bild 9.6 Physikalisches Modell zur Ableitstromanalyse im ungeerdeten Netz

Die Gesamtkapazität, ausschließlich Geräte und Anschlußleitungen, wird mit C_S bezeichnet. Die Kapazität des Geräts 1 gegen Erde wird mit C_1 und C_2 bezeichnet. Der Schutzleiterwiderstand wird mit „R" bezeichnet. Der Körperwiderstand ist R_p. Oft wird den medizinischen Geräten ein Netz-Entstörfilter hinzugefügt, das die Kapazität von C_1 und C_2 erhöht.

Eine Brückenschaltung dient als brauchbares Modell, um die verschiedenen Gefahrensituationen zu simulieren. Ein Modell für eine ungeerdete Stromversorgung zeigt **Bild 9.6**.

Bei vielen Gefahrensituationen ist es notwendig, den Strom zu berechnen, der durch den Brückenzweig zwischen „a" und „b" fließt. Dies ist auch der Pfad, durch den der Erdschlußstrom fließt. Der Strom ist gleich Null, wenn die Brücke abgeglichen ist. Bei einer unabgeglichenen Brücke hängt der Strom, der durch den Brückenzweig fließt, von dem Verhältnis C_S/C_1 ab.

An dem Beispiel „geerdetes Netz" (**Bild 9.7**) sehen wir, daß immer ein Strom durch „R" fließt, wenn der Schutzleiter nicht unterbrochen ist. Dies ist einer der Gründe,

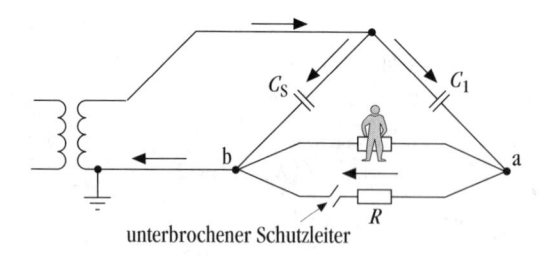

Bild 9.7 Physikalisches Modell zur Ableitstromanalyse im geerdeten Netz

weshalb das ungeerdete Netz im Vergleich zum geerdeten Netz ein zusätzliches Maß an Sicherheit bietet.
Der ohmsche Anteil des Ableitstroms entsteht ähnlich dem kapazitiven Anteil des Ableitstroms zwischen der primären Wicklung und dem Gehäuse des Geräts. Aber hier geht es um die Isolation der Leiter, die durch Feuchtigkeit, Schmutz usw. herabgesetzt sein kann. Europäische Vorschriften verlangen, daß der ohmsche Isolationswiderstand in einem ungeerdeten Stromversorgungsnetz überwacht werden muß. Bei Unterschreiten eines kritischen Werts wird ein Alarm ausgelöst.

9.2.3.2 Schutzleiterunterbrechung
Wie schon im letzten Abschnitt erwähnt, besteht der Ableitstrom aus einem kapazitiven und einem ohmschen Anteil. Ein dritter Leiter (Schutzleiter) führt den Ableitstrom des in Betrieb befindlichen Geräts, der für Personen gefährlich werden kann. Diese Ströme können sich auf der Makro- oder Mikroschock-Ebene bewegen. Bei unterbrochenem Schutzleiter können sie ansteigen und gefährliche Werte annehmen.
Verglichen mit dem geerdeten Netz verringert sich beim ungeerdeten Netz der Gefahrenstrom erheblich und bleibt in vielen Fällen in einem akzeptablen Bereich, auch wenn der Schutzleiter unterbrochen ist.

9.2.4 Ungeerdetes Stromversorgungsnetz

Die Anwendung des Trenntransformators für eine sichere Umgebung des Patienten basiert im wesentlichen auf dem Konzept der Eliminierung der Gefahren durch niedrige Spannungen im Gegensatz zu den Anwendungen „isoliertes Anwendungsteil" oder der Möglichkeit, den Patienten zu isolieren, welche einen Stromfluß durch den Patienten ausschließen. Obwohl die Methoden unterschiedlich sind, ergänzen sie sich. Mit der Kombination beider Methoden kann eine sichere Umgebung für den Patienten erzielt werden. Beide Methoden haben dasselbe Ziel: die Vermeidung von Strömen größer als 10 µA über intravenöse Elektroden durch den Herzmuskel.
Bei der Methode mit dem Trenntransformator geht man davon aus, daß das äußere Ende einer Elektrode oder eines Katheters absichtlich oder unabsichtlich geerdet werden könnte. Ist dies der Fall und der elektrische Widerstand zwischen den Katheteranschlüssen und der Hautoberfläche des Patienten ist kleiner als 500 Ω, wird es notwendig, die Potentialdifferenz zwischen den Katheteranschlüssen und einer anderen Oberfläche oder einem Instrument in der Umgebung des Patienten auf weniger als 5 mV zu begrenzen, wenn der Strom den Wert 10 µA nicht übersteigen soll. Die ungeerdete Stromversorgung, wie in **Bild 9.8** dargestellt, minimiert mögliche Fehlerströme.

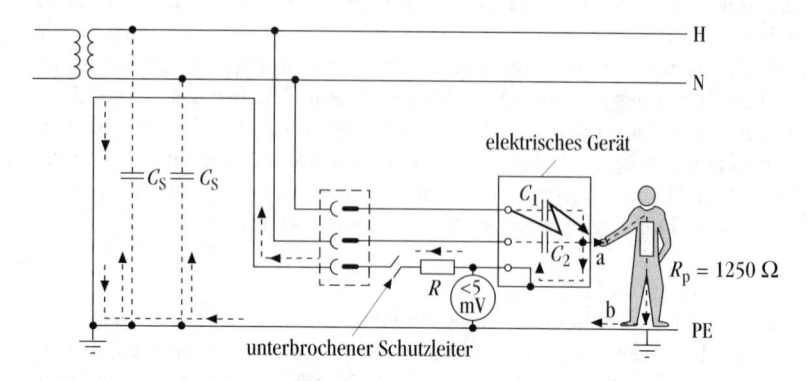

Bild 9.8 Ungeerdetes Stromversorgungsnetz

Die ungeerdete Stromversorgung stellt für das Personal im Operationsraum einen besonderen Schutz gegen elektrischen Schlag dar. Das Operationsteam und die gesamte leitfähige Ausstattung sind geerdet, um statische Aufladungen zu verhindern. Diese Maßnahmen (Erdung) haben aber einen unerwünschten Nebeneffekt. Sie erhöhen die Möglichkeit, daß ein spannungsführendes Kabel durch das Personal versehentlich berührt werden kann und somit die Gefahr eines elektrischen Schlags gegeben ist.

Durch die Anwendung der ungeerdeten Stromversorgung werden Ableitströme auf einem niedrigen mA-Wert gehalten; unbeabsichtigter Kontakt mit dem Netz kann zu einem schmerzhaften, aber nicht zu einem lebensgefährlichen elektrischen Schlag führen.

Es gibt noch einen weiteren wichtigen Punkt, dem man Beachtung schenken sollte. Im Falle eines Isolationsfehlers von L1 nach Erde ist die Stromversorgung nicht mehr ungeerdet. Wenn jetzt ein Fehler von L2 nach Erde auftritt, fließt ein Strom, der nur durch die Reihenschaltung der beiden Isolationsfehler und/oder den Leitungsschutzschalter des Transformators begrenzt ist. Deshalb ist es sehr wichtig, eine Meldung zu erhalten, sobald der erste Fehler auftritt, so daß sofort eine Maßnahme ergriffen werden kann, bevor der zweite Fehler auftritt, der schwerwiegende Folgen haben könnte.

In einem ungeerdeten Stromversorgungsnetz muß immer ein sogenannter Line Isolation Monitor (impedanzmessendes Isolationsüberwachungsgerät) eingebaut sein. Der LIM (Line Isolation Monitor) überwacht permanent die Impedanz der Netzleiter gegen Erde. Er wird in einem isolierten Stromversorgungssystem installiert, wie **Bild 9.9** zeigt.

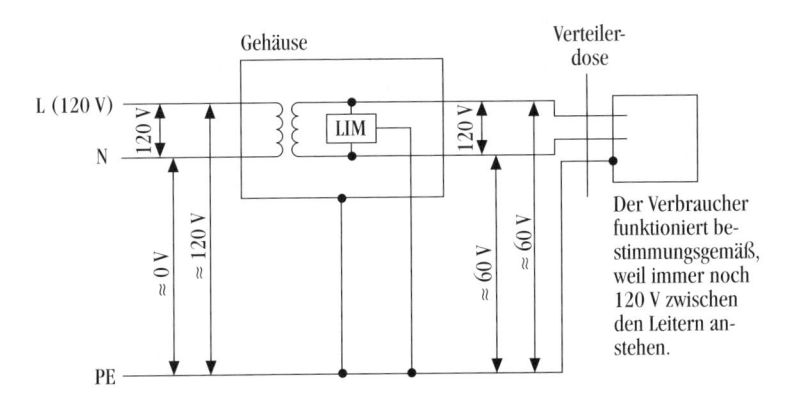

Bild 9.9 LIM in einem ungeerdeten Stromversorgungsnetz

Der Monitor ist so konzipiert, daß eine grüne Meldeleuchte, deutlich sichtbar für das Personal in den medizinisch genutzten Räumen, aufleuchtet, wenn das Netz eine ausreichend hohe Impedanz gegen Erde hat. Die rote Meldeleuchte leuchtet auf, und ein akustisches Alarmsignal ertönt, wenn der mögliche Fehlerstrom (bestehend aus dem ohmschen und kapazitiven Anteil) von einem ungeerdeten Stromversorgungsnetz den Grenzwert von 5,0 mA (2,0 mA in Kanada) erreicht.

Mit der Quittiertaste kann das akustische Signal gelöscht werden, während die rote Melde-LED weiterhin leuchtet. Ein deutlich sichtbares Signal zeigt an, daß der aku-

Bild 9.10 Line Isolation Monitor, Typ IZ 1490 [Werkbild Fa. Bender Inc., USA]

151

stische Alarm zurückgesetzt ist. Wenn der Fehler behoben ist und die grüne Meldeleuchte wieder aufleuchtet, wird der akustische Alarm automatisch zurückgesetzt. Ein LIM-Modell mit Analoganzeige zeigt **Bild 9.10**.

9.2.5 Potentialausgleich

Alle metallischen leitfähigen Teile im Bereich des Patienten oder einer Person, die den Patienten berühren, müssen auf demselben Potential liegen. Solch ein Erdungssystem bezeichnet man als Potentialausgleichsystem. Es verbindet alle metallischen Teile des Raums, die Schutzleiteranschlüsse der Steckdosen und die metallischen Teile der Einrichtungen mit einem gemeinsamen Erdungspunkt, der wiederum mit dem Krankenhauspotentialausgleich verbunden ist.

Das Potentialausgleichsystem bietet eine große Sicherheit gegen elektrischen Schlag für den Patienten und das Personal. Für die Gewährleistung der Sicherheit des Patienten im Falle eines Fehlers müssen bei diesem Erdungssystem alle Katheter und Elektroden, die an dem Patienten angewendet werden, ausschließlich über isolierte Anwendungsteile betrieben werden. In dem Krankenhaus muß dafür gesorgt werden, daß die Geräte, die im Bereich des Patienten angewendet bzw. mit dem Patienten verbunden werden, keine direkte Verbindung nach Erde haben. Weiterhin muß das Krankenhaus dafür Sorge tragen, daß die äußeren Enden von Kathetern und intravenös angewendeten Elektroden isoliert sind, so daß die unbeabsichtigte Berührung durch den Anwender nicht zu einem Erdschluß führen kann. Zusammenfassend heißt das, daß die Kombination von Geräten mit isolierten Anwendungsteilen, sorgfältige Routine-Geräteinspektionen, und die isolierte Stromversorgung gemeinsam notwendig sind, um eine sicherere Umgebung für den Patienten und das Personal zu schaffen.

9.3 Internationale Überlegungen für elektrische Sicherheit in medizinisch genutzten Räumen nach IEC-Richtlinie 62A

Den heutigen Patienten im Krankenhaus sicher vor den Gefährdungen durch den elektrischen Strom zu schützen, ist eine international diskutierte Aufgabe. Besonders durch die Vielzahl der benutzten elektrotechnischen Geräte müssen Maßnahmen getroffen werden, um Unfälle zu verhindern. Dies ist der Grundgedanke der IEC-Richtlinie 62A[*], die als IEC-Publikation 513 erstmalig 1976 veröffentlicht wurde.

---

[*] Technisches Komitee Nr. 62: Elektrische Gräte in medizinischer Anwendung
Unterkomitee 62A: Allgemeine Bestimmungen für elektrische Geräte in medizinischer Anwendung.

Dieses Dokument wurde von der IEC letztlich nicht veröffentlicht, enthält jedoch eine Summe nützlicher Hinweise. Unter anderem war dieses Dokument die Grundlage für die spanische Bestimmung UNE 20-615-85 aus dem Jahr 1985. Das Thema wird nun weiterbearbeitet vom TC 64 (Electrical Installations of Buildings), Working Group 26 (Electrical installations in hospitals and installations for medical use outside hospitals).

Neben zahlreichen Hinweisen über die allgemeine Installation enthält diese IEC-Richtlinie auch gezielt Bestimmungen für das IT-System.

Hierauf soll nun näher eingegangen werden.

Die angeführte Norm beruht auf folgenden Überlegungen:

- Der Patient könnte nicht in der Lage sein, auf Auswirkungen gefährdender Vorfälle normal zu reagieren (krank, bewußtlos, anästhesiert oder an einem Untersuchungs- oder Behandlungsgerät angeschlossen).
- Der elektrische Widerstand der Haut ist üblicherweise ein wichtiger Schutz gegen gefährdende elektrische Ströme. Dieser Schutz kann bei bestimmten medizinischen Untersuchungen oder Behandlungen überbrückt werden, z. B. wenn Katheter in den Körper des Patienten eingeführt werden oder wenn die Haut behandelt wird, um den Kontakt zwischen Mensch und Elektrode zu verbessern.
- Das Herz ist gegen elektrische Ströme empfindlicher als andere Teile des Körpers, da die natürliche elektrische Aktivität des Herzens beeinträchtigt wird, was zum Herzstillstand führen kann.
- Elektromedizinische Geräte können zum zeitweiligen oder dauernden Unterstützen oder Ersetzen lebenswichtiger Körperfunktionen benutzt werden. Das Versagen solcher Geräte oder der Zusammenbruch ihrer Stromversorgungen kann gefährliche Situationen verursachen.
- Einige Anästhesie-, Reinigungs- oder Desinfektionsmittel können mit Luft entflammbare Atmosphäre oder mit Sauerstoff und Stick-Oxidul (Lachgas) entzündliche Gemische bilden.
- Elektrische und magnetische Einstreuungen, z. B. vom Netz, können die Wiedergabe von Aktionspotentialen stören, z. B. beim EKG oder EEG.

Weiterhin enthält die IEC-Richtlinie 62 A, Abschnitt 3, wichtige Informationen zur „Sicherheit der Installation".

Nach dem internationalen Wörterbuch (IEV), Abschnitt 826, versteht man unter der Installation die Gesamtheit miteinander verbundener elektrischer Betriebsmittel innerhalb eines gegebenen Raums oder Orts, vorgesehen für die Stromversorgung elektrischer Geräte für medizinische Anwendung. Dabei können einige Teile der elektrischen Installation in der Umgebung des Patienten vorhanden sein, wo Spannungen vermieden werden müssen, die zu übermäßig hohen Strömen durch den Patienten führen könnten. Zu diesem Zweck bietet anscheinend eine Kombination aus Geräteerdung und Potentialausgleich in der Anlage die beste Lösung. Ein Nachteil

153

eines solchen Systems ist, daß im Falle eines Isolationsfehlers in Stromkreisen, die direkt an das Versorgungsnetz angeschlossen sind, der Fehlerstrom einen beträchtlichen Spannungsfall am Schutzleiter des betreffenden Stromkreises bewirken kann. Da die Verminderung einer solchen Spannung durch Vergrößerung der Querschnitte der Schutzleiter im allgemeinen nicht durchführbar ist, bestehen die verfügbaren Lösungen entweder in der Verminderung der Dauer der Erdfehlerströme durch besondere Vorrichtungen oder in der Verwendung einer Stromversorgung, die gegen Erde isoliert ist. Weitere Hinweise zu dieser isolierten Stromversorgung sind in der Provision P5 enthalten, auf die im folgenden näher eingegangen wird.

Die unterschiedlichen Maßnahmen der IEC-Richtlinie 62A sind in verschiedene Abschnitte eingeteilt:

Maßnahmen:
P0   Allgemeines
P1   Medizinisches TN-S-System
P2   Zusätzlicher Potentialausgleich
P3   Begrenzung von Berührungsspannungen in Räumen für direkte Anwendung am Herzen
P4   Fehlerstromschutzschalter
P5   Schutzleitungssystem (Medizinisches IT-System)

GE   Allgemeine Ersatzstromversorgung
Hier soll nun auf „Provision P5" näher eingegangen werden.
Es wird dort das Schutzleitungssystem als medizinisches IT-System beschrieben. Der grundsätzliche Aufbau des IT-Systems wurde bereits erläutert.
Vorzusehen ist die Schutzmaßnahme P5 in folgenden Räumen:
- Operationsraum,
- Operationsvorbereitungsraum,
- Operationsgipsraum,
- Operationsaufwachraum,
- Operationsraum in der Ambulanz,
- Herzkatheterisierungsraum,
- Intensivpflegeraum,
- Intensivuntersuchungsraum,
- Intensivüberwachungsraum,
- Angiographieuntersuchungsraum,
- Hämodialyseraum.

In P5 der IEC-Richtlinie 62A werden unter Punkt 9 einige Maßnahmen erläutert.

„Punkt 9: Schutzleitungssystem (Medizinisches IT-System)
Die Anwendung von Schutzleitungssystemen für die Versorgung medizinisch genutzter Räume, z. B. von Operationsräumen, kann aus verschiedenen Gründen ratsam sein:
- Ein Schutzleitungssystem erhöht die Versorgungssicherheit in Bereichen, in denen ein Ausfall der Versorgung eine Gefährdung für den Patienten oder Anwender hervorrufen kann.
- Ein Schutzleitungssystem verringert den Erdschlußstrom auf einen kleinen Wert und reduziert daher die Berührungsspannung des Schutzleiters, durch den der Erdschlußstrom fließt.
- Ein Schutzleitungssystem verringert Ableitströme von Geräten auf einen niedrigen Wert, wenn das Schutzleitungssystem annähernd symmetrisch zur Erde ist. Es ist notwendig, die Impedanz zur Erde des Schutzleitungssystems so hoch wie möglich zu halten. Dies kann erreicht werden durch:
- Begrenzung der physikalischen Abmessungen des medizinischen Trenntransformators;
- Begrenzung des Systems, das von diesem Transformator gespeist wird;
- Begrenzung der Anzahl der elektromedizinischen Geräte, die an ein solches System angeschlossen sind;
- hohe innere Impedanz zur Erde des Isolationsüberwachungsgeräts, das an einen solchen Stromkreis angeschlossen ist."

Ist die hauptsächliche Absicht für die Anwendung des Schutzleitungssystems die Erhöhung der Versorgungssicherheit, sollten Isolationsüberwachungsgeräte benutzt werden, die den ohmschen Widerstand messen und Unterschreitungen optisch und akustisch melden.
Ist die Begrenzung der Ableitströme von Geräten der Hauptzweck für die Anwendung des Schutzleitungssystems, sollten Impedanzüberwachungsgeräte benutzt werden.
Beide Alternativen der Isolationsüberwachung bietet die IEC-Richtlinie 62A an.
Isolationsüberwachungsgeräte, die nur den ohmschen Isolationsfehler messen, werden vorwiegend im europäischen Raum angewendet (siehe Kapitel 12 und Abschnitt 12.1.1).
Isolationsüberwachungsgeräte, welche die gesamte Ableitimpedanz des Netzes messen, werden vorwiegend in den USA, in Kanada und in Australien verwendet.

Weitere Zitate aus IEC-Richtlinie 62A:

Punkt 9.1:
Für jeden Raum oder jede Raumgruppe muß mindestens ein ortsfester und fest angeschlossener medizinischer Trenntransformator vorgesehen werden; Ausführung nach IEC-Richtlinie 601-1.

Punkt 9.2:
Ein medizinischer Trenntransformator muß gegen Kurzschluß und Überlast geschützt werden. Im Falle von Kurz- oder Erdschlüssen aus je einem Leiter des Schutzleitungssystems muß das fehlerhafte System durch die betreffende Überstrom-Schutzeinrichtung abgeschaltet werden. Können mehr als ein Gerät an dieselbe Wicklung des Transformators angeschlossen werden, sollen zumindest zwei getrennt geschützte Stromkreise aus Gründen der Versorgungssicherheit vorgesehen sein.

Punkt 9.3:
Die Überstrom-Schutzeinrichtung muß leicht erreichbar und gekennzeichnet sein sowie den geschützten Stromkreis bezeichnen.

Punkt 9.4:
Ein Isolationsüberwachungsgerät muß vorgesehen sein, um einen Fehler der Isolierung eines spannungsführenden Teils gegen Erde anzuzeigen.

Punkt 9.5:
Ortsfeste und angeschlossene Geräte mit einer Nennleistungsaufnahme von mehr als 5 kVA und alle Röntgeneinrichtungen mit einer Nennleistungsaufnahme von weniger als 5 kVA müssen mittels Maßnahme P4 (Fehlerstromschutzschalter) geschützt werden.
Elektrische Betriebsmittel, z. B. die allgemeine Raumbeleuchtung in einer Höhe von mehr als 2,5 m über dem Fußboden, dürfen direkt an das Netz angeschlossen werden.

Punkt 9.6:
Allgemeine Anforderungen an Isolationsüberwachungseinrichtungen.

Punkt 9.6.1:
Für jedes Schutzleitungssystem muß ein getrenntes Impedanz-Isolationsüberwachungsgerät oder ein Isolationsüberwachungsgerät für den ohmschen Widerstand vorgesehen werden. Es muß mit den Anforderungen der Abschnitte 9.6.2 bis 9.6.5 übereinstimmen.

Punkt 9.6.2:
Es darf nicht möglich sein, dieses Gerät durch einen Schalter außer Betrieb zu setzen. Wenn der Widerstand oder die Impedanz unter den Wert fällt, der in den Abschnitten 9.7 und 9.8 angegeben ist, muß dies optisch und akustisch angezeigt werden. Die Anordnung kann mit einem Abschalter nur für die akustische Meldung versehen sein.

Punkt 9.6.3:
Eine Prüftaste muß vorgesehen sein, um das Ansprechen des Geräts bei einem vorgegebenen Fehlerwiderstand prüfen zu können.

Punkt 9.6.4:
Die optische Anzeige des Isolationsüberwachungsgeräts muß im überwachten Raum oder in der Raumgruppe sichtbar sein.

Punkt 9.6.5:
Das Isolationsüberwachungsgerät sollte symmetrisch an den Sekundärstromkreis angeschlossen sein.

Punkt 9.7:
Isolationsüberwachungsgerät (ohmscher Widerstand)
Der Wechselstromwiderstand eines Isolationsüberwachungsgeräts (zur Messung des ohmschen Widerstands) muß mindestens 100 kΩ betragen. Die Meßspannung der Überwachungseinrichtung darf 25 V Gleichspannung nicht überschreiten, und der Meßstrom darf (im Falle eines direkten Erdschlusses eines Außenleiters gegen Erde) nicht größer als 1 mA sein. Ein Alarm muß ausgelöst werden, wenn der Widerstand zwischen dem überwachten isolierten Stromkreis und Erde kleiner oder gleich 50 kΩ ist, sollte aber nach Möglichkeit höher eingestellt sein.

Punkt 9.8:
Impedanz-Isolationsüberwachungsgerät

Punkt 9.8.1:
Das Impedanz-Isolationsüberwachungsgerät muß den Gesamtgefährdungsstrom in Höhe von 2 mA in der Mitte der Meßskala anzeigen.
Das Gerät muß bei Gefährdungsströmen, die 2 mA überschreiten, Alarm auslösen. Keinesfalls darf Alarm ausgelöst werden, bevor der Gefährdungsstrom im Fehlerfall 0,7 mA überschreitet.
Anmerkung: Die Werte von 2 mA bzw. 0,7 mA beruhen auf praktischen Erfahrungen mit 110/120-V-Netzversorgungen. Für eine 220/240-V-Netzversorgung kann es notwendig sein, diese Werte wegen der höheren Ableitströme der angeschlossenen Geräte auf 4 mA bzw. 1,4 mA zu erhöhen.

Punkt 9.8.2:
Bei Prüfung des Überwachungsgeräts auf Ansprechen im Fehlerfall darf die Impedanz zwischen dem isolierten System und der Erde nicht absinken.

Anmerkung: Das Deutsche Komitee K 227 stimmte dem IEC-Schriftstück 62A (Sec)55 am 18./19.5.1981 formell mit Schriftstück 227/23-81 zu. Hierbei war die gute Übereinstimmung mit DIN VDE 0107 maßgebend und daß wesentliche Einflüsse auf DIN VDE 0107 nicht zu erwarten sind.

Nach Meinung des Komitees K 227 wurde jedoch die Tatsache nicht ausreichend berücksichtigt, daß es sich bei dem IEC-Schriftstück nicht um eine „Bestimmung" handelt, die mit der Verbindlichkeit von DIN VDE 0107 vergleichbar ist. Die von IEC behandelten Maßnahmen sind im wesentlichen nur anzuwenden, wenn diese von nationalen Gremien vorgeschrieben werden. Daher wurde dieses Schriftstück abgelehnt, aber einer Veröffentlichung als IEC-Report wurde zugestimmt.

9.4 Elektrische Sicherheit in medizinisch genutzten Räumen nach Entwurf IEC 364 Part 7 Section 710 (Electrical installations in hospitals and locations for medical use outside hospitals)

Nachdem die Arbeiten an IEC 62A nicht weitergeführt wurden, wurde ein neuer Anlauf im TC 64 mit der Working Group 26 unternommen. Der Arbeitstitel dieser Arbeitsgruppe ist: Electrical installations in hospitals and locations for medical use outside hospitals. Diese Arbeitsgruppe mit Mitarbeitern aus Deutschland, England, Frankreich, Niederlande, Italien und Finnland erarbeiteten die Draft zur Publication 364: Electrical installations of buildings,
Part 7: Particular requirements for special installations or locations.
Section 710: Medical locations.
In Punkt 710.413.1.5 wird das IT system beschrieben:
Der Text wird hier aufgrund der geplanten internationalen Anwendung im englischen Originaltext wiedergegeben:
„Item 710.413.1.5 IT system
In medical location of Group 2, for circuits supplying electrical equipment, which is situated within 2.5 m above the floor and the distance to the patient, the IT system is to be equipped with an insulation monitoring device which shall meet the following additional requirements:

- the AC internal resistance shall be at least 100 kΩ;
- the test voltage shall not be greater than AC 25 V;
- the test current shall, even under fault conditions, not be greater than 1 mA;
- the indication shall take place at the latest when the insulation resistance has decreased to 50 kΩ;
- the test device shall be provided to test this facility;
- the indication shall take place, if the earth or wiring connection is lost.

Transformers for an IT system in medical locations of Group 2 shall be isolating transformers according to IEC 742.
For each IT system, an acoustic and/or visual alarm system incorporating the following components is to be arranged at a suitable place such that it can be permanently monitored (visual and/or audible signals):
- a green signal lamp to indicate normal operation;
- a yellow signal lamp which lights when the set minimum value insulation resistance is reached. It shall not be possible for this light to be cancelled and disconnected;
- an audible alarm which sounds when the set minimum value insulations resistance is reached. The signal may be silenced. The signal shall be cancelled only on removal the fault condition."

9.5 Weltweite Entwicklung ungeerdeter Netze in medizinisch genutzten Räumen

Die Anwendung ungeerdeter Stromversorgungsnetze in Krankenhäusern begann in den Jahren von 1920 bis 1930 in Amerika. Alarmierende Zahlen von Explosionen und Bränden in Operationsräumen, in denen entzündliche Anästhesiegase benutzt wurden, schreckten die Fachwelt auf. Betroffene Gremien starteten eine Reihe von Untersuchungen, um mögliche Gegenmaßnahmen zu erarbeiten. Im Jahr 1939 begann die NFPA (National Fire Protection Association) mit den Arbeiten zur Entwicklung einer Richtlinie über den sicheren Einsatz der Elektrotechnik im Krankenhaus. 1944 wurde die erste Vorschrift in den USA mit dem Titel „Safe Practice in Hospital Operating Rooms" veröffentlicht. Diese Veröffentlichung war ein Anfang, doch es war offensichtlich, daß für Operationsräume, in denen entzündliche Gase benutzt wurden, weitergehende Bestimmungen notwendig waren. Ein neues Komitee wurde eingerichtet, diese Bestimmungen zu überarbeiten. Diese neue Bestimmung, NFPA 56, wurde 1949 veröffentlicht und spezifizierte den Gebrauch von ungeerdeten Stromversorgungsnetzen in allen Räumen, in denen entzündliche Gase benutzt wurden. Diese Bestimmung war dann auch die Grundlage für NFPA 99, die heute noch gültige amerikanische Norm. Im Jahr 1959 wurde der NFPA-Standard in den National Electric Code (NEC) eingebunden. Zwischenzeitlich erfolgten weitere Änderungen, doch die Empfehlung für das ungeerdete Netz in allen Räumen, in denen Feuchtigkeit und entzündbare Gase auftreten können, ist bis heute aktuell [9.8]. Andere Länder stellten etwa zur gleichen Zeit Untersuchungen zu dem genannten Problem an. Etwa seit 1960 stellte sich für die Elektroinstallation eine neue Herausforderung. Neben den bekannten Problemen der Feuer- und Explosionsrisiken kam nun das Thema Mikroschock und unterbrechungsfreie Stromversorgung ins Gespräch. Besonders durch die zunehmende Anzahl an medizinisch-technischen Gerä-

ten bei der Diagnostik und Therapie wurde dieses Thema häufiger in der Fachwelt diskutiert.
Bereits im Jahr 1935 lagen Arbeiten vor, die den Effekt von Strömen auf den menschlichen Körper erläuterten. In der Vorschriftenarbeit verschiedener Länder für Elektroinstallation im Krankenhaus erkannte man nun die Vorteile des ungeerdeten Stromversorgungsnetzes. Die Vorteile in bezug auf die geringeren Körperströme im Erdschlußfall oder die höhere Zuverlässigkeit dieser Netzform wurden dabei unterschiedlich gewichtet.
Die Canadian Standard Association (CSA) veröffentlichte im Jahr 1963 den CSA-Standard Z 32 mit dem Titel „Code for Prevention of Explosion and Electric Shock in Hospital Operation Rooms". Auch in der späteren Ausgabe von 1970 spezifizierte diese Bestimmung die Installation des ungeerdeten Stromversorgungssystems für alle „Anesthetizing locations", unabhängig von der restlichen Hausinstallation.
Die erste deutsche Bestimmung für die Elektroinstallation im Krankenhaus wurde 1962 veröffentlicht. Für Operationsräume und Intensivstationen wurde von Beginn an das ungeerdete Netz mit entsprechender Isolationsüberwachungseinrichtung vorgesehen. An dieser in Deutschland bewährten Installationstechnik hat sich auch durch die spätere Bestimmung von DIN VDE 0107 von 1981 und 1989 nichts geändert.
Auch in Italien führte die AEI (Associazione Elettrotecnica ed Elettronica Italiana) im Jahr 1973 das ungeerdete Stromversorgungsnetz im Krankenhaus ein. Diese Bestimmung hatte den Titel: „Impianti elettrici in locali adibiti ad uso medico". Auch hier wurde die Überwachung des ungeerdeten Stromversorgungsnetzes in Operationsräumen gefordert. Die überarbeitete Ausgabe der genannten Bestimmung stammt aus dem Jahr 1988.
Als nächstes führten die Niederlande das ungeerdete Stromversorgungsnetz in medizinisch genutzte Räume ein. Die Bestimmung NEN 3134 „The Guide for Electrical Installation in Medically Used Rooms" wurde 1975 veröffentlicht. Diese Bestimmung stellte besondere Anforderungen an das ungeerdete Netz im Operationsbereich. Der Transformator sollte danach 1,6 kVA Leistung nicht übersteigen, und der Ableitstrom durfte nicht größer als 35 µA sein. Auch an das Überwachungsgerät wurden besondere Anforderungen gestellt. Es sind jedoch grundlegende Änderungen geplant.
1976 wurde dann in Australien der Code AS 3003 veröffentlicht mit dem Titel: „Rules for Electrical Wiring and Equipment in Electromedical Treatment Areas of Hospitals". Auch hier finden wir das ungeerdete Stromversorgungssystem mit entsprechender Überwachung der Gesamtimpedanz dieses Netzes. Auch der Einsatz des Fehlerstromschutzschalters und der Lastüberwachung der Transformatoren ist vorgesehen.
Im Jahr 1978 wurde in Spanien die UNE 20-615-78 veröffentlicht: „Systeme mit Isoliertransformatoren für medizinische Anwendung und die dazugehörigen Steuer-

und Schutzeinrichtungen". Diese Norm basiert auf den IEC-Dokumenten 62A(CO)8 und 62A(CO)32. Die Isolationsüberwachung sieht alternativ die Impedanzüberwachung oder die ohmsche Überwachung vor.
Aus Chile kennen wir die Norm NSEG 4. E. P. 79 (Stromversorgung für medizinisch genutzte Räume) aus dem Jahr 1979.

Land	Norm	isoliertes Netz (IT-System)		Isolationsüberwachung		Lastüberwachung		Transformatorentemperaturüberwachung		maximale Transformatorleistung	Transformatoren-Norm	Transformatoren-Ableitstrom
		ja	nein	ohmsch	Impedanz	ja	nein	ja	nein			
Australia	AS3003	X		X	X			X		*	AS3100	0,25 mA
Austria	ÖVE-EN7	X		X		X	X			8 kVA	ÖVE-M/EN60472	*
Belgien	TN 013	X		X	X	X		X		8 kVA	NEN 3615	500 pF 35 µA
Brasilien	NBR13.543	X		X	**)	X		X		***)	IEC 742	*)
Canada	CSA Z31.1	X		X		X		X		5 kVA	CSA C22.1	15 µA
Chile	N.SEG 4EP79	X		X		X		X		5 kVA	*	*
Finland	SFS 4372	X		X		X		X		*	IEC 601-1	0,5 mA
France	NF C15-211	X		X		X		X		7,5 kVA	NF C74-010	0,5 mA
Germany	DIN VDE 0107	X		X		X	X			8 kVA	DIN VDE 0551	*
Ireland	TC10	X		alt. x	alt. x	X		X		8 kVA	IEC 742	*
Italy	CEI 64-4	X		X		X		X		7,5 kVA	CEI 11-11	0,5 mA
Japan	JIS T 1022	X		X		X		X		7,5 kVA	JIS C0702	0,1/0,5 mA
Jugoslavia	JUS N.S.5.1-5	X		X		X		X		8 kVA	DIN VDE 0551	*
Netherlands	NEN 3134	X		X		X		X		1,6 kVA	NEN 3615	500 pF / 35 µA
Norway	NVE-1991-FEB	X		X		X		X		*	IEC 742	*
Spain	UNE20-615-80	X		alt. x	alt. x	X		X		6,3 kVA	UNE 20-339-78	0,5 mA
Switzerland	MED 4818	X		X		X		X		8 kVA	EN60742	*
Ungarn	MSZ 2040	X		X		X		X		4 kVA 6,3 kVA	MSZ 9229	*)
USA	NFPA 99	X		X		X		X		10 kVA	NFPA 99	50 µA

Tabelle 9.2 Internationale Anwendung des isolierten Stromversorgungssystems in Krankenhäusern
*)   keine Festlegungen
**)   obwohl die Norm das Isolationsüberwachungsgerät durch Impedanz definiert, wird nur vorgeschrieben, daß die Impedanz ohmsch sein muß
***) die Norm schreibt vor, daß der Transformator nach IEC 742 gebaut werden muß, aber gibt keine maximale Leistung an

Das nächste Land, welches das ungeerdete Stromversorgungssystem im Krankenhaus einführte, war Japan im Jahr 1982. Im Gegensatz zu den meisten europäischen Ländern führte Japan wie Amerika die Impedanzüberwachung des ungeerdeten Netzes ein.

In Frankreich wird der Einsatz des IT-Systems im Krankenhaus durch die Norm NFC 15-211 „Installations dans les locaux à usage médical" vom Juni 1987 beschrieben. Neben Sollbestimmungen in fast allen medizinisch genutzten Räumen wird das IT-System im OP-Bereich zwingend gefordert. Dieses Netz muß durch ein Isolationsüberwachungsgerät mit Mindestanforderungen überwacht werden.

Im Jahr 1988 wurde vom Electrotechnical Council of Irland die Vorschrift TC 10 veröffentlicht. Neben dem isolierten Netz wird in dieser Bestimmung besonderer Wert auf den Potentialausgleich gelegt. Ähnlich wie die australische Norm wird hier alternativ der Einsatz des Fehlerstromschutzschalters vorgesehen.

Die letzte Veröffentlichung von Installationsnormen für den medizinisch genutzten Bereich kommt aus der Schweiz. Die Med 4818/10.89 „Vorschriften für elektrische Installation in medizinisch genutzten Räumen" erläutert das ungeerdete Stromversorgungsnetz und die ohmsche Isolationsüberwachung recht deutlich.

Aufgrund des aufgezeigten weltweiten Trends, Installationsanweisungen für medizinisch genutzte Räume zu erstellen, begann auch die IEC damit, Regeln zu erarbeiten. Die ursprüngliche Ausarbeitung des IEC-Komitees 62A wurde zwischenzeitlich vom IEC-TC 64 WG 26 komplett überarbeitet und weitergeführt. Einen Überblick gibt **Tabelle 9.2**.

Dieser kurzen geschichtlichen Zusammenfassung der Vorschriftenarbeit vieler Länder für die Elektroinstallation im Krankenhaus ist zu entnehmen, daß die ursprüngliche Anwendung des ungeerdeten Netzes im Operationsbereich der Reduzierung von Explosionen und Feuer dienen sollte. Dieser Gefahr konnte man zwischenzeitlich weitgehend durch den Einsatz nicht explosionsgefährdender Anästhesiegase begegnen. Dagegen stieg die Anzahl medizinisch-technischer Geräte im Operationsraum drastisch an. Die Gefahr der Stromunterbrechung durch einzelne Erdschlüsse und Isolationsfehler stieg dadurch in gleichem Maße an. Die Vielzahl der nationalen Vorschriften belegt, daß die Fachwelt das ungeerdete Stromversorgungsnetz in Operationsräumen und Intensivstationen als das geeignete System zur Reduzierung von Risiken durch Körperströme und Explosionsgefahren ansieht. Die Möglichkeit des Weiterbetriebs im Erdschlußfall wird jedoch von der Fachwelt als bedeutender Sicherheitsaspekt gesehen.

Literatur

[9.1] Streu, K.B.: Elektrische Sicherheit im Krankenhaus. Hellige GmbH, Freiburg. Wissenschaftliche Abteilung, 1977
[9.2] Pointner, E.: Starkstromanlagen in Krankenhäusern und Arztpraxen. de Der Elektromeister & Deutsches Elektrohandwerk (1990) H. 8
[9.3] Sudkamp, N.: Die neue DIN VDE 0107. Krankenhaustechnik (Januar 1990)
[9.4] Becker, H.; Hoffmann, H.; Pointner, E.: Starkstromanlagen in Krankenhäusern. VDE-Schriftenreihe Bd. 17, Berlin · Offenbach: VDE-VERLAG, 1991
[9.5] Hospital Isolating Systems. Square D. Company, 3300 Medalist Drive, Oshkosh, Wisconsin 54901, Bulletin D-41/30M 6-76, p. 1
[9.6] Klein, B.: Health Care Facilities Handbook. National Fire Protection Association, Quincy, Massachusetts, USA, 1990, p. 29
[9.7] Hewlett-Packard Company: Medical Electronics Division, 175 Wyman Street, Waltham, Massachusetts, Application Note AN 718
[9.8] Hofheinz, W.: World-wide History of Isolated Power in Hospitals and Present Trends. Medical Electronics (June 1990), Pittsburgh PA, USA

10 Weltweiter Einsatz ungeerdeter IT-Systeme mit Isolationsüberwachung

Spätestens nach der Veröffentlichung der IEC-Richtlinie 364 wurden IT-Systeme weltweit bekannter. In dieser Norm werden Isolationsüberwachungsgeräte als eine der möglichen Schutzeinrichtungen beschrieben. Isolationsüberwachungsgeräte werden dann installiert, wenn das IT-System mit einem zusätzlichen Potentialausgleich versehen ist. In den nationalen Normen einiger Länder ist ein Trend zur Übernahme der IEC-Richtlinie 364 erkennbar.

10.1 IT-System in Frankreich

10.1.1 Einteilung der Normen

Die wesentliche Norm für das IT-System in Frankreich ist die NFC 15-100 (entspricht im wesentlichen IEC-Richtlinie 364) [10.1]. In Abschnitt 413.1.5 wird der Aufbau des IT-Systems beschrieben. Die Abschnitte 532.2.5 und 532.4 legen fest, wie ein IT-System zu überwachen ist.
In der UTE-Norm C 63-080 werden für die Hersteller die Eigenschaften und Prüfvorschriften für Isolationsüberwachungsgeräte definiert.
Hinzu kommen einige Normen für spezielle Anwendungen, z. B. NFC 15-211 für elektrische Installationen im Krankenhausbereich.

10.1.2 Technische Besonderheiten

Unter einem IT-System wird nach NFC 15-100 nicht nur das Netz verstanden, bei dem die Anlage komplett von der Erde getrennt ist. Die Norm sieht als Variante des IT-Systems noch vor, den Sternpunkt der Anlage über eine Impedanz mit Erde zu verbinden.
Mit dieser Impedanz, für die in der Praxis bei einer Anlage 230/400 V ein Wert von 1 000 Ω empfohlen wird, sollen Potentialanhebungen aufgrund von Resonanzerscheinungen vermieden werden. Verwendet wird die Impedanz bei großen, weitverzweigten IT-Systemen und steht damit im Gegensatz zu dem früher in Deutschland bekannten „Schutzleitungssystem", welches für begrenzte, einheitliche Anlagen galt. Der Vorteil, daß der erste Erd- oder Körperschluß nicht zum Abschalten der Betriebsmittel führt, wird ausführlich in NFC 15-100 erläutert.

165

Ausführlich werden in den Unterkapiteln von 413.1.5 die Bedingungen hergeleitet, die nach dem ersten Fehler eingehalten werden müssen bzw. welche zusätzlichen Sicherheitseinrichtungen im zweiten Fehlerfall ansprechen müssen.
Die einzige Einschränkung zum Weiterbetrieb nach dem ersten Fehler enthält der Kommentar zum Abschnitt 532.2.5. Demnach ist ein FI-Schutzschalter dann gerechtfertigt, wenn mit Brandgefahr zu rechnen ist.
Nach NFC 15-100 muß der Isolationswiderstand eines IT-Systems überwacht werden, damit der Anwender Veränderungen im Netz jederzeit wahrnehmen kann, beim Unterschreiten eines Ansprechwerts optisch oder akustisch gewarnt wird und unmittelbar nach dem ersten Fehlerfall mit der Suche und der Behebung der Fehlerursache beginnen kann. Einrichtung, Anschluß und Einstellung dieser Isolationswächter werden im Abschnitt 532.4 der NFC 15-100 beschrieben. Dabei wird als Kommentar im Abschnitt 532.4.3 die Erfahrung aus der Praxis aufgegriffen, den Ansprechwert des Isolationsüberwachungsgeräts etwa 20 % unter den Wert der gesamten Anlage einzustellen.
Als Auswahlkriterium für Isolationsüberwachungsgeräte gibt der Kommentar zu 532.4.4 folgende Anhaltspunkte:
- Isolationsüberwachungsgeräte mit überlagerter Gleichspannung eignen sich für Wechselspannungsnetze ohne oder mit nur wenigen Gleichrichtergeräten;
- Isolationsüberwachungsgeräte, die mit Wechselspannung bei einer deutlich geringeren Frequenz als der Netzfrequenz arbeiten, eignen sich für Wechselspannungsnetze mit vielen Gleichrichtergeräten sowie für reine Gleichstromanlagen;
- Geräte mit passiven Meßmethoden können in nicht impedanzgeerdeten Wechsel- und Gleichspannungsnetzen eingesetzt werden.

Im Detail werden die Charakteristiken der Isolationsüberwachungsgeräte in der UTE C 63-080 beschrieben. Diese Herstellerverordnung unterscheidet sich nicht wesentlich von DIN VDE 0413 Teil 2 bzw. Teil 8.
Ergänzend zu der VDE-Bestimmung werden in der französischen Norm Geräteeigenschaften zur selektiven Fehlersuche mit aufgenommen und präzise ausgeführt.

10.2 IT-System im Vereinigten Königreich

In den Vorschriften 7 und 8 des Gesundheits- und Arbeitsschutzgesetzes, gültig für das Vereinigte Königreich, Großbritanien und Nordirland, ist die Anwendung von ungeerdeten Stromversorgungsnetzen (IT-Systemen) für alle elektrischen Installationen festgelegt. Weiterhin wird in der IEE, 16. Ausgabe „Regulations for Electrical Installations" (BS 7671), Abschnitt 413-02-24, deutlich vorgeschrieben, daß „ein Isolationsüberwachungsgerät so ausgestattet sein muß, daß es das Auftreten eines ersten Fehlers von einem spannungsführenden Teil zur Erde bzw. zu einem berührbaren leitfähigen Teil, meldet". In der Vorschrift BS 7671 wird empfohlen, daß Stromversorgungen im Sicherheitsbereich mit einer Schutzmaßnahme zum Schutz bei indirektem Berühren ausgestattet sein müssen, die bei einem ersten Fehler nicht automatisch abschalten, z. B. ein IT-System mit Isolationsüberwachungseinrichtung.

Im Vereinigten Königreich werden in den folgenden Bereichen häufig IT-Systeme installiert:
Königliche Marine, Werften/Schiffe, Handelsmarine und bei Anwendungen in der Ölindustrie: Bohrinseln, Bohrungen/Pumpen, Unterwasserkabel und Tauchsysteme.
Auf dem Land werden IT-Systeme verwendet in der chemischen Industrie, in Starkstromanlagen, wo keine Erdungsmöglichkeit besteht, in Petrochemie/Stahl, bei geregelten Antrieben und Eisenbahnsignalanlagen.
In all diesen Bereichen wird das IT-System mit Isolationsüberwachung genutzt, um einen hohen Sicherheitsstandard zu erreichen.

10.3 IT-System in der Tschechischen Republik

Die vielfältigen Probleme im Bereich Planung und Betrieb von ungeerdeten elektrischen Netzen werden in der Tschechischen Republik nach der Vorschrift „Czech National Standards (CSN)" gelöst.
Es gibt dort eine allgemeine Vorschrift, die CSN 34 1010 „Allgemeine Regeln zum Schutz gegen elektrischen Schlag" (1965) mit drei Zusätzen, in denen allgemeine Anforderungen für alle IT-Systeme festgelegt sind, ungeachtet der Anwendung eines solchen Systems. CSN 33 2010 enthält Schutzmaßnahmen gegen elektrischen Schlag. In den allgemeinen Richtlinien (1987), die als Entwurf veröffentlicht wurden, werden die Bedingungen für die Abschaltzeit bei einem zweiten Fehler im IT-System – nach der neuesten Ausgabe der IEC-Publikation – vervollständigt.
Besondere Bedingungen für die Anwendung des IT-Systems in bestimmten Arten von Installationen werden in speziellen Vorschriften dargelegt. Die CSN 33 2140 „Elektrische Installationen im medizinisch genutzten Bereich" beschreibt besondere Anwendungen des IT-Systems im medizinischen Bereich mit besonderen Anforderungen an den Transformator, die Leitungen und die Überwachung des IT-Systems.
Steuerstromkreise in Industriemaschinen, die nicht mit Erde verbunden sind, arbeiten auch als IT-Systeme. Ihr Isolationszustand wird nach der Vorschrift CSN 33 2200 „Elektrische Anlagen von Industriemaschinen" (1988) überwacht. (Die Vorschrift ist fast identisch mit der Europäischen Norm EN 60204:1986.) Ähnliche Anforderungen werden an IT-Systeme für elektrische Kräne (CSN 33 2550:1991) und für elektrische Einrichtungen in Walzwerken (CSN 33 2210) gestellt.

10.4 IT-System in Bulgarien

Es ist interessant, daß im bulgarischen Vorschriftenwerk – im Gegensatz zu anderen europäischen Ländern – erstaunlich viele Hinweise zum IT-System zu finden sind. Allgemeine Vorschriften sind in den bulgarischen Staatsstandards BDS 14299-88 und BDS 14308-77 unter der Leitlinie (Protection against electric shock) zu finden. In Punkt 4.1.4 der letztgenannten Norm ist festgelegt, daß IT-Systeme mit isoliertem Sternpunkt ständig überwacht werden müssen. Im Kraftwerksbereich ist in der Norm IV-5-18 (3) festgelegt, daß in Kraftwerken Steuerstromkreise auf Isolation überwacht werden müssen. Die Isolationsüberwachung ist auch im Bergbau nach BDS 10880-83, Punkt 1.5.1, gefordert. Im bulgarischen Schiffsregister nach Anordnung N-PA-08-488-1985 sind auf Schiffen in den meisten Fällen nur IT-Systeme zulässig. Punkt 5.2.4.5 beschreibt, daß für jedes IT-System ein Isolationsüberwachungsgerät zur Überwachung des Isolationswiderstands zu verwenden ist.

10.5 IT-System in Dänemark

Das dänische Starkstromgesetz, welches vom Elektrizitätsrat verwaltet wird und im Jahr 1962 als geltendes Gesetz herausgegeben wurde, ist als das braune, das grüne und das graue Reglement A, B und C bekannt.
1989 und 1990 erschienen jeweils ein neuer „Entwurf zu Regelungen elektrischer Installationen", das weiße A4-Reglement. Dieses ersetzte einige der Abschnitte der drei früheren Ausgaben.
Der „Entwurf zu Regelungen elektrischer Installationen" ist eine Übersetzung und Bearbeitung des „Internationalen Standards IEC 364".
Nach einer Anhörungs- und Prüfzeit ist der „Entwurf zu Regelungen elektrischer Installationen" entsprechend den gemachten Erfahrungen korrigiert und revidiert worden und erschien jetzt als „Starkstrombestimmungen – elektrische Installationen", 1. Ausgabe Mai 1993.
Das Starkstromreglement von 1962 mit mehreren Revisionen erlaubte die IT-Systeme in Niederspannungsinstallationen noch nicht. Seit der Harmonisierung der IEC-Richtlinie 364 in den Jahren 1989/90 besteht jetzt die Möglichkeit, IT-Systeme in Dänemark zu verwenden.
Weiter besteht die Möglichkeit, gemäß Abschnitt 15-1 des Starkstromreglements, Steuerstromkreise in Maschinen und Maschinenanlagen als IT-System aufzubauen.

10.6 IT-System in den Vereinigten Staaten von Amerika

Der National Electrical Code (NEC), Normen des Institute Electrical and Electronics Engineers (IEEE) sowie der American National Standard (ANSI) bilden die Normen, die beim Errichten und Projektieren von elektrischen Anlagen in den USA beachtet werden müssen. Neben diesen sogenannten Standards gibt es firmen-, branchen- und organisationseigene Normen, welche auf die Anforderungen des Industriezweigs zugeschnitten sind. Abweichungen von den oben angeführten Normen zugunsten des IT-Systems sind möglich. Die Gründe hierfür liegen in den Vorteilen des IT-Systems und/oder der Verwendung von Anlagentechnik aus Europa und den dort angewandten IEC-Publikationen und DIN-VDE-Normen.

National Electrical Code (NEC)
Ausgenommen von den Regulierungen im National Electrical Code (NEC) sind Anlagen im Bergbau (Tagebau und Untertagebau), auf Schiffen, in Flugzeugen, der Kommunikationstechnik und der Eisenbahn.
Der NEC-Standard unterscheidet zwischen den von Gleichstrom (NEC 250-3) und Wechselspannung (NEC 250-5) gespeisten Anlagenteilen. Unter bestimmten Bedingungen (abhängig vom Netzaufbau, den Spannungsbereichen und den bestehenden Erdungsmaßnahmen) ist die Anwendung der IT-Systemform erlaubt. In diesem Zusammenhang werden auch Industriebranchen genannt, in denen das IT-System angewandt werden muß oder angewandt werden kann. In den folgenden Applikationen kann das IT-System eingeschränkt verwendet werden:
- Induktionshochöfen und metallverarbeitende Industrien (NEC 665),
- Kontrollschaltkreise (isoliert durch Transformator) mit Isolationsüberwachungseinheit (NEC 250, NEC 430),
- fotoelektrische Anlagen (NEC 690-41).

In den folgenden Applikationen muß das IT-System verwendet werden:
- elektrolytische Prozesse zur Gewinnung oder Verarbeitung von Aluminium, Cadmium, Chlor, Kupfer, Fluor, Magnesium, Sodium, Sodiumchlorid und Zink (NEC 668),
- Krankenhäuser (NEC 517 und NFPA 99),
- Kräne und Aufzüge zum Transportieren von Gütern während des Verarbeitungs- oder Lagerungsprozesses, die der Gefahrenklasse 3 unterliegen; hierunter fallen z. B. die Textil- und Holzindustrie, in deren Verarbeitungsprozessen man mit leichtentzündlichen Fasern und Luftpartikeln zu tun hat (NEC 503-13).

IEEE- und ANSI-Standard
Der ANSI/IEEE-Standard 446-1987 beschreibt den empfohlenen Aufbau von Notstrom- und UPS-Anlagen (Uninterruptible Power Systems) für kommerzielle und

industrielle Applikationen. Hierbei wird für Drei-Leiter-Systeme die IT-Systemform empfohlen. Begründet wird dies durch den höheren Grad der Verfügbarkeit und Zuverlässigkeit der Stromversorgung. Die Anlage wird dann mit einer Isolationsüberwachungseinrichtung ausgerüstet und schaltet beim ersten Fehler nicht ab.

10.7 IT-System in Ungarn

Die grundsätzlichen Vorschriften für IT-Systeme in Ungarn sind in der „Bestimmung für Berührungsschutz in Niederspannungsstarkstromanlagen (bis 1000 V)" MSZ 172/1 (Ungarische Norm Nr. 172/1, letzte Änderung von 1989) festgelegt. Hier wird unter „Schutzmaßnahmen mit Schutzleiter" das IT-System im Abschnitt 1.2.4.3 als „Schutzleiter-System in ungeerdeten oder indirekt geerdeten Systemen" definiert und im Abschnitt 3.5 näher beschrieben.

Die Isolationsüberwachung ist als eine wichtige Schutzmaßnahme bei indirektem Berühren erläutert. Im IT-System wird meistens eine Isolationsüberwachung durchgeführt und bei Isolationsunterschreitung am Bedienungsort ein akustisches oder optisches Signal ausgelöst. Bei dieser Schutzmaßnahme muß auch eine schnelle Ausschaltung im zweiten Fehlerfalle sichergestellt werden.

Eine wichtige Aussage der Norm ist, daß Isolationsüberwachungsgeräte sowohl symmetrische als auch unsymmetrische Isolationsfehler erfassen können, d. h. Unsymmetriegeräte gelten nicht als Isolationsüberwachungsgeräte.

In Zukunft werden in Ungarn die IEC-Normen verstärkt angewendet werden.

Im ungarischen Normenwerk gibt es für Isolationsüberwachungsgeräte zwei gültige Normen. Die eine (MSZ-09-10.201-77) gilt allgemein für die Energieversorgung und den Industriebereich, die zweite (MSZ-05-KGST-2309-80) ist speziell für den Bergbau geeignet. Beide Normen wurden vom Rat für Wechselseitige Wirtschaftshilfe (die ehemalige wirtschaftliche Vereinigung von Ostblock-Staaten) gegründet und werden mittelfristig (innerhalb von ca. fünf Jahren) gestrichen oder überarbeitet. Grundsätzlich gilt, daß die zitierten Normen in Anlehnung an internationale IEC-Normen überarbeitet werden.

10.8 IT-System in Belgien

Das IT-System wird in Belgien in AREI/RGEI (Algemeen Reglement op de Elektrische Installaties/Réglement Général des Installations Electriques) beschrieben. Dieses Regelwerk wurde per königlichem Erlaß vom 10. März 1981 verkündet und erschien im belgischen Staatsanzeiger vom 29. April 1981.

Dieser Erlaß wurde ständig aktualisiert und verbessert. Er ist bindend für alle neuen Elektroinstallationen wie auch für Umbauten von elektrischen Anlagen. Den Aufbau eines IT-Systems behandelt Artikel 79/02/c „Het IT-Net". Artikel 82 beschreibt die Maßnahmen zur Überwachung des IT-Systems.
In Artikel 82/03 ist die Verpflichtung zu finden, daß ein IT-System mit einem Isolationsüberwachungsgerät überwacht werden muß. Das IT-System ist häufig in Hauptverteilungen von Industrieanlagen zu finden. Meist sind dies Dreileitersysteme von 230 V.
In Stahlwerken und der petrochemischen Industrie werden IT-Systeme ebenfalls verwendet. Auch in Hilfsstromkreisen sind IT-Systeme sehr verbreitet. Moderne Anwendungen des IT-Systems in Belgien sind besonders leistungsstarke Umformer, die über einen Transformator galvanisch vom Stadtnetz getrennt sind. Eine Überwachung dieser Systeme durch moderne Isolationsüberwachungsgeräte mit AMP-Meßverfahren ist üblich.

Literatur

[10.1] NFC 15-100 Mai 1991: Elektrische Niederspannungsanlagen. L'Union Technique de l'Èlectricité, UTE-CEDEX 64-92052 Paris la Défense

11 Schutztechnik in Starkstromanlagen mit Nennspannungen bis 1000 V im Bergbau

Die besonderen Sicherheitsanforderungen im Bergbau führten mit Einführung der Elektrotechnik in den Bergbau schon frühzeitig zu der Erkenntnis, daß das ungeerdete Netz für diesen Industriezweig besonders gut geeignet ist [11.1].
Denn ein erster Fehler führt noch nicht zur Betriebsunterbrechung, und auch die Brandgefahr kann reduziert werden. Wegen der relativ kleinen Netze ist auch die Gefährdung durch Körperströme gering. Um diese Vorteile beim Betreiben der elektrischen Anlagen sicherzustellen, gilt es, die Sicherheitsbestimmungen, Betriebsbestimmungen und Arbeitsschutzvorschriften einzuhalten.
Seit Aufnahme der Normungsarbeiten im Jahr 1894 hat man die Erfahrung gemacht, daß sich nicht alle Regelungen in einer Norm aufnehmen lassen und daß Normen fortgeschrieben werden müssen. So wurden daher von Anfang an Sonderbestimmungen für bestimmte Räume, Bereiche und Industriezweige erlassen und in einem vom Stand der Technik bestimmten Tempo überarbeitet.
Erste Normen für den Bergbau unter Tage und für explosionsgefährdete Betriebsstätten wurden bereits 1903 herausgegeben. Diese Regelungen waren Bestandteil der im Jahr 1903 erlassenen „Sicherheitsvorschriften für die Errichtung elektrischer Starkstromanlagen".
Die damaligen Vorschriften basierten auf den 1892 vom Verband Deutscher Privat-Feuer-Versicherungsgesellschaften initiierten Grundsätzen zur Beurteilung der Feuersicherheit elektrischer Anlagen.
Nach Inhalt und Zielsetzung lassen sich die elektrotechnischen Normen in drei Entwicklungsstufen gliedern:
- Die zu Beginn des Jahrhunderts herausgegebenen Normen enthielten sowohl Aussagen zur Errichtung wie auch zur konstruktiven Gestaltung der Betriebsmittel und zur „Beschaffenheit des zu verwendenden Materials".
- Von der ursprünglichen Absicht, für alle Anwendungsbereiche und Spannungsebenen Bestimmungen und Festlegungen in einer einheitlichen Norm zusammenzufassen, mußte man später abgehen. Die 1930 verabschiedete VDE 0100 beschränkte sich nur noch auf Errichtungsbestimmungen und richtete sich ausdrücklich an die Monteure und Installateure des Elektrohandwerks in Deutschland. Abschnitte in dieser VDE-Vorschrift, die auch für den Bergbau gültig waren, sind am Rande mit „Schlägel und Eisen" gekennzeichnet. Die ersten, speziell für den Bergbau zusammengestellten Errichtungsvorschriften erschienen als VDE 0118 am 1.1.1938. Änderungen dazu traten am 3.4.1941 und 1.6.1944 in

Kraft. Die weitere technische Entwicklung machte dann grundsätzliche Überarbeitungen erforderlich, die als zweite Fassung zum 1.8.1960 and als dritte Fassung zum 1.5.1969 erschienen.

Zur Bekämpfung der Personen-, Brand- und Explosionsgefahren wurden bereits in frühester Zeit unterschiedliche, häufig sich ergänzende Forderungen erhoben. Schwerpunktmäßig befaßten sich die 1903 herausgegebenen Regelungen für die Errichtung von Starkstromanlagen mit:
- der Erdung eines Körpers, „so daß er eine gefährliche Spannung für unisoliert stehende Personen nicht annehmen kann",
- Maßnahmen, damit Betriebsmittel keine Brandgefahren hervorrufen können,
- der Strombelastbarkeit von Leitungen,
- der Feststellung des Isolationszustands,
- der Forderung nach schlagwettersicheren elektrischen Maschinen und schlagwettersicher gekapselten Schaltern.

11.1 Schutztechnik im Bergbau unter Tage nach DIN VDE 0118:1990-09

Die besondere Beachtung des Personen- und Anlagenschutzes und den unter Tage notwendigen Schutz vor Gefahren durch Brände und Explosionen machten über das übliche Maß hinausgehende Bestimmungen für die Schutztechnik erforderlich.

Brände werden unter Tage deshalb gefürchtet, weil die Brandgase auch kleiner örtlicher Feuer durch zahlreiche Grubenbaue ziehen können und hiervon eine größere Anzahl von Personen betroffen sein kann.

Zur Bekämpfung der Brandgefahr schreiben die Bestimmungen die Verwendung von feuerbeständigen Aus- und Einbauten elektrischer und abgeschlossener elektrischer Betriebsstätten und deren angrenzende Stöße vor.

Betriebsmittel mit brennbaren Isolierflüssigkeiten dürfen nur bedingt verwendet werden. Die äußere Umhüllung von Kabeln und Leitungen ist flammwidrig auszuführen, die Strombelastbarkeit ihrer Leiter ist zur Vermeidung einer zu hohen Erwärmung festgesetzt. Auf andere Maßnahmen, wie die Verwendung von Erdschlußlöscheinrichtungen in Hochspannungsnetzen, wird nur hingewiesen.

Funken und Lichtbögen können als Zündquelle explosionsgefährlicher Methan/Luft-Gemische wirken. Um auch diesen Gefahren zu begegnen, wird in DIN VDE 0118 vorgeschrieben, daß die elektrischen Anlagen so zu errichten sind, daß sie bei Erreichen des Genzwerts der Grubengaskonzentration abgeschaltet werden können.

Da die Festlegungen und Empfehlungen der ersten VDE 0118 den zuständigen, aufsichtsführenden Bergbehörden nicht weit genug gingen, wurden von diesen für ih-

ren Zuständigkeitsbereich zusätzliche Verordnungen für den Betrieb elektrischer Anlagen erlassen, u. a. auch für die Schutztechnik.
Diese Verordnungen traten erstmalig zum 30.4.1957 in den infrage kommenden Bundesländern in Kraft und erschienen in Nordrhein-Westfalen unter dem Titel „Bergverordnung des Landesoberbergamtes Nordrhein-Westfalen für elektrische Anlagen (BVOE)". Sie war von besonderer Bedeutung, denn die BVOE bedeutete höheres Recht als VDE 0118.
Bestimmungen für die Isolationsüberwachung und den Erdschlußschutz sind in den Paragraphen 25 und 60 der BVOE festgehalten.
Die aufgrund der fortschreitenden technischen Entwicklung Anfang der 70er Jahre unbedingt erforderlich gewordene Neubearbeitung der VDE 0118 führte bei allen verantwortlichen Mitarbeitern in dem zuständigen Normungsgremium zu der Auffassung, doch die Verordnungen der BVOE zu berücksichtigen, um es nur noch mit einem Vorschriftenwerk für die elektrischen Anlagen im Bergbau unter Tage zu tun zu haben.
Unter intensiver Mitarbeit der Oberbergämter gelang dieses auch, und so konnte im September 1990 die neue umfassende DIN VDE 0118-1 bis -3 erscheinen. Die letzte Ausgabe der BVOE erschien in der Fassung vom 5.1.1984.
Voraussetzung für die Isolationsüberwachung im Bergbau unter Tage ist das ungeerdete Netz mit dem „Schutzleitungssystem unter Tage", welches dadurch gekennzeichnet ist, daß alle Körper der elektrischen Anlage mit dem Schutzleiter verbunden sind und dieser Schutzleiter über Tage geerdet ist. Ausführlich wird das Schutzleitungssystem unter Tage in DIN VDE 0118-1 Abschnitt 13 beschrieben.
Weitere Hinweise für die Isolationsüberwachung finden sich in Teil 2 Abschnitt 19 (Hilfsstromkreise) und Teil 3 Abschnitt 13.4 (Schacht und Schrägförderanlagen).
Die für die Isolationsüberwachung interessanten Punkte sind nachstehend aufgelistet:

DIN VDE 0118 Teil 1/9.90

Punkt 13 Schutzleitungssystem unter Tage

Punkt 13.1 Netzgestaltung

Punkt 13.1.1
Das Schutzleitungssystem unter Tage darf in Netzen mit allen Nennspannungen angewendet werden, sofern aktive Teile des Netzes nicht mit geerdeten Leitern verbunden werden, d. h., das Netz muß gegen Erde isoliert sein.

Punkt 13.1.2
Alle Körper müssen an einen durchgehenden, über Tage geerdeten Leiter (Schutzleiter) angeschlossen werden. Dieser Schutzleiter darf betriebsmäßig nicht unterbrochen werden; er darf keine Überstromschutzorgane enthalten.

Punkt 13.1.3
Zwischen Transformatorsternpunkt und Schutzleiter sind Überspannungsschutzorgane, z. B. Durchschlagsicherungen, nicht zulässig.

Punkt 13.1.4
Abweichend von Abschnitt 13.1.1 dürfen zwischen einem Netzpunkt und Schutzleiter u. a. angeschlossen werden :
Meßgeräte oder Relais zur Isolationsüberwachung oder Erdschlußabschaltung mit einem Wechselstrom-Innenwiderstand von mindestens 250 Ω je Volt Netznennspannung, jedoch mindestens 15 kΩ in Netzen mit einer Nennspannung bis 1 000 V.

Punkt 13.2 Isolationsüberwachung

Punkt 13.2.1
Zur Feststellung des Isolationswiderstands gegen Erde ist für jedes Netz eine Überwachungseinrichtung zu errichten.

Punkt 13.2.2
Isolationsüberwachungseinrichtungen müssen den Anforderungen nach den Abschnitten 13.2.2.1 bis 13.2.2.6 genügen. Für Fernwirk- und Signalanlagen gilt in Schacht- und Schrägförderanlagen DIN VDE 0118-3:1990-09, Abschnitt 13.4.4.

Punkt 13.2.2.1
In Netzen mit Nennspannungen über 1 kV muß ein Erdschluß angezeigt und im Kohlenbergbau ein vollkommener Erdschluß einer ständig besetzten Stelle gemeldet werden.

Punkt 13.2.2.2
In Netzen mit Nennspannungen bis 1 000 V muß an der Einbaustelle das Absinken des Isolationswiderstands des überwachten Netzes unter 50 Ω je Volt Netznennspannung gegen Erde dauernd durch eine Blinkleuchte angezeigt werden. Bei Einbau der Isolationsüberwachungseinrichtung innerhalb elektrischer oder abgeschlossener elektrischer Betriebsräume muß die Blinkleuchte in den vor diesen Räumen liegenden, allgemein zugänglichen Grubenbauen angebracht sein. Bei selbsttätiger Meldung an eine dauernd besetzte Stelle darf die Blinkleuchte entfallen.

Punkt 13.2.2.3
Das Einstellen der Ansprechwerte von Isolationsüberwachungseinrichtungen darf nur nach Öffnen des Gehäuses möglich sein.

Punkt 13.2.2.4
Die Ansprechwerte müssen auf einer fest eingebauten Skala o. ä. direkt, ohne Umrechnungsfaktoren, erkennbar sein.

Punkt 13.2.2.5
Die Isolationsüberwachungseinrichtung muß eine eingebaute Prüfeinrichtung haben, mit der die Funktion von außen geprüft werden kann.

Punkt 13.2.2.6
In Netzen mit Nennspannungen bis 1 000 V müssen Isolationsüberwachungsgeräte nach DIN VDE 0413 Teil 2 und Teil 8 verwendet werden.

Punkt 13.2.4
Auf die Überwachungseinrichtung darf u. a. verzichtet werden :
- bei Anlagen, die mit einer Einrichtung versehen sind, die bei vollkommenem Erdschluß abschaltet,
- in schlagwettergefährdeten Grubenbauen, wenn die Netze nur eine geringe Ausdehnung (3 300 Vm) haben oder andere Bedingungen erfüllen,
- in nicht schlagwettergefährdeten Grubenbauen, wenn fehlerhafte Netzteile im Doppelerdschlußfall selbsttätig nach 1 s abgeschaltet werden.

(Die Länge des Netzes ist so zu wählen, daß das Produkt aus Spannung in Volt und Leitungslänge in Metern nicht größer als 3 300 Vm ist.)

DIN VDE 0118-2:1990-09 (Zusatzfestlegungen für Starkstromanlagen) gibt in Abschnitt 19 (Hilfsstromkreise) weitere Hinweise auf ungeerdete Hilfsstromkreise und die Isolationsüberwachung:

Punkt 19.15 Ungeerdete Hilfsstromkreise

Punkt 19.15.1
Bei Steuereinrichtungen mit äußeren Kabeln oder Leitungen muß eine Isolationsüberwachung vorhanden sein, wenn durch zwei Körper- oder Erdschlüsse Vorgänge ausgelöst werden können, die durch unbeabsichtigte Betriebszustände zu Gefährdungen führen. Je nach betrieblichen Erfordernissen muß die Überwachungseinrichtung melden oder abschalten.

Punkt 19.15.2
In Hilfsstromkreisen mit Isolationsüberwachung müssen alle Körper leitend miteinander verbunden werden.

DIN VDE 0118-3:1990-09 (Zusatzfestlegungen für Fernmeldeanlagen). Man findet in Abschnitt 13.4 erneut die Isolationsüberwachung:

Punkt 13.4.4 Isolationsüberwachung

Punkt 13.4.4.1
Fernwirkanlagen mit Nennspannungen über 50 V Wechselspannung oder 120 V Gleichspannung müssen mit Isolationsüberwachungseinrichtungen errichtet werden.

Punkt 13.4.4.2
Signal- und Sicherheitsstromkreise müssen auch bei Nennspannungen kleiner 50 V Wechselspannung oder 120 V Gleichspannung auf Isolationsfehler überwacht werden.

Punkt 13.4.4.3
Isolationsüberwachungseinrichtungen müssen mindestens den fehlerhaften Netzteil bei dem Isolationswert abschalten, bei dessen Unterschreiten ein ungestörter Betrieb der Anlage nicht mehr gegeben ist.

Punkt 13.4.4.4
Zur Überwachung des Isolationswiderstands sind Isolationsüberwachungsgeräte nach DIN VDE 0413-2 und -8 zu verwenden.

Punkt 13.4.4.5
Für Isolationsüberwachungsgeräte zum Überwachen von Gleichspannungsnetzen gilt:
- Beide Leiter (Plus- und Minusleiter) müssen auf Isolationsfehler überwacht werden.
- Bei wechselseitigem Prüfen dieser Leiter darf die Abtastzeit je Leiter nicht größer als 30 s sein, mit einer Umtastzeit ≤ 3 s.
- Isolationswerte $\leq 1\,000\,\Omega$ je Volt Nennspannung müssen spätestens nach 45 s gemeldet werden.

Punkt 13.4.4.6
In elektrischen Anlagen mit Isolationsüberwachungseinrichtungen sind die leitfähigen, nicht zum Betriebsstromkreis gehörenden Körper und etwaige leitende Umhüllungen der Kabel mit dem Schutzleiter oder Potentialausgleichsleiter zu verbinden.

11.2 Schutz gegen gefährliche Körperströme im Untertagebereich

Als Schutzmaßnahme ist unter Tage das schon vorher erläuterte „Schutzleitungssystem unter Tage" vorgeschrieben. Die so aufgebauten Netze haben keine direkte Verbindung zu geerdeten Teilen. Alle Körper sind über einen Schutzleiter geerdet, der über Tage mit einer Erdungsanlage verbunden ist. Anordnung und Querschnitt des Schutzleiters unterliegen definierten Anforderungen. Jedes galvanisch getrennte Netz besitzt in der Regel eine Schutzeinrichtung, z. B. Isolationsüberwachungseinrichtung, die Schutz durch Abschaltung oder Meldung bewirkt. Praktisch ist unter Tage überall ein zusätzlicher Potentialausgleich gegeben: alle Körper elektrischer Betriebsmittel und – infolge des konstruktiven Zusammenbaus und Zusammenwirkens – auch andere fremde leitfähige Teile sind mit den durch alle Spannungsebenen geführten Schutzleiter dauerhaft und ausreichend leitfähig verbunden.

Das untertägige Schutzkonzept läßt sich wie folgt beschreiben:
- In Netzen bis 1000 V Nennspannung ist der Isolationszustand zu überwachen, und bei Absinken des Isolationszustands unter einem vorgegebenen Wert ist ein Signal auszugeben. Hierzu dienen im allgemeinen Isolationsüberwachungsgeräte nach DIN VDE 0413-2 oder -8.
- Leitungen auf ortsveränderlichen elektrischen Betriebsmitteln, z. B. auf Walzenschrämladern, müssen mit einer Isolationsüberwachungseinrichtung überwacht werden, die das Netz bei einem Erd- oder Körperschluß nach 1,5 s selbsttätig abschaltet, wenn sie ohne eine elektrische Schutzeinrichtung nach DIN VDE 0118 Abschnitt 19 betrieben werden.
- Netze mit Nennspannungen über 220 V bis 1000 V sind so zu gestalten, daß bei einem einfachen vollkommenen Erdschluß mindestens der fehlerhafte Netzteil spätestens nach 1,5 s bzw. in Netzen mit Umrichtern in der kürzest möglichen Meßerfassungszeit abgeschaltet werden.
- Mittels einer Erdschlußsperre ist das Wiedereinschalten so lange zu verhindern, wie ein unzulässiger Isolationsfehler besteht.
Erdschlußsperren überwachen z. B. abgeschaltete Motorzuleitungen auf Isolationsfehler und verhindern eine Wiedereinschaltung, so lange ein vorgegebener Isolationswert unterschritten ist.

Sperren dieser Art sind häufig in Isolationsüberwachungseinrichtungen integriert. Die Spannungen ihrer Meßstromkreise haben besonderen Auflagen zu genügen.

Literatur

[11.1] Danke, E.; Schütz, R.: Schutztechnik in Starkstromanlagen mit Nennspannungen bis 1000 V im Bergbau. Schriftverkehr der Fa. Bender, Grünberg, 1991

12 IT-Systeme und die Isolationsüberwachung auf Schiffen

Die Vielfalt und die Anzahl elektrischer und elektronischer Betriebsmittel an Bord seegehender Schiffe und Offshore-Einrichtungen steigt ständig. Analog dazu steigen auch die Anforderungen an die elektrische Installation, damit der Schutz der Menschen vor den Gefahren des elektrischen Stroms und die Zuverlässigkeit der Stromversorgung stets gewährleistet ist. Die grundsätzlichen Überlegungen beginnen schon bei der Wahl der richtigen Netzform. In den internationalen Bestimmungen und Vorschriften wird vielfach das ungeerdete IT-System vorgeschrieben. Der folgende Beitrag erläutert die Besonderheiten dieser Netzform mit richtiger Isolationsüberwachung.

12.1 Vorschriften und Bestimmungen

Für den Bau und Betrieb eines seegehenden Schiffes sind eine Reihe von Bestimmungen und Vorschriften zu beachten, die wesentlichen Einfluß auf die elektrotechnische Ausrüstung haben:
- internationaler Schiffssicherheitsvertrag,
- die Übereinkunft zum Schutz menschlichen Lebens auf See (Solas),
- IEC-Publikation 92,
- Vorschriften von Klassifikationsgesellschaften,
- Lloyd's Register of Shipping,
- Det Norske Veritas,
- American Bureau of Shipping (ABS),
- Canadian Coast Guard,
- International Maritime Organization,
- Rules for the Classification and Construction of Sea-going Ships (GUS),
- Bureau Veritas (Paris),
- Institution of Electrical Engineers IEE (UK),
- American Society for Testing and Materials (ASTM).

Gemeinsames Ziel dieser Bestimmungen und Vorschriften ist das Erreichen einer hohen Sicherheit und Zuverlässigkeit durch Vereinheitlichung von Eigenschaften, Daten und Maßen. Bei der Projektierung elektrotechnischer Anlagen sind einige Aspekte zu beachten, die sich zwangsläufig aus dem Einsatzort „See" ergeben:

- das Schiff ist ein autarkes System, das längere Zeit ohne Versorgung von außen sein kann,
- die klimatische Beanspruchung reicht von tropisch bis arktisch,
- Beanspruchung auf See durch Schräglage, Stöße (Eisfahrt),
- chemische aggressive Einwirkung von Seewasser,
- Ortsveränderungen (unterschiedliche Versorgungssysteme an Land).

12.2 Zulässige Netzformen unter Berücksichtigung verschiedener Vorschriften

Die elektrischen Stromversorgungsnetze auf Schiffen und Offshore-Einrichtungen sind in Primär- und Sekundärnetze unterteilt. Während die Primärnetze über eine direkte elektrische Verbindung zum Generator verfügen, sind Sekundärnetze ohne direkte elektrische Verbindung zum Generator. Sie sind zum Beispiel von diesem durch einen Transformator mit zwei Wicklungen oder durch einen Motor-Generator isoliert.

Grundsätzlich müssen diese Netze und Anlagen so projektiert werden, daß:
- die für die Sicherheit wesentlichen Versorgungen bei verschiedenen Notfällen aufrecht erhalten bleibt,
- die Sicherheit der Fahrgäste, der Besatzung und des Schiffes gegen elektrische Gefahren gewährleistet ist,
- die Anforderungen der verschiedenen Vorschriften und Bestimmungen gewährleistet sind.

Als Netzform werden sowohl geerdete als auch ungeerdete AC-Netze und DC-Netze eingesetzt. Eine Auflistung der möglichen Netzformen ist in der nachfolgenden **Tabelle 12.1** mit Legende aufgeführt. Auffallend an dieser Tabelle ist, daß die isolierten Netze ohne Einschränkung in allen Bestimmungen und Vorschriften anwendbar sind und in besonders kritischen Bereichen, z. B. auf Tankern, als alleinige Netzform angewendet werden.

12.3 Unterschied zwischen einem geerdeten TN- oder TT-System und einem isolierten IT-System

In Übereinstimmung mit der IEC-Publikation 364-3 und der DIN VDE 0100-300 wird das geerdete Netz als TN- bzw. TT-System und das ungeerdete als IT-System bezeichnet. Während bei einem TN- bzw. TT-System eine direkte Verbindung zur Erde besteht, hat das IT-System keine Verbindung aktiver Leiter nach Erde. Einige Netzarten, wie Dreiphasen-IT- und -TN-Systeme sowie Einphasennetze und

Bestimmungen \ Netze	Gleichstrom-Netze					Wechselstrom-Netze					
						Primär- und Sekundärnetze		Primärnetze bis 500 V / Sekundärnetze bis 500 V			
	Zweileiternetz, isoliert	Einleiternetz mit Schiffskörper als Rückleiter	Zweileiternetz mit einem geerdeten Leiter	Dreileiternetz mit geerdetem Mittelleiter, jedoch ohne Schiffskörper als Rückleiter	Dreileiternetz mit geerdetem Mittelleiter, jedoch mit Schiffskörper als Rückleiter	Dreiphasen-Vierleiternetz, isoliert	Dreiphasen-Vierleiternetz mit geerdetem Neutralleiter	Dreiphasen-Vierleiternetz mit geerdetem Neutralleiter, ohne Schiffskörperrückleitung	Einphasen-Zweileiternetz, isoliert	Einphasen-Zweileiternetz mit geerdetem Leiter	Einphasen-Zweileiternetz mit geerdeter Systemmitte für Speisung der Beleuchtung und Steckdosen	Einphasen-Dreileiternetz mit geerdeter Mitte, jedoch ohne Schiffskörperrückleitung
Netzart	IT	TN	TN	TN	TN	IT	TN	TN	IT	TN	TN	TN
Diagramm	1	2	3	4	5	6	7	8	9	10	11	12
DIN VDE 0129 Teil 201, Ausgabe 04.90 IEC 92-201, 1987	×	×	×	×	×	×	×	×	×	×	×	×
IEC 92-505, 1984 Mobile offshore drilling units		×	×		×	×	×	×	×	×		×
IEC 92-503 AC systems 1 kV bis 11 kV						×	×					
IEC 92-505, 1980 Special features for tankers	×(V					×(V			×(V			
Solas Safety of life at sea	×	×(I	×(II	×(II	×(I	×	×(II	×(II	×	×(II	×(II	×(II
IMO 1989 Mobile offshore drilling units	×		×	×	×	×	×	×	×			
Lloyd's register of shipping part 6, Jan. 1984	×		×	×	×	×	×	×	×			
Institution of electr. engineers, ed. 1983, offshore installations	×		×	×	×	×	×	×	×			
Institution of electr. engineers, ed. 1972, regulation for ships	×			×(III		×	×(III	×(III	×	×(III		
Canadian coast guard ship safety branch electrical standard 1982	×				×(IV	×	×(IV		×			×(IV
Det norske veritas part 5 chapter 3 oil carriers	×(V					×(V			×(V			
Det norske veritas part 4 chapter 4 steel ships	×	×(VI	×(VII			×	×(VII	×(VII	×	×(VII		

Tabelle 12.1 Mögliche Netzformen auf Schiffen und Offshore-Einrichtungen (×)

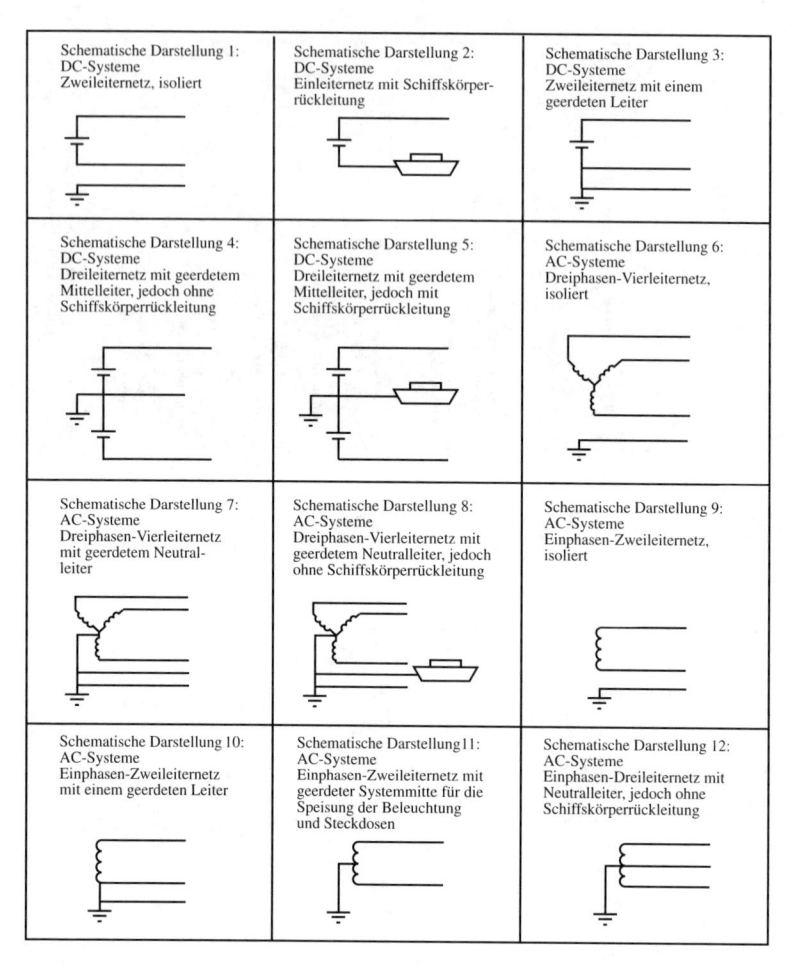

Schematische Darstellung 1: DC-Systeme Zweileiternetz, isoliert	Schematische Darstellung 2: DC-Systeme Einleiternetz mit Schiffskörperrückleitung	Schematische Darstellung 3: DC-Systeme Zweileiternetz mit einem geerdeten Leiter
Schematische Darstellung 4: DC-Systeme Dreileiternetz mit geerdetem Mittelleiter, jedoch ohne Schiffskörperrückleitung	Schematische Darstellung 5: DC-Systeme Dreileiternetz mit geerdetem Mittelleiter, jedoch mit Schiffskörperrückleitung	Schematische Darstellung 6: AC-Systeme Dreiphasen-Vierleiternetz, isoliert
Schematische Darstellung 7: AC-Systeme Dreiphasen-Vierleiternetz mit geerdetem Neutralleiter	Schematische Darstellung 8: AC-Systeme Dreiphasen-Vierleiternetz mit geerdetem Neutralleiter, jedoch ohne Schiffskörperrückleitung	Schematische Darstellung 9: AC-Systeme Einphasen-Zweileiternetz, isoliert
Schematische Darstellung 10: AC-Systeme Einphasen-Zweileiternetz mit einem geerdeten Leiter	Schematische Darstellung 11: AC-Systeme Einphasen-Zweileiternetz mit geerdeter Systemmitte für die Speisung der Beleuchtung und Steckdosen	Schematische Darstellung 12: AC-Systeme Einphasen-Dreileiternetz mit Neutralleiter, jedoch ohne Schiffskörperrückleitung

Erläuterungen zu Tabelle 12.1

I) Nicht für Tanker, Stromversorgung, Heizung, Beleuchtung in Schiffen über 1600 t (Solas Reg. 45/3.1)
II) Nicht für Tanker (Solas Reg. 4574.1)
III) Nicht für Tanker (siehe Ab. 23.5)
IV) The vital services on all vessels which have a grounded neutral distribution system shall be supplied from an insulated distribution system.
V) Hull currents which could arise from the following are not considered as being prohibited by application of Sub-clause 3.1:
- the use of sacrificial anode protective systems, or impressed current protective systems for outer hull protection only,
- limited and locally earthed systems, such as starting and ignition systems of internal combustion engines,
- insulation level monitoring devices, provides the circulation current does not exceed 30 mA under the most unfavourable conditions,
- the earthing of the neutral of power distribution systems of voltages above 1 kV, providing any possible resulting current does not flow directly through any of the hazardous areas defined by this.

VI) For impressed current cathodic protection system
VII) Nicht für Tanker (Sec.3/ A104)

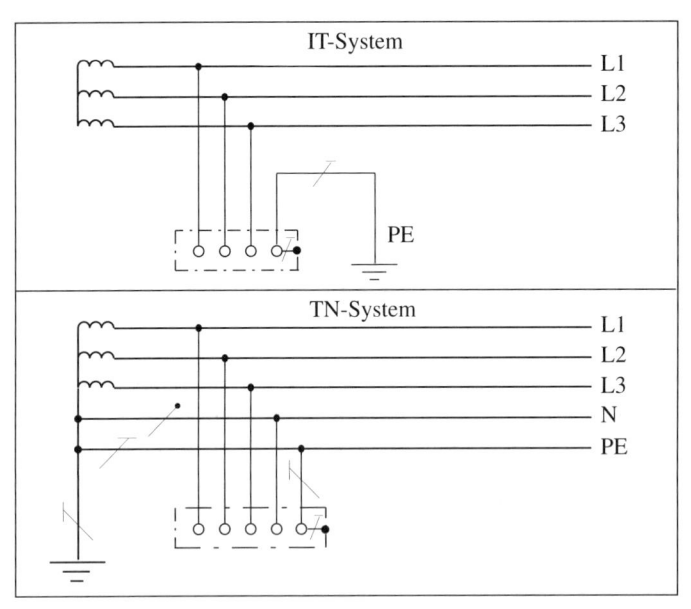

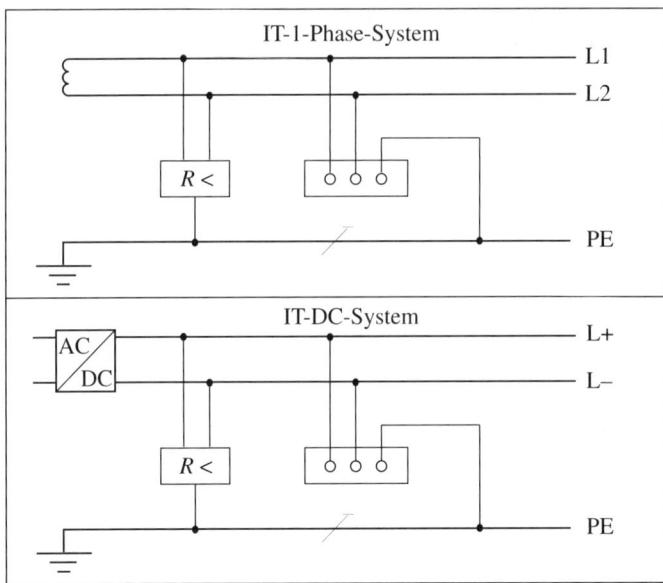

Bild 12.1 Darstellung der Netzformen gemäß IEC

185

DC-Netze mit den entsprechenden Isolationsüberwachungsgeräten, sind in **Bild 12.1** dargestellt.

12.4 Aufbau eines IT-Systems

Das IT-System wird von einem Transformator, einem Generator, einer Batterie oder einer anderen unabhängigen Spannungsquelle gespeist. Da kein aktiver Leiter dieses Netzes direkt geerdet ist, beeinflußt ein erster Erd- oder Körperschluß die Funktion der angeschlossenen Betriebsmittel nicht.

Die hohe Zuverlässigkeit des IT-Systems wird durch die kontinuierliche Überwachung des Isolationswiderstands gewährleistet. Diese Forderung ist auch Bestandteil der Bestimmungen und Vorschriften in Tabelle 12.1. Nachfolgend finden sich Auszüge aus zwei Vorschriften über isolierte IT-Systeme. Zusätzliche Anmerkungen über isolierte Netze sind in diesen und in den in der **Tabelle 12.2** aufgeführten Vorschriften zusammengestellt, welche die geeignete Isolationsüberwachungseinrichtung kennzeichnen.

	Isolationsüber-wachungsgeräte	Überwachung mit Glühlampen
IEC 92-201	Abschnitt 7.2	
IEC 92-505	Abschnitt 3.4.1	
IEC 92-503	Abschnitt 17	
IEC 92-502	Abschnitt 3.5.1	
Solas	Reg. 45 Ab. 4.2	
IMO	Abschnitt 5.5.7	
Lloyd's	Sec. 2 Ab. 2.2	Sec. 2 Ab. 2.2
IEE	Sec. 6 Ab. 6.10	Sec. 6 Ab. 6.10
IEE ships (tankers)	Sec. 23 Ab. 23.5	Sec. 23 Ab. 23.5
Canadian Coast Guard		9-4 (24) (25)
Det norske veritas: oil carriers steel ships offshore units	C300 A607 A608	

Tabelle 12.2 Empfohlene Überwachungseinrichtung für IT-Systeme

IEC 92-201:
1. Originaltext
„Jedes isolierte Verteilernetz, sowohl primär als auch sekundär, ist mit Einrichtungen auszustatten, die den Zustand der Isolation gegen Masse anzeigen. Für Tanker gilt die IEC-Publikation 92-502."
„Bei isolierten Verteilernetzen mit einer Nennspannung von mehr als 500 V, ist der Einbau eines oder mehrerer Geräte in Betracht zu ziehen, die die Isolationsgüte ständig überwachen und bei anormalen Verhältnissen akustischen und optischen Alarm auslösen."
2. Originaltext
Auszug aus einer Norm des „Institute of Electrical Engineers" (Great Britain): „Regulations for the Electrical and Electronic Equipment of ships, ed. 1972."
„Where an earth-indicating system using either two or three lamps, as appropriate, is adopted, earthing lamps should be of metal-filament type each not exceeding 30 watts. The system employing a single lamp should not be used. To facilitate comparison of the brilliance of earth-indicating lamps, they should be of clear glass and should be placed not more than 150 mm apart."

Die unter Punkt 2 genannte Variante der Isolationsüberwachung geht zurück bis ins Jahr 1885. Sie ist jedoch heute angesichts moderner Isolationsüberwachungsgeräte nicht mehr praxisgerecht. Eine Anpassung an die aktuellen Vorschriften ist deshalb dringend zu ratsam. Die veraltete Drei-Voltmeter-Methode mit Glühlampen wird jedoch erstaunlicherweise noch in den Vorschriften empfohlen.

Die ASTM (American Society for Testing and Materials) hat sich entschieden für eine Modernisierung eingesetzt. Zwei Vorschriften wurden bereits veröffentlicht und eine dritte ist in Vorbereitung. Der Titel der Vorschrift F 1207-89 lautet: „Electrical Insulation Monitors for Monitoring Ground Resistance in Active Electrical Systems". Die zweite Vorschrift F 1134-88 hat den Titel: „Insulation Resistance Monitor for Shipboard Electrical Motors and Generator". Die dritte Vorschrift, die zur Zeit noch in Vorbereitung ist, lautet: „Electrical Insulation Monitors for Monitoring Ground Resistance in Ungrounded Active AC Electrical Systems Having Large DC Components of DC Electrical Systems."

12.5 Vorteile des IT-Systems

Die häufigste Ursache für das Auftreten einer gefährlichen Berührungsspannung oder eines elektrisch gezündeten Brands liegt im Versagen der Isolation eines elektrischen Geräts oder einer elektrischen Anlage. Um derartige Gefahren von vornherein auszuschließen, wird der Isolationswiderstand kontinuierlich überwacht und das Unterschreiten eines kritischen Wertes sofort signalisiert. Dann können vorsorglich entsprechende Maßnahmen getroffen werden, bevor ein kritischer Isolationsfehler oder eine Stromunterbrechung eintreten kann (siehe **Bild 12.2** und **Bild 12.3**). Beim Auftreten eines direkten Erdschlusses R_F fließt im geerdeten Netz der Erdschlußstrom I_d, der dem Kurzschlußstrom I_k entspricht. Die vorgeschaltete Sicherung spricht an, und es kommt zur Betriebsunterbrechung. Bei schleichender Isolationsverschlechterung muß mit einem Wert von $R_F \geq 0$ gerechnet werden. An der Fehlerstelle (R_F) tritt dann die Verlustleistung auf, die zur Erwärmung bis zum Brand führen kann, ohne daß das Schutzorgan anspricht. Bei Auftreten eines Isolationsfehlers in einem IT-System fließt nur der durch die Netzkapazitäten verursachte kapazitive Strom. Die Schutzeinrichtungen sprechen nicht an, so daß bei einem Erdschluß die Spannungsversorgung sichergestellt und die Verlustleistung $P = i^2 R_F$ begrenzt ist.

Für das IT-System ergeben sich daraus folgende Vorteile:

Höhere Betriebssicherheit
- mit der Isolationsüberwachung wird das Netz in einem Zustand hoher Zuverlässigkeit gehalten,
- einpolige Erdschlüsse führen nicht zur Betriebsunterbrechung,

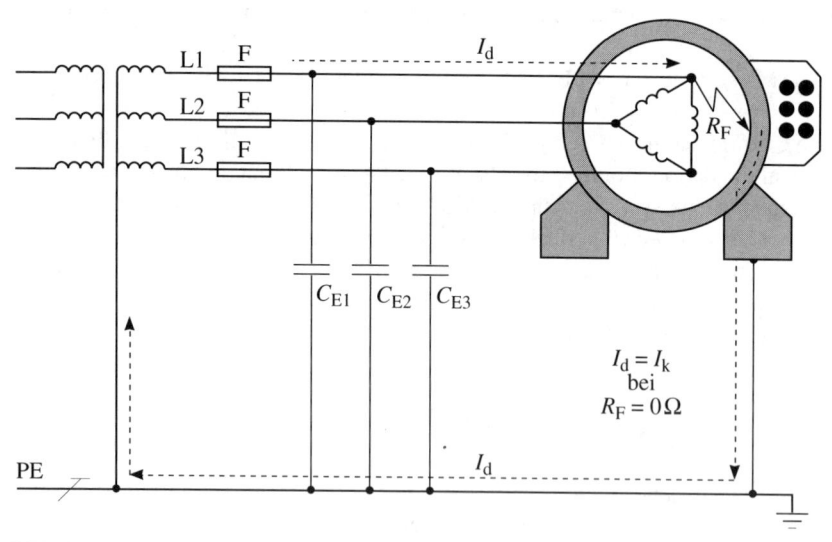

Bild 12.2 Isolationsfehler im geerdeten Netz

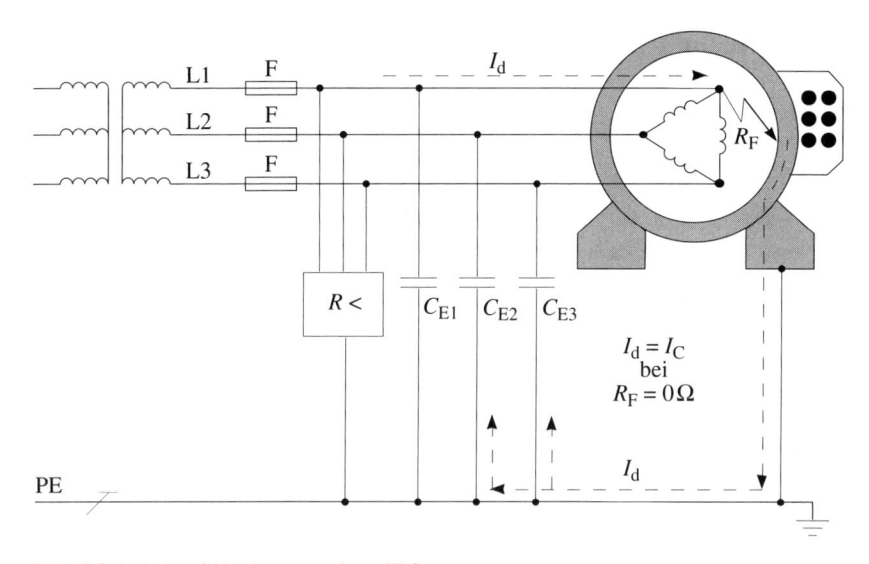

Bild 12.3 Isolationsfehler im ungeerdeten IT-System

- kein Fehlverhalten von Steuerungen bei Erdschlüssen,
- beim Zuschalten werden defekte Geräte sofort erkannt.

Höhere Brandsicherheit
- schleichende Isolationsschäden werden schon im Entstehen erkannt,
- Fehlerlichtbögen, eine häufige Brandursache, können nicht auftreten (mit Ausnahme von Netzen mit sehr hohen Ableitkapazitäten),
- wertvolle Geräte, wie z. B. Motoren, können durch Lichtbögen bei unvollkommenem Erdschluß nicht beschädigt werden.

Höhere Unfallsicherheit infolge begrenzter Berührungsströme
- in kleinen und mittleren Anlagen lassen sich Erdschlußströme und somit die größtmöglichen Berührungsströme klein halten.

In bezug auf die höhere Brandsicherheit kommt dem IT-System in besonders kritischen Bereichen, wie z. B. auf Tankern, besondere Bedeutung zu.

12.6 Meßtechnik von Isolationsüberwachungsgeräten

Um einen Isolationsfehler frühzeitig erkennen, lokalisieren und melden zu können, ist eine kontinuierliche Überwachung des Netzes mit einem Isolationsüberwachungsgerät notwendig. Bei Unterschreiten eines vorgegebenen Werts wird ein akustisches und/oder optisches Signal ausgelöst. Üblicherweise besteht eine solche Einrichtung aus einem Isolationsüberwachungsgerät und einer Melde- und Prüfkombination zur regelmäßigen Prüfung des Isolationsüberwachungsgeräts. Ein Prinzipschaltbild eines Isolationsüberwachungsgeräts ist in **Bild 12.4** dargestellt.

Das Isolationsüberwachungsgerät wird über hochohmige Ankoppelwiderstände R_i zwischen Netz und Erde geschaltet. Die vom Meßgenerator erzeugte Meßspannung U_M wird so dem gesamten Netz überlagert. Tritt nun ein Isolationsfehler R_F auf, schließt sich der Meßkreis. Die Meßspannung treibt einen Meßstrom I_M über die Ankoppelwiderstände R_i, den Isolationsfehler R_F und den Meßwiderstand. Der Meßstrom I_M (im mA-Bereich) verursacht am Meßwiderstand R_M einen Spannungsfall, der proportional dem Isolationswiderstand R_F ist.

Der Spannungsfall wird mit einem Referenzwert verglichen, der einem vorgegebenem kΩ-Wert entspricht. Wenn der Referenzwert überschritten wird, gibt das Isolationsüberwachungsgerät Alarm über die Melde-LED und Ausgangsrelais. Ein eingebautes Anzeigeinstrument zeigt zur ständigen präventiven Überwachung von Isolationsverschlechterungen den aktuellen Wert des Isolationswiderstands in kΩ an.

Bei der Auswahl eines Isolationsüberwachungsgeräts sollten DIN VDE 0413-2 oder -8 oder ASTM als Richtlinie dienen. Eine Geräteausführung nach den Zulassungen des Germanischen Lloyds zeigt **Bild 12.5**.

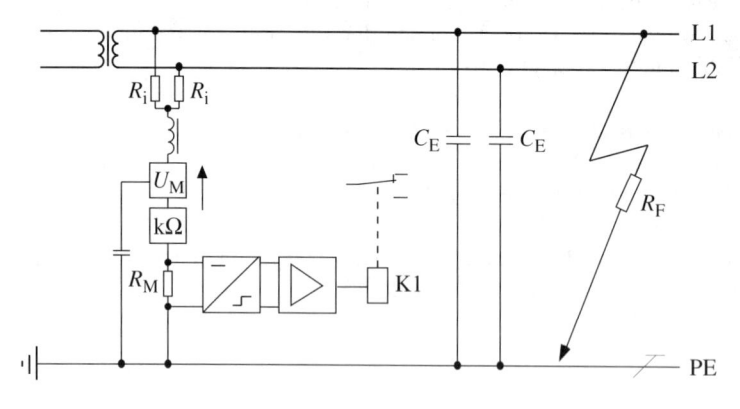

Bild 12.4 Prinzipschaltbild eines Isolationsüberwachungsgeräts

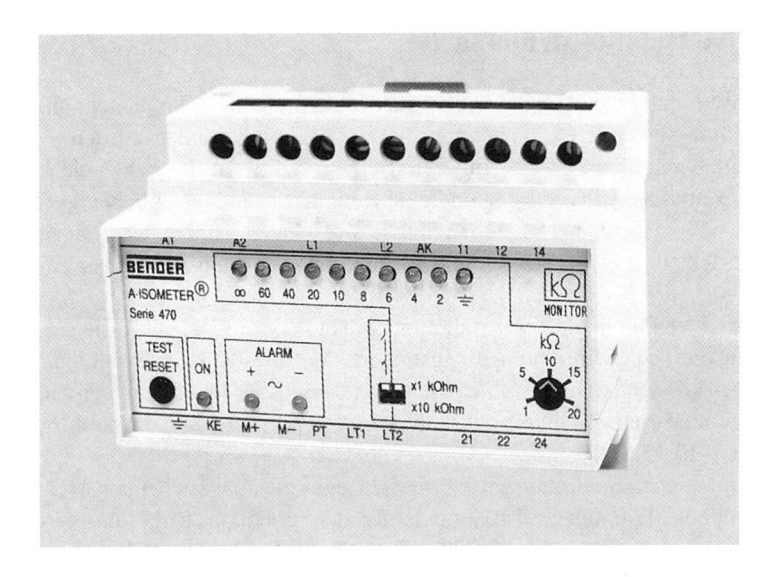

Bild 12.5 Isolationsüberwachungsgerät Typ IR 470 LYX mit GL-Zulassung
[Werkbild Fa. Bender, Grünberg]

Die Art der Meßspannung bzw. des Meßverfahrens ist abhängig von der jeweiligen Netzform. Die gebräuchlichsten Meßspannungen sind:
- Meßgleichspannung,
- Impulsmeßspannung,
- Pulscode-Meßspannung.

Für die Auswahl des richtigen Isolationsüberwachungsgeräts sind folgende Kriterien zu berücksichtigen:
- Netzspannung und Spannungsbereich,
- Netzfrequenz bzw. im Netz auftretende Frequenzschwankungen,
- Ableitkapazität des Netzes gegen Erde bzw. gegen den Schiffsrumpf,
- Netzart AC, DC oder AC mit DC gemischt.

Da auf Schiffen die Netzableitkapazität in der Größenordnung bis 200 µF liegen kann, ist der Auswahl von Isolationsüberwachungsgeräten besondere Bedeutung zu schenken. Längere Ansprechzeiten müssen in diesen Anwendungsfällen in Kauf genommen werden.

12.7 Selektive Isolationsfehlersuche

Da normalerweise durch einen Isolationsfehler der fehlerhafte Stromkreis nicht unterbrochen wird, müssen andere Lokalisierungsmöglichkeiten gefunden werden. Durch die beengten räumlichen Verhältnisse auf einem Schiff ist die Fehlersuche schwierig und verlangt einige Erfahrung und gute Kenntnisse der betrieblichen Verhältnisse. Meist mußten dazu die Netze spannungslos geschaltet werden, was jedoch während des Betriebs oder eines Manövers sehr ungünstig ist, wenn nicht sogar unmöglich.

Aus diesem Grund werden heute bei Installation eines IT-Systems gleichzeitig stationäre Isolationsfehlersucheinrichtungen installiert. Mit diesen Isolationsfehlersucheinrichtungen können Isolationsfehler während des Betriebs lokalisiert werden, ohne daß der normale Betriebsablauf auf dem Schiff gestört oder sogar unterbrochen wird (siehe **Bild 12.6**).

Die Isolationsfehlersucheinrichtung wird zwischen dem zu überwachenden Netz und Erde angekoppelt. Tritt nun ein Isolationsfehler auf, spricht das Isolationsüberwachungsgerät an, und ein Prüfgerät wird aktiviert. Dieses Prüfgerät schaltet einen definierten Prüfwiderstand in einem bestimmten Takt abwechselnd an die einzelnen Netzleiter. Liegt der Widerstand an dem nicht fehlerbehafteten Netzleiter, kommt es zu einem Stromfluß über die Erdschlußstelle R_F. Dieser Strom wird von einem Meßwandler erfaßt und in einer Elektronik ausgewertet.

Sind nun die einzelnen Abgänge eines IT-Systems mit Meßwandlern versehen, läßt der Fehlerort sich durch Abfrage lokalisieren, denn der Meßstrom fließt durch alle Wandler, die im Fehlerkreis liegen (siehe **Bild 12.7**).

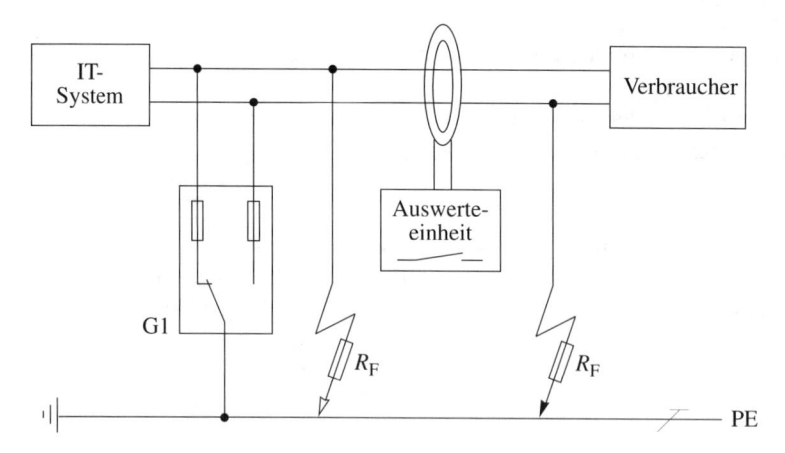

Bild 12.6 Prinzip der Isolationsfehlersuche

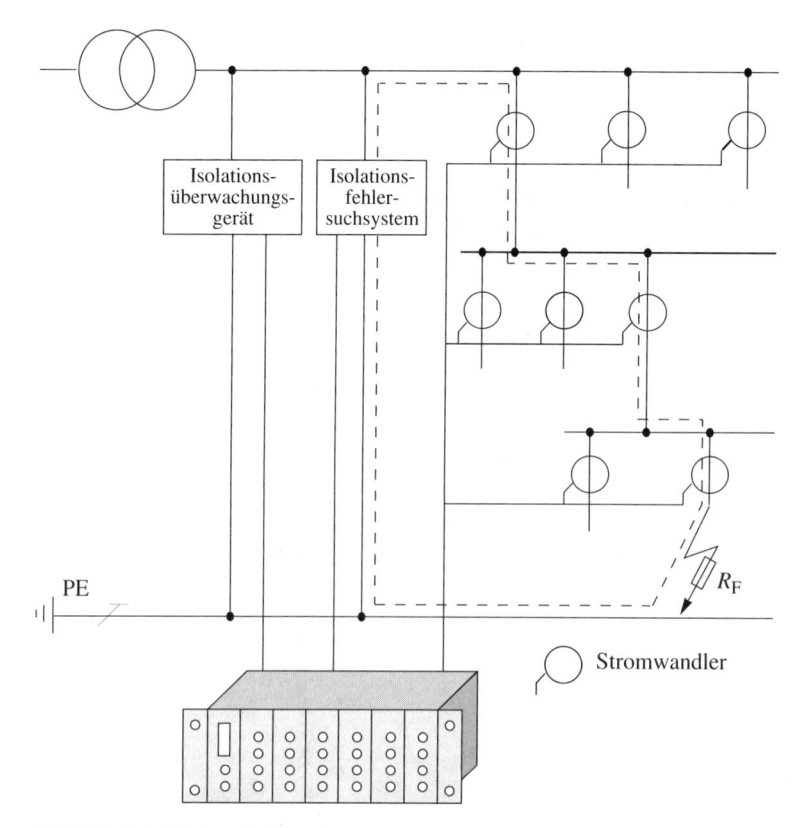

Bild 12.7 Beispiel einer Isolationsfehlersucheinrichtung

Zusammenfassung

Auch auf Schiffen und Offshore-Einrichtungen wird das IT-System verwendet, insbesondere in den Bereichen, wo es auf erhöhte Sicherheit ankommt. In Sekundärnetzen ist normalerweise ein Transformator oder ein Motor-Generator vorhanden; somit ist die Voraussetzung für ein IT-System gegeben, und es sind keine weiteren Trenntransformatoren mehr notwendig.

Durch die Kombination IT-System mit zusätzlichem Potentialausgleich, einem Isolationsüberwachungsgerät und einer selektiven Erdschlußerfassung ist die Basis für ein sicheres und zuverlässiges Bordnetz geschaffen. Unter Berücksichtigung der Normen und Bestimmungen können die Voraussetzungen geschaffen werden, Personen- und Sachschäden – verursacht durch elektrische Unfälle und Brände – zu minimieren.

12.8 IT-Systeme auf Schiffen der Bundeswehr nach BV 30

Mit freundlicher Genehmigung des Bundesamtes für Wehrtechnik und Beschaffung in Koblenz werden im folgenden einige Angaben der Bauvorschrift (BV) für Schiffe der Bundeswehr (BW) auszugsweise zitiert (siehe **Bild 12.8** und **Bild 12.9**): Einen vollständige Überblick gibt die Bauvorschrift BV 30 in ihrer Gesamtheit. Die BV 30 gilt für Schiffe der Bundeswehr – Marine. Sie ist ein Hilfsmittel für die Planung der elektrischen Anlagen mit allgemeinen Richtlinien und hat den Titel: „Bauvorschriften für Schiffe der Bundeswehr 3 000-1 – Elektrische Anlagen und Planung und allgemeine Richtlinien für Überwasserschiffe, Stand 03.90".

Die Bauvorschrift enthält Entwurfs-, Konstruktions- und Fertigungsrichtlinien. Die folgenden Ausführungen beziehen sich ausschließlich auf Netzform und Isolationsüberwachung.

In den allgemeinen Anforderungen der Spannungssysteme gilt:
- Alle Haupt- und Unternetze sind für allpolige Abschaltung und allpolig isoliert (Sternpunkt ungeerdet) auszuführen. Alle Bordnetze sind als Strahlennetze mit selektivem Kurzschlußschutz auszuführen. Sie haben die Netzform IT-System nach DIN VDE 0100-310.

Bild 12.8 Fregatte F122 der Bundeswehr

Bild 12.9 Leitstand der Fregatte F122 mit Isolationsüberwachungsanzeige

- Schutz bei indirektem Berühren
  Bei allen Schiffen der Bundeswehr ist als Schutz bei indirektem Berühren „Schutz durch Abschaltung oder Meldung" entsprechend DIN VDE 0100-410 anzuwenden, wobei insbesondere die zugelassenen Schutzmaßnahmen im IT-System gemäß der auf Schiffen der Bundeswehr geforderten Netzform maßgebend sind. Es sind Isolationsüberwachungseinrichtungen einzubauen.
- Isolationsüberwachung
  In Hauptnetzen und galvanisch von ihnen getrennten Unternetzen sind stationäre Isolationsüberwachungseinrichtungen einzubauen. Sie sollen während des Betriebs ständig den Isolationszustand aller Leiter gegenüber dem Schiffskörper bzw. dem Schutzleiter überwachen.
  Die Überwachungseinrichtungen dürfen nicht abschaltbar eingerichtet sein, es sei denn, daß dies für bestimmte Anwendungen nachfolgend oder in der Spezifikation ausdrücklich verlangt wird.
  Die Geräte müssen so aufgebaut sein, daß die in DIN VDE 0413-2 bzw. -8 genannten Mindestwerte eingehalten werden. Die Ansprechwerte der Isolationsüberwachungseinrichtungen müssen variierbar sein, damit eine Anpassung an die in den Spezifikationen für das jeweilige Netz genannten zulässigen Isolationswiderstände erfolgen kann.

Beim Unterschreiten der zulässigen Isolationswiderstände sollen optische und akustische Meldungen in der elektrischen Überwachungstafel im schiffstechnischen Leitstand gegeben werden.

Literatur

[12.1] DIN VDE 0129 Teil 201/04.90: „Elektrische Anlagen auf Schiffen – Auslegung der Systeme – Allgemeines". Identisch mit IEC 92-201: 1980 (Stand 1987)
[12.2] IEC-Publication 92-502: 1980: Electrical installations in ships Part 502: Special features – Tankers
[12.3] IEC-Publication 92-503: 1975: Electrical installations in ships – Special features – AC supply systems with voltages in the range above 1 kV up to an including 11 kV
[12.4] IEC-Publication 92-505: 1984: Electrical installations in ships part 505: – Special features – Mobile offshore drilling units
[12.5] International convention for the safety of life at sea (1989): International maritime organization – London
[12.6] Lloyd's Register of Shipping – Rules and regulations for the classification of ships, Part 6: Control, Electrical, Refrigeration and Fire, Jan. 1984
[12.7] The Institution of Electrical Engineers: Recommendations for the electrical and electronic equipment of mobile and fixed offshore installations, 1983
[12.8] The Institution of Electrical Engineers: Regulations for the electrical and electronic equipment of ships, 1972
[12.9] Canadian Coast Guard – ship safety electrical standards: Coast guard ship safety branch, 1982 with amendment 1987
[12.10] Det Norske Veritas – Rules for classification of steel ships. Part 4 chapter 4: Electrical installations, Jan. 1990
[12.11] Det Norske Veritas – Rules for classification of steel ships. Part 5 chapter 3: Oil carriers, Jan. 1990
[12.12] Det Norske Veritas -Rules for classification of mobile offshore units, Part 4 chapter 4: Electrical installations, Jan. 1991
[12.13] Bender, C.: Safe and reliable electrical power systems for navy ships. Firmenschrift Bender, Grünberg
[12.14] Harders, W.: DIN VDE 0129 Teil 201 – Eine deutsche Norm zur Elektrotechnik auf Schiffen. de Der Elektromeister & Deutsches Elektrohandwerk (1991) H. 13, H. 15 – 16
[12.15] Bauvorschrift für Schiffe der Bundeswehr – Marine – 30, E Anlage. Koblenz: Bundesamt für Wehrtechnik und Beschaffung, 1986

13 IT-Systeme mit Isolationsüberwachung auf Schienenfahrzeugen

Der Schienenverkehr der Zukunft verlangt nach innovativen Lösungen. Die ständig steigenden Anforderungen in bezug auf Leistungsfähigkeit, Wirtschaftlichkeit, Zuverlässigkeit und vor allem Betriebssicherheit erfordern den Einsatz modernster Antriebs- und Netzschutztechnik. Hier findet man einen idealen Anwendungsfall für IT-Systeme mit Isolationsüberwachung. In den allgemeinen Bau- und Schutzbestimmungen für Bahnen der DIN VDE 0115-1 (Entwurf April 95) wird das IT-System als eine mögliche anwendbare Maßnahme genannt. Als Ergänzung zu den Schutzmaßnahmen in IT-Systemen nach DIN VDE 0100-410 muß zusätzlich ein Schleifleiter als Schutzleiter vorhanden sein. Zusätzlich spielt die DIN VDE 0115-200 „Elektronische Einrichtungen auf Schienenfahrzeugen", die mittlerweile als Europäische Norm EN 50155 Gültigkeit hat, eine wichtige Rolle. Diese Norm enthält die Betriebsbedingungen, die Prüfung der elektronischen Einrichtungen ebenso wie die grundlegenden Hardware- und Softwareanforderungen, die für eine leistungsfähige Einrichtung als erforderlich erachtet werden. Elektronische Komponenten, wie z. B. Isolationsüberwachungsgeräte, müssen dieser Norm genügen. Zusätzlich müssen für Anwendungen der Deutschen Bahn die eigene Bahnnorm wie z. B. die BN 411 002, die größtenteils der DIN VDE 0115-200 entspricht, erfüllt werden.

13.1 Anwendungsbeispiele für IT-Systeme mit Isolationsüberwachung

Es gibt zwei Anwendungen, in denen man das IT-System mittlerweile häufiger als das geerdete System auf Schienenfahrzeugen antrifft. **Bild 13.1** zeigt den grundsätzlichen Aufbau der Stromversorgung eines Schienenfahrzeugs in der Übersicht mit zwei typischen IT-Systemen und der Isolationsüberwachung.

13.2 Einsatzorte von IT-Systemen mit Isolationsüberwachung

Mittlerweile werden zahlreiche IT-Systeme mit Isolationsüberwachung national und international verwendet. In vielen Bahnprojekten werden batteriegepufferte Gleichspannungsnetze mit Isolationsüberwachungsgeräten erfolgreich überwacht. Andere Anwendungen, wie z. B. die Überwachung externer Ladestationen oder der

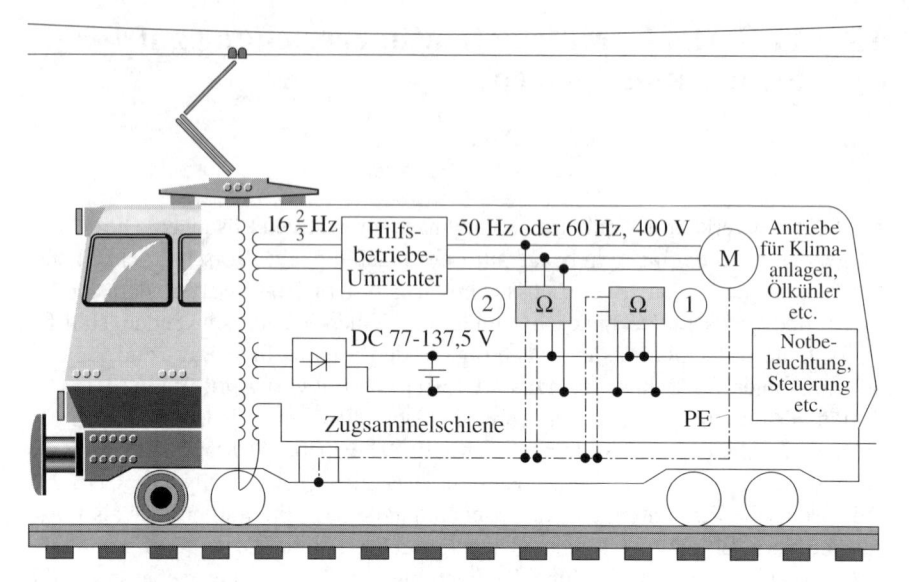

Bild 13.1 Aufbau der Stromversorgung in der Übersicht

Bild 13.2 Heathrow Express

in Lokomotiven befindlichen Antriebsköpfe, können mit speziellen Gerätevarianten problemlos realisiert werden. Hilfsbetriebeumrichter, wie z. B. beim Heathrow Express, siehe dazu **Bild 13.2**, die Klimaanlagen, Beleuchtung usw. speisen, werden mittlerweile häufig isoliert ausgeführt. Die ständig steigenden Anforderungen an den Schienenverkehr erfordern neuste Technologien. Immer mehr Systeme werden heutzutage als IT-System mit Isolationsüberwachung aufgebaut. Die hohe Verfügbarkeit dieser Netzform bestimmt meist deren Anwendung.

13.3 Anforderungen an die Isolationsüberwachungseinrichtung

Die auf Schienenfahrzeugen im IT-System verwendeten Isolationsüberwachungsgeräte müssen der bereits vorher beschriebenen VDE 0115-200 genügen. Das im Isolationsüberwachungsgerät verwendete Meßverfahren muß dem jeweiligen Anwendungsfall angepaßt sein. Aufgrund sich ständig verändernder Systemkonstellationen und Anwendungen von Umrichtern können nur sehr wenige Meßverfahren, wie z. B. das AMP-Meßverfahren, den Isolationswiderstand zuverlässig ermitteln. Die Auswahl eines ungeeigneten Meßverfahrens kann zu Fehlmessungen und dadurch bedingten Fehlalarmen führen. Es kann aber auch sein, daß das benutzte Meßverfahren aufgrund der dem System überlagerten Störsignale keinen Isolationswiderstand ermitteln kann. Folglich wird das Auftreten eines Erdschlusses nicht erkannt.

Geforderte Isolationswiderstände für Akkumulatoren und Batterieanlagen ergeben sich aus der Norm DIN VDE 0510:1986-07. Festlegung bezüglich des Isolationswiderstands in Wechsel- bzw. Drehstromnetzen ergeben sich laut DIN VDE 0115-1 (Entwurf April 1995) aus der DIN VDE 0105-1:1983-07. Um die Einstellung des Isolationsüberwachungsgeräts zu erleichtern, werden in **Tabelle 13.1** empfohlene und geforderte Isolationswiderstände aufgeführt.

Es ist sinnvoll, Isolationsüberwachungsgeräte aus dem batteriegepufferten Gleichspannungsnetz zu speisen, um so die Überwachung abgeschalteter Systeme zu ermöglichen. Da der Einsatzort oftmals variiert, sollte das Isolationsüberwachungsgerät über externe Anschlüsse für Lösch- und Prüftaste verfügen. Im Einzelfall ist der Anschluß eines externen Meßinstruments zur Anzeige des Isolationswiderstands vorgesehen. Durch Verwendung eines IT-Systems mit Isolationsüberwachung sind einige Punkte der DIN VDE 0115-200 einfacher zu realisieren. Zum Beispiel wird durch kontinuierliches Überwachen des Isolationswiderstands ein Unterschreiten des eingestellten Ansprechwerts gemeldet, und der Fehler kann schnellstmöglich behoben werden. Dadurch wird die Belastung der elektronischen Einrichtungen vermindert, und es können dadurch höhere Zuverlässigkeitswerte erzielt werden. Weiterhin ist das System aus Gründen der Instandhaltbarkeit so ausgelegt, daß keine pe-

Norm	Nenn-spannung	geforderter Isolationswert				empfohlener Ansprechwert des Isolationswächters	
				1)			1)
DIN VDE 0105 elektrische Anlagen im Betrieb	AC 230 V	50 Ω/V	11 kΩ	300 Ω/V	69 kΩ	17 kΩ	104 kΩ
	AC 277 V	50 Ω/V	14 kΩ	300 Ω/V	83 kΩ	21 kΩ	125 kΩ
	AC 400 V	50 Ω/V	20 kΩ	300 Ω/V	120 kΩ	30 kΩ	180 kΩ
	AC 480 V	50 Ω/V	24 kΩ	300 Ω/V	144 kΩ	36 kΩ	216 kΩ
	AC 500 V	50 Ω/V	25 kΩ	300 Ω/V	150 kΩ	38 kΩ	225 kΩ
	AC 690 V	50 Ω/V	34 kΩ	300 Ω/V	207 kΩ	51 kΩ	311 kΩ
DIN VDE 0510 für Akkumulatoren und Batterieanlagen	DC 24 V	100 Ω/V	3 kΩ			4 kΩ	
	DC 48 V	100 Ω/V	5 kΩ			8 kΩ	
	DC 72 V	100 Ω/V	8 kΩ			11 kΩ	
	DC 96 V	100 Ω/V	10 kΩ			12 kΩ	
	DC 110 V	100 Ω/V	12 kΩ			17 kΩ	

Tabelle 13.1 Geforderte Isolationswerte und empfohlene Ansprechwerteinstellung von Isolationsüberwachungsgeräten
1) Isolationswerte für gut gewartete Anlagen

riodischen Wartungen notwendig sind. Ergänzend kann der Betreiber nach DIN VDE 0115-200 Diagnoseeinrichtungen fordern, um den Zustand der Stromversorgung etc. darzustellen. Einige Punkte dieser Norm können durch Verwendung einer Isolationsüberwachung im IT-System einfacher umgesetzt werden. Anforderungen aus der DIN VDE 0115-200, wie z. B. Absatz 4.6 „Automatische Prüfeinrichtung", können mit einer selektiven Isolationsfehlersucheinrichtung erfüllt werden.

13.4 Batteriegepuffertes sicherheitsgerichtetes Gleichspannungsnetz

Es handelt sich dabei um ein sicherheitsgerichtetes System, das im Fehlerfalle für einen gewissen Zeitraum die Notstromversorgung aufrecht erhält. Es hat die Aufgabe, auch nach Spannungsausfall sicherheitsrelevante Einrichtungen wie z. B. Notbeleuchtung, Tür- und Bremssteuerung weiter zu versorgen. Danach werden zeitlich gestaffelt, je nach Notwendigkeit, einzelne Verbraucher abgeschaltet. Da dieses System je nach Länge und Aufbau des Zugs eine unterschiedliche Anzahl an Waggons speisen kann und daher auftretende Störgrößen nicht eindeutig definiert werden können, ist ein intelligentes Meßverfahren bei der Isolationsüberwachung notwendig. Deshalb werden in diesen Bereichen oftmals Isolationsüberwachungseinrichtungen verwendet, die mit einem AMP-Meßverfahren arbeiten. Eine genaue Beschreibung des Meßverfahrens ist im Abschnitt 14.4.1 gegeben. Die Isolationsüberwachungsgeräte sollten aus dem zu überwachenden System gespeist werden. So kann auch bei Spannungsausfall der Standardsysteme die Isolationsüberwachung des batteriegepufferten Gleichspannungsnetzes weiter garantiert werden. Da in diesem System Sicherheit und eine hohe Verfügbarkeit an oberster Stelle stehen, ist – aus den bereits im letzten Kapitel beschriebenen Gründen – das IT-System mit Isolationsüberwachung die beste Alternative.

13.5 Umrichter in Hauptstromkreisen

In Lokomotiven werden verschiedene Umrichtervarianten mit unterschiedlichen Aufgaben verwendet. Hilfsumrichter speisen z. B. die Klimaanlage, die Beleuchtung, die Batterieladung und die Steuerstromkreise. Eine Aufgabe des Umrichters ist es, die Frequenz von 16 2/3 Hz in 50 Hz umzuwandeln, um so Standardgeräte nutzen zu können, die preisgünstiger sind. Ein weiteres Aufgabengebiet ist die Steuerung der Fahrantriebe mit unterschiedlichen Wechselrichtern, die in der DIN VDE 0115-403 (Entwurf Oktober 1994) „Drehende elektrische Maschinen" beschrieben wird. Die Definition der einzelnen Umrichtertypen findet man in der DIN VDE 0115-410 (Entwurf März 1996) „Elektronische Stromrichter auf Bahnfahrzeugen". Aus Gründen der EMV-Richtlinien werden zunehmend Netzfilter (Kondensatoren) verwendet. Hinzu kommt oftmals eine Parallelschaltung mehrerer Umrichter. Durch die Parallelschaltung der Filter- und Netzableitkapazitäten wird der Isolationswiderstand stark gesenkt. Ein weiteres Absinken des Isolationswiderstands kann mit Hilfe eines IT-Systems mit Isolationsüberwachung erkannt und gemeldet werden. Der Betreiber soll Isolationsfehler schnellstmöglich beseitigen, um so das Entstehen hoher Fehlerströme zu vermeiden (siehe DIN VDE 0100-410:1997-01, Punkt 413.1.5.4, Anmerkung 1). Somit hat man die Möglichkeit, diese empfindlichen Systeme vor Ausfall und Fehlsteuerung durch hochohmige Isolationsfehler oder Erdschlüsse zu schützen. Isolationsüberwachungsgeräte, die in Umrichterkreisen zuverlässig messen, arbeiten meist mit einem speziellen intelligenten AMP-Meßverfahren (siehe auch Abschnitt 14.4.1). Auch hier gilt die Empfehlung, Isolationsüberwachungsgeräte aus dem batteriegepufferten Gleichspannungsnetz zu speisen (siehe Bild 13.1), um auch abgeschaltete Systeme überwachen zu können. Dadurch kann ein hochohmiger Isolationsfehler oder Erdschluß frühzeitig erkannt und gemeldet werden. Der Betreiber hat nun die Möglichkeit, den Fehler zu beseitigen. Unnötige Verzögerungen, bedingt durch Instandsetzen beschädigter oder sogar zerstörter Systeme, können so effektiv vermieden werden.

14 Meßtechnische Realisierung von Isolationsüberwachungsgeräten und Erdschlußwächtern

Für die meisten ungeerdeten Systeme gibt es heute Lösungsmöglichkeiten zur Isolationsüberwachung. Jedoch werden aus physikalisch-technischen Gründen für verschiedene Netzarten unterschiedliche Meßtechniken angewandt. Daher sind zu unterscheiden:
- reine Wechselspannungs- bzw. Drehstromnetze,
- Wechselspannungsnetze mit direkt angeschlossenen Gleichrichtern oder Thyristoren,
- Gleichspannungsnetze.

14.1 Isolationsüberwachung von Wechsel- und Drehstrom-IT-Systemen

Hier unterscheidet man die Überwachung des ohmschen Isolationsfehlers und die Messung der gesamten Ableitimpedanz des Netzes zum Schutzleiter.

14.1.1 Messung ohmscher Isolationsfehler

Das am häufigsten angewandte Meßverfahren ist die Überlagerung einer Meßgleichspannung zwischen Netz und Schutzleiter. Diese seit Jahrzehnten bewährte Meßtechnik zeigt im Prinzip **Bild 14.1**.

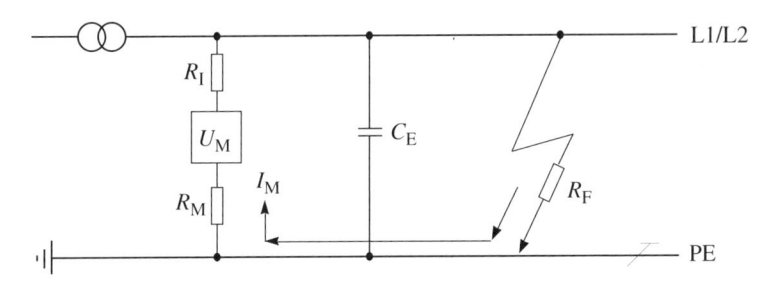

Bild 14.1 Prinzipschaltbild Isolationsüberwachungsgerät

Die Meßspannung wird im Isolationsüberwachungsgerät erzeugt und über hochohmige Ankoppelwiderstände R_i an das Netz gelegt. Das zu überwachende Netz ist vereinfacht als eine Stromschiene dargestellt, da sich die Meßgleichspannung über die für die Gleichspannung niederohmige Sekundärwicklung des Netztrenntransformators auf alle Leiter überlagert. Beim Auftreten eines Isolationsfehlers schließt sich der Meßkreis zwischen Netz und Erde über den Isolationsfehler R_F, so daß sich ein dem Isolationsfehler proportionaler Meßgleichstrom I_M nach folgender Gleichung einstellt:

$$I_M = \frac{U_M}{R_I + R_M + R_F}, \qquad (14.1)$$

wobei :
I_M Meßgleichstrom,
U_M Meßgleichspannung,
R_I Innenwiderstand des Isolationsüberwachungsgeräts (R_I ergibt sich aus der Parallelschaltung von $2 \cdot R_i$ und weiteren internen Widerständen),
R_M Meßwiderstand des Isolationsüberwachungsgeräts,
R_F Gesamtisolationsfehler des Netzes.
Die Netzableitkapazitäten werden lediglich auf die Meßgleichspannung aufgeladen und beeinflussen die Messung nach dem kurzen Einschwingvorgang nicht. Mit diesem Meßverfahren wird also die Summe aller Isolationsfehler gemessen. Geräte mit diesem Meßverfahren, die den „absoluten" Isolationswiderstand des Netzes feststellen, sind unter dem geschützten Markennamen der Fa. Bender (Grünberg) als A-Isometer bekannt (A = absolut). Durch Filter werden die Wechselstromanteile des Netzes eliminiert.
Im **Bild 14.2** wird die Innenschaltung eines Isolationsüberwachungsgeräts näher erläutert.

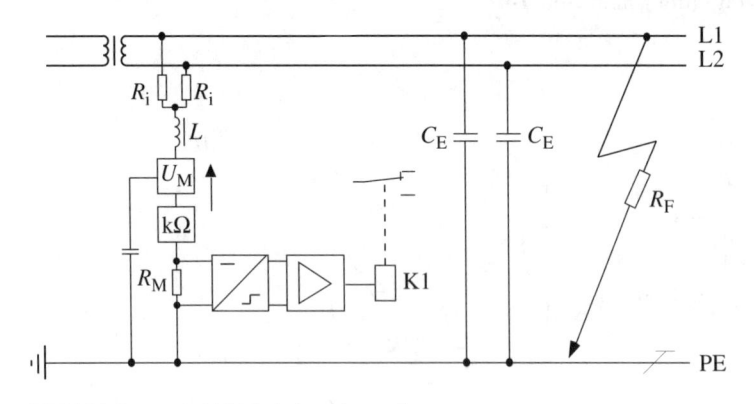

Bild 14.2 Innenschaltbild Isolationsüberwachungsgerät

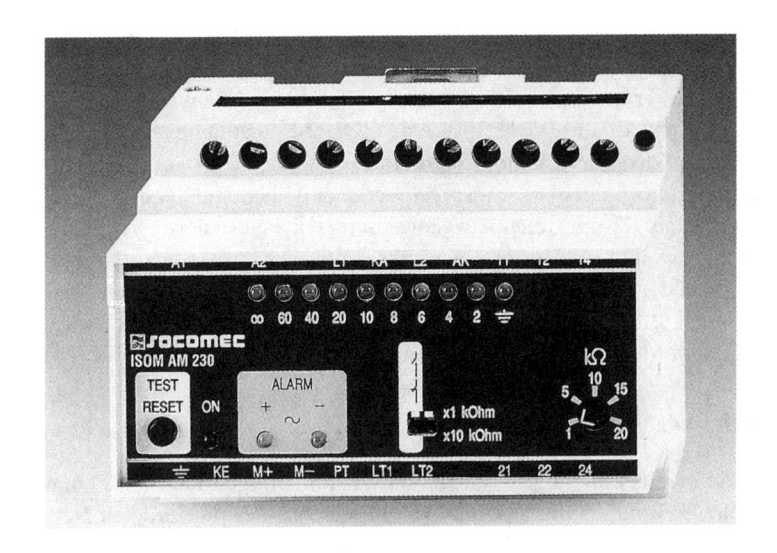

Bild 14.3 Isolationsüberwachungsgerät AM 230 [Werkbild Fa. Socomec, Frankreich]

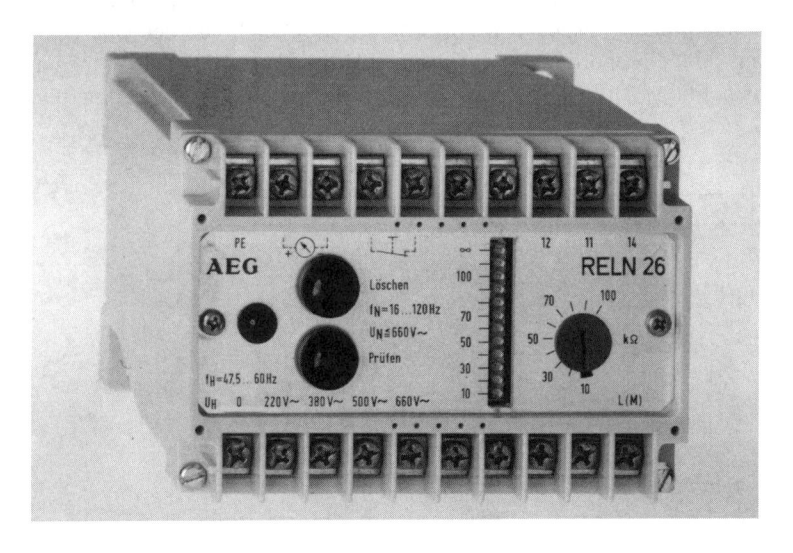

Bild 14.4 Isolationsüberwachungsgerät Typ RELN 26 [Werkbild Fa. Hartmann & Braun, Heiligenhaus]

205

Das Gerät wird zwischen Netz und Erde über einen Meßwiderstand R_M, die Meßgleichspannung U_M, oftmals ein kΩ-Meßinstrument und den Ankopplungswiderständen R_i angekoppelt. Tritt ein Isolationsfehler R_F auf, fällt am Meßwiderstand R_M eine dem Isolationsfehler proportionale Spannung ab. Diese Spannung wird mit einem fest vorgegebenen oder einstellbaren Wert einer Triggerstufe T1 verglichen. Beim Überschreiten des vorgegebenen Ansprechwerts wird über eine Verstärkerstufe V1 ein Ausgangsrelais K1 mit freien Ausgangskontakten angesteuert. Die Schaltungen besitzen ein bestimmtes Hystereseverhalten, um ein permanentes Kippen des Ausgangsrelais an der Ansprechgrenze zu verhindern. Das im Meßkreis (in Reihe zum R_M) liegende kΩ-Instrument zeigt den Gesamtisolationswert des Netzes an. Geräte, die mit diesem Meßverfahren arbeiten, zeigen **Bild 14.3** und **Bild 14.4**.

14.1.2 Messung der Ableitimpedanz

In Kapitel 9 wurde bereits kurz angesprochen, daß man in einigen Ländern in den medizinisch genutzten Räumen die gesamte Ableitimpedanz des ungeerdeten Netzes mißt. Ein solches Verfahren ist in **Bild 14.5** dargestellt.
Das Meßverfahren basiert auf der Überlagerung eines Meßwechselstroms zwischen Netz und Erde, der seine Phasenlage zum Netz ständig ändert (z. B. durch eine feste Frequenz dicht bei der Netzfrequenz). Bei vorhandenen Ableitimpedanzen erzeugt diese Phasenänderung zwischen Netz und Erde auf der „Verlagerungsspannung" eine Überlagerung, deren Frequenz der Differenzfrequenz entspricht. Durch Einspeisen eines amplitudenkonstanten Meßstroms ist die Amplitude der Überlagerungsspannung direkt proportional zur Gesamtableitimpedanz des Netzes gegen Erde. Eine hochohmige Ankopplung ermöglicht ein empfindliches Auswerten, und

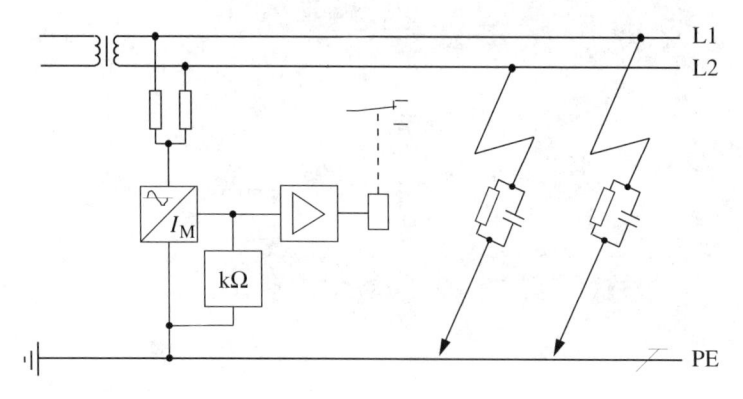

Bild 14.5 Prinzipschaltbild der Impedanzmessung

die eingespeisten Meßströme können sehr klein bleiben. So beträgt der durch das Gerät selbst erzeugte Fehlerstrom bei der Ausführung für den medizinisch genutzten Bereich weniger als 35 µA.
Die Auswertung der gegenüber dem Netz niederfrequenten Überlagerungsspannung geschieht durch Filterung der von den Leitern nach Erde anstehenden Spannung.
Um die Forderungen von NFPA 99 (USA) zu erfüllen, wird im Gerät zusätzlich die maximal auftretende Fehlerspannung eines Leiters gegen Erde mit dem Kehrwert der Ableitimpedanz multipliziert, um so den maximal möglichen Fehlerstrom in mA anzuzeigen.

14.2 Wechselspannungsnetze mit direkt angeschlossenen Gleichrichtern oder Thyristoren

Zur Überwachung dieser Netze werden unterschiedliche Meßverfahren angewandt, die im folgenden näher erläutert werden.

14.2.1 Meßverfahren mit Umkehrstufe

Zur Überwachung von Wechselstromnetzen mit direkt angeschlossenen Gleichrichtern wird ein ähnliches Meßverfahren angewandt, wie unter Punkt 14.1.1 erläutert. Diese Netze, **Bild 14.6**, finden sich häufig bei Steuerungen für Schweißmaschinen und Pressen sowie in der Stahl- und Chemie-Industrie. Hier sind oft Wechselstromverbraucher vorhanden, die aus elektrischen Gründen direkt eingebaute Gleichrichter enthalten, z. B. Magnetventile oder Magnetkupplungen. Sind in diesem Strom-

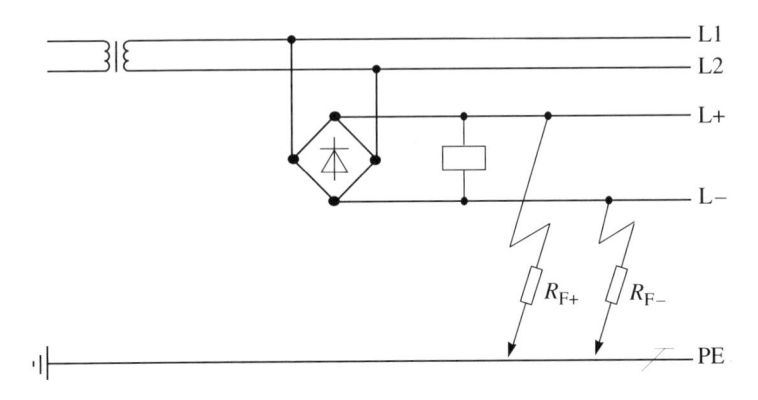

Bild 14.6 Wechselstromverbraucher mit Gleichrichter

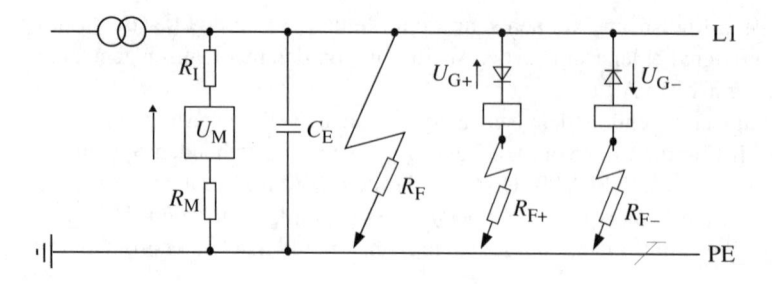

Bild 14.7 Wechselstromnetz mit Gleichrichter

verbraucher Isolationsfehler auf der Gleichstromseite vorhanden, so treten zusätzlich zur Meßgleichspannung Fremdgleichspannungen auf, die, wie im **Bild 14.7** dargestellt, je nach Fehlerort positiv oder negativ gerichtet sind und das Meßergebnis verfälschen.
Daher ist zusätzlich zu dem im Abschnitt 14.1.1 erläuterten Meßverfahren eine Umkehrschaltung im Isolationsüberwachungsgerät (**Bild 14.8**) integriert, um Isolationsfehler auf der Plus- sowie auch auf der Minusseite eines Gleichrichters zu erfassen.
Dieses Meßverfahren bedingt eine höhere Auslöse-Empfindlichkeit für Fehler auf der Gleichspannungsseite als für Fehler auf der Wechselspannungsseite. Diese hochohmige Fehlererkennung hat sich in der Praxis bewährt, da Gleichstromvormagnetisierungen von Relais und Schützen eine Wechselstromsteuerung gefährden

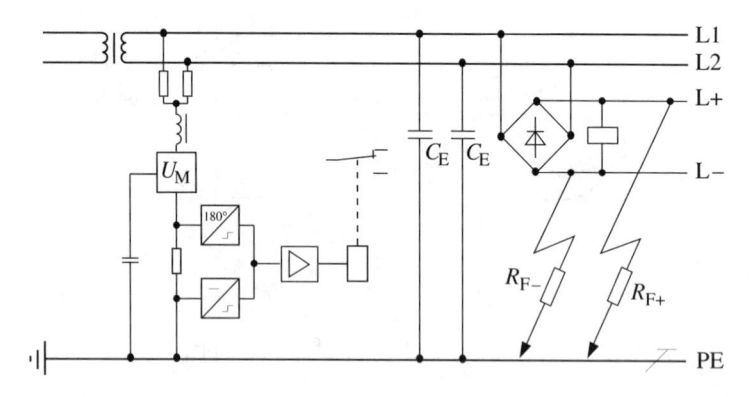

Bild 14.8 Innenschaltbild Isolationsüberwachungsgerät

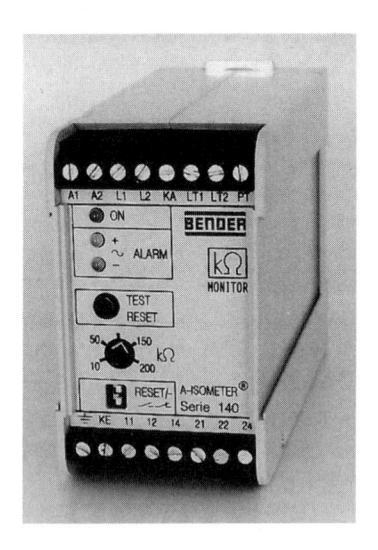

Bild 14.9 A-Isometer für Wechselspannungsnetze Typ IR 140 Y mit einstellbarem Ansprechwert [Werkbild Fa. Bender, Grünberg]

können. Bei diesen Geräten ist eine kΩ-Anzeige nicht möglich. Ein entsprechendes Gerät zeigt **Bild 14.9**.

14.2.2 Meßverfahren durch Impulsüberlagerung

Ist es aus Gründen der vorbeugenden Instandhaltung sinnvoll, den Isolationswert in kΩ anzuzeigen sowie eine quantitativ richtige Messung unabhängig von der Fehlerart und dem Fehlerort zu erhalten, so sind Isolationsüberwachungsgeräte mit einem anderen Verfahren zu verwenden, dem sogenannten Impulsverfahren [14.1]. Bei diesem Meßverfahren wird dem zu überwachenden Netz eine Impulsspannung überlagert, siehe Bild 14.15. Diese Spannung liegt über hochohmigen Ankoppelgliedern zwischen PE und dem Netz. Die Pulsdauer ist bei diesem Gerät meist einstellbar und dann so zu bemessen, daß das Netz mit seinen Ableitkapazitäten nach Erde (PE) einschwingen kann. Ausgewertet wird der eingeschwungene Endwert eines Meßzyklusses. Während der Pulspause mißt man die Verlagerungsspannung aus dem Netz. In der folgenden Phase der Pulsüberlagerung mißt man zusätzlich den fehlerproportionalen Spannungsanteil des Meßpulses. Durch Differenzbildung beider nacheinander ermittelten Meßwerte wird die störende Verlagerungsspannung eliminiert, und für die Auswertung steht ein fehlerproportionales Gleichspannungssignal zur Verfügung.

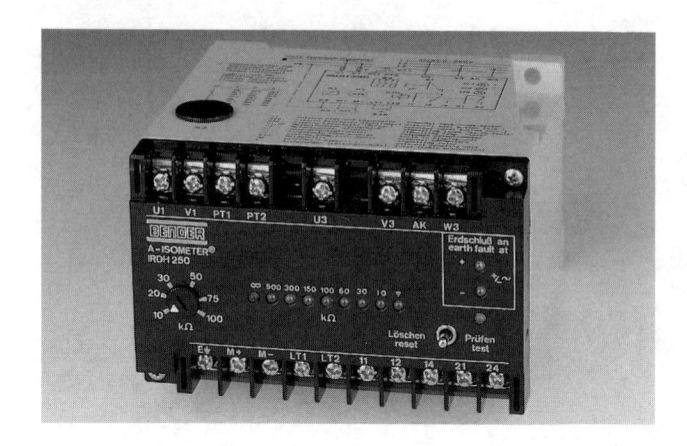

Bild 14.10 Isolationsüberwachungsgerät, A-Isometer, Typ IRDH 250 LYX [Werkbild Fa. Bender, Grünberg]

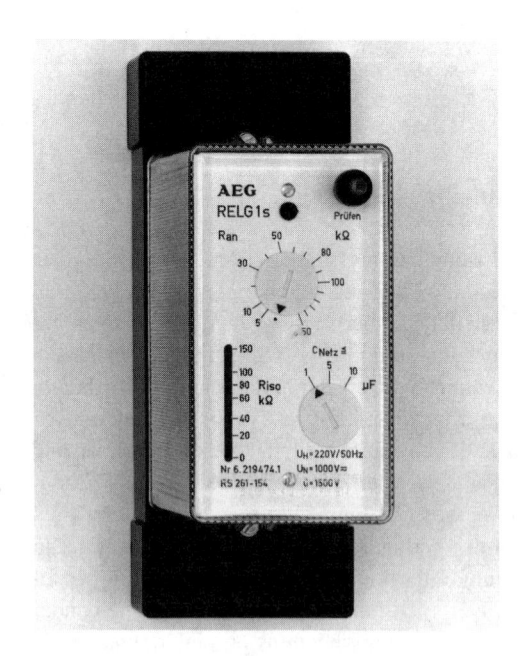

Bild 14.11 Isolationsüberwachungsgerät, Typ RELG 1 [Fa. Hartmann & Braun, Heiligenhaus]

Durch dieses Meßverfahren wird erreicht, daß Isolationsfehler sowohl auf der Wechsel- als auch auf der Gleichstromseite quantitativ richtig erfaßt und angezeigt werden. Hier spielt jedoch die Netzableitkapazität eine wichtige Rolle, da die Impulsdauer der Meßspannung auf die Netzableitkapazitäten abgestimmt werden muß. Dadurch muß eine längere Ansprechzeit dieser Geräte in Kauf genommen werden. Bei diesem Verfahren werden auch symmetrische Fehler auf der Gleichspannungsseite sicher erfaßt.

Zwischenzeitlich wurde dieses Meßverfahren verbessert und teilweise durch das „Pulscode-Verfahren" abgelöst. Mit diesem Verfahren können gegenüber der Impulsüberlagerung bei gleichen Netzbedingungen kleinere Ansprechzeiten erreicht werden. Entsprechende Geräteausführungen zeigen **Bild 14.10** und **Bild 14.11**.

14.3 Gleichspannungsnetze

Auch für diese Netze werden Isolationswächter oder Erdschlußmelderelais eingesetzt.

14.3.1 Unsymmetrie-Meßverfahren

Für Spannungen bis 320 V werden häufig Erdschlußwächter[*] verwendet. Diese arbeiten vielfach mit einer Brückenschaltung (**Bild 14.12**) die bei manchen Ausführungen durch einen eingebauten oder getrennten Spannungsmesser zur Ermittlung der Isolationswiderstände R_{F+} oder R_{F-} erweitert werden können. Mit den ermittelten Spannungswerten und folgenden Gleichungen können die Isolationsfehler R_{F+}

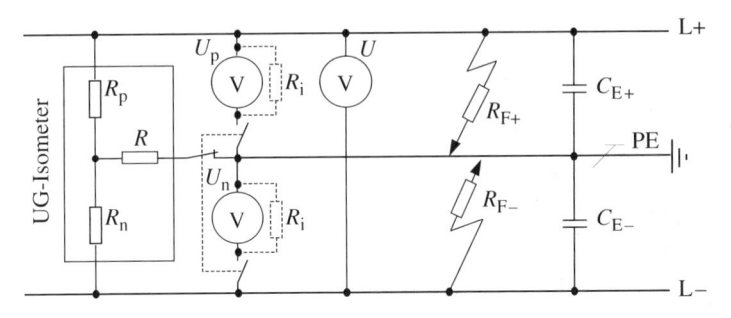

Bild 14.12 Prinzipschaltbild UG-Isometer, Unsymmetrie-Meßverfahren [Werkbild Fa. Bender, Grünberg]

---

[*] Unter Erdschlußwächtern versteht man Überwachungsgeräte, die eine Meldung bei Auftreten eines einpoligen Isolationsfehlers abgeben. Exakt symmetrische Isolationsfehler werden nicht gemeldet.

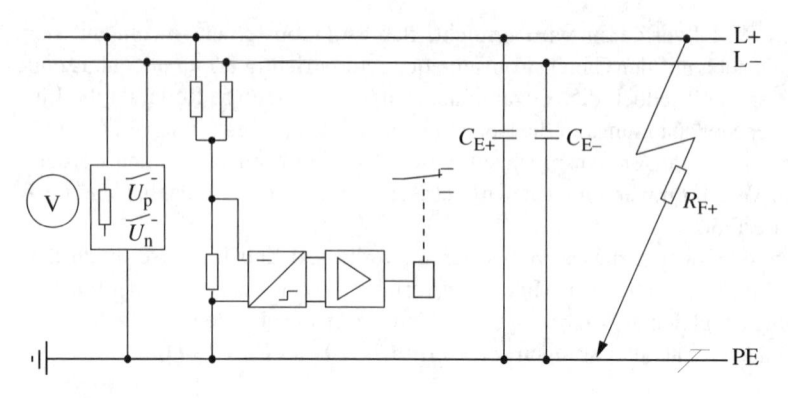

Bild 14.13 Innenschaltbild UG-Isometer

und R_{F-} exakt ermittelt werden. Dabei ist zu beachten, daß während der Spannungsmessung der Erdschlußwächter vom Netz abgetrennt wird und gleichzeitig das Voltmeter einen bestimmten, meist dekadischen Innenwiderstand R_i hat. Die Spannungen U_n und U_p werden getrennt nacheinander gemessen:

$$R_{F+} = R_i \frac{U - (U_p + U_n)}{U_n}; \quad (14.2)$$

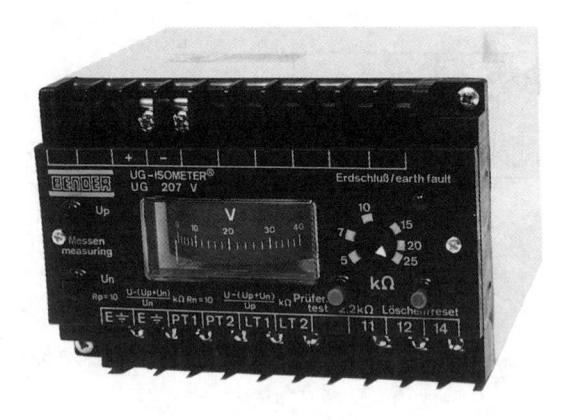

Bild 14.14 UG-Isometer, Typ UG 207 V [Werkbild Fa. Bender, Grünberg]

$$R_{F-} = R_i \frac{U - (U_p + U_n)}{U_n}. \tag{14.3}$$

Den prinzipiellen Innenaufbau eines solchen Geräts zeigt **Bild 14.13**. Die durch einen Erdschluß R_{F+} (oder R_{F-}) entstehende Verlagerungsspannung treibt einen Meßstrom I_M, der in einem elektronischen Meßglied erfaßt wird, das bei Erreichen des Ansprechwerts auf das Ausgangsrelais einwirkt. Diese Geräte benötigen keine Hilfswechselspannung, da elektronisch eine Trennung zwischen Meßkreis und Auswerteschaltung erreicht wird. Solche Geräte werden häufig in Elektroniksteuerungen eingesetzt. Wesentlicher Grund hierfür ist, daß diese Geräte dem Netz keine aktive Meßspannung überlagern. Eine Anzeige in kΩ ist nicht möglich, und exakt symmetrische Isolationsfehler können mit Geräten ohne zusätzlich eingebaute Voltmeter nicht erfaßt werden. Ein in der Praxis bewährtes Gerät zeigt **Bild 14.14**.

14.3.2 Meßverfahren durch Impulsüberlagerung

Ähnlich wie bei den Wechselspannungsnetzen mit direkt angeschlossenen Gleichrichtern oder Thyristoren, Abschnitt 14.2.2, hat das Impulsverfahren zur Messung von Gleichspannungsnetzen den Vorteil, daß eine quantitativ richtige kΩ-Anzeige des Isolationszustands des Netzes möglich ist. Weiterhin werden auch exakt symmetrische Fehler erkannt (**Bild 14.15**). Oft wird diesen Isolationsüberwachungsgeräten für Gleichspannungsnetze neben der Impulsmessung ein weiteres Unsymmetrieverfahren überlagert, so daß eine selektive Fehlerorterkennung möglich wird.

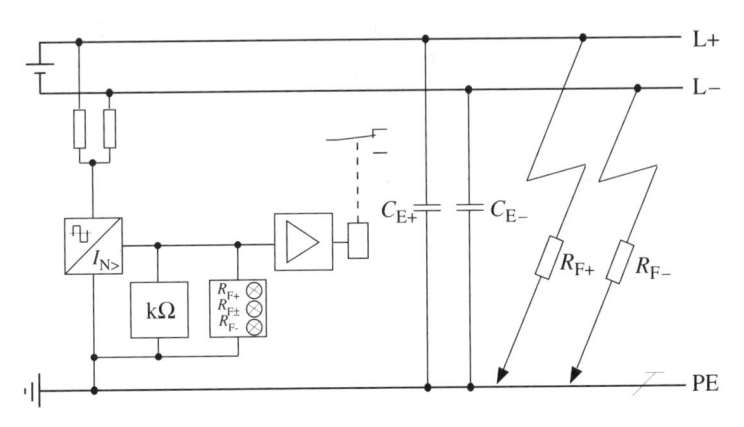

Bild 14.15 Prinzipschaltbild Impuls-Meßspannung

Die Geräte besitzen dann eine LED-Anzeige „Fehler an +", „Fehler an −" und „Symmetrischer Fehler +/−". Auch in Gleichspannungsnetzen werden zwischenzeitlich Geräte mit „Pulscode-Meßverfahren" verwendet.

14.4 Meßverfahren zur universellen Anwendung in Wechsel- und Gleichspannungs-IT-Systemen

In geerdeten und ungeerdeten Stromversorgungsnetzen werden immer häufiger Verbraucher mit galvanisch direkt verbundenen Gleichrichtern, Thyristoren oder elektronischen Umrichtern verwendet.
Bei entsprechender Konstellation der Isolationsfehler, z. B. hinter Gleichrichtern, ergeben sich problematische Beeinflussungen der installierten Schutzeinrichtung. Im geerdeten Netz können z. B. FI-Schutzschalter durch Ableit-Gleichströme so vormagnetisiert werden, daß sie beim Auftreten eines Isolationsfehlers nicht mehr oder nur bedingt auslösen.
Klassische Isolationsüberwachungsgeräte mit Gleich- und Wechselspannungsüberlagerung können meist nur mit genauer Kenntnis der Netzverhältnisse des zu überwachenden IT-Systems verwendet werden.
Neue Meßtechniken mit Hilfe von Mikroprozessoren oder Mikrocontrollern machen die Überwachung von AC/DC- sowie reinen DC-IT-Systemen meßtechnisch sicherer und für den Planer und Anwender einfacher.
Bisher gibt es noch keine Differenzstrom-Meß- oder -Schutzeinrichtung, die in geerdeten TN- oder TT-Systemen ausreichend genau und für den Personenschutz sensitiv genug auf die in den genannten Netzen auftretenden Ableitstromkomponenten (DC- sowie niederfrequente AC-Ableitströme) im Isolationsfehlerfalle reagieren. Hier kann das IT-System mit Isolationsüberwachung oft den besseren Schutzgrad bieten.
Die folgenden neuen Meßverfahren für Isolationsüberwachungsgeräte sind für universellen Einsatz in Gleich- oder Wechselspannungs-IT-Systemen entwickelt worden.

14.4.1 Mikrocontroller-gesteuertes AMP-Meßverfahren zum universellen Einsatz in Wechsel- und Gleichspannungs-IT-Systemen

Basierend auf dem in Abschnitt 14.2.2 beschriebenen Pulscode-Meßverfahren wurde zwischenzeitlich ein universell verwendbares Isolationsüberwachungsgerät unter Einsatz moderner, hochintegrierter Mikrocontroller entwickelt.
Das AMP-Meßverfahren (**A**daptiver **M**eß-**P**uls) differenziert durch die speziell getaktete Meßspannung zwischen den Netzableitstromanteilen, die als Störgröße an der Auswerteschaltung auftreten, und der dem ohmschen Isolationswiderstand proportionalen Meßgröße.

Bei universellem Einsatz in AC/DC- und DC-IT-Systemen ist mit einer breitbandigen Störbeeinflussung zu rechnen. Umrichter erzeugen, z. B. bei entsprechender Fehlerkonstellation, Ableitströme, deren Frequenzen zwischen 0 Hz und der entsprechenden Oberschwingung der Netzfrequenz liegen können. Während netzfrequente und höherfrequente Störungen noch durch analoge Filter relativ einfach zu bedämpfen sind, ist die Beherrschung niederfrequenter Störungen problematisch. In dem neuen mikrocontroller-gesteuerten AMP-Meßverfahren wurden adaptierende Filter softwaremäßig realisiert. Damit können auch niederfrequente Beeinflussungen, z. B. bei Umrichtereinsatz, gut beherrscht werden.
Eine entsprechende Gerätevariante zeigt **Bild 14.16**.
Durch neue, per Software realisierte Auswerteverfahren passen sich Meßspannung und Meßzeit flexibel und automatisch an die jeweiligen Netzverhältnisse an. Spezielle Parametrierungen entfallen, z. B. Kenntnis und Einstellung der aktuellen Netzableitkapazität durch den Anwender.
Die Einstellparameter wie Ansprechwert(e) und besondere Alarm- und Anzeigefunktionen sind programmierbar und werden in nichtflüchtigen Speichern abgelegt. Für zukünftige Bedürfnisse der modernen Netzleittechnik sind die genannten Geräte mit einer RS485-Schnittstelle ausgestattet.
Die Meßtechnik des universell ausgeführten Geräts findet ihre Grenzen in Umrichter-Anwendungen mit extremer Störbeanspruchung, wie sie in Großmaschinen

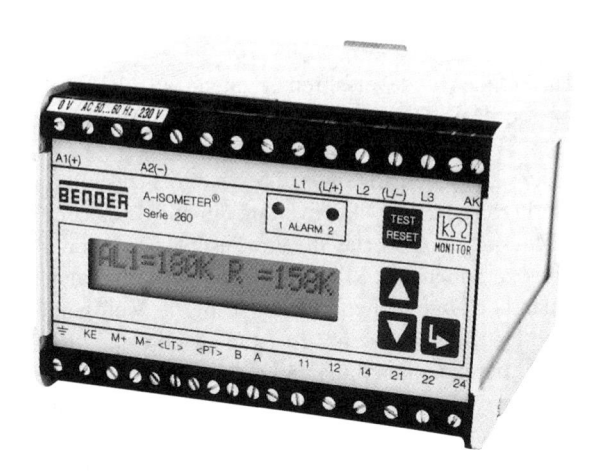

Bild 14.16 Isolationsüberwachungsgerät, A-Isometer, Typ IRDH265
[Werkbild Fa. Bender, Grünberg]

(z. B. Braunkohlebaggern) auftreten kann. Durch höhere Netzspannungen und sehr niederfrequente Steuer- und Regelvorgänge entstehen mit diesem Meßverfahren im Rahmen der notwendigen Genauigkeit nicht mehr beherrschbare Bedingungen. Für diese Anwendungen wurde das im folgenden beschriebene Frequenzcode-Meßverfahren entwickelt.

14.4.2 Mikroprozessor-gesteuertes Frequenzcode-Meßverfahren für IT-Systeme mit extremer Störbeeinflussung

In IT-Systemen mit leistungsstarken Umrichterantrieben entstehen Spannungskomponenten im Frequenzbereich 0 Hz bis einige 10 Hz mit Amplituden bis zu einigen hundert Volt.

Diese Spannungen werden der Meßspannung eines aktiven Isolationsüberwachungsgeräts überlagert und bilden für dieses eine Störspannung.

Überschreiten diese Störspannungen die gerätespezifisch maximal zulässigen Werte, so sind Meßwertunterdrückung und Fehlmessungen die möglichen Reaktionen üblicher Isolationsüberwachungsgeräte. Speziell für den problematischen Einsatzfall der Isolationsüberwachung der Antriebsnetze eines Schaufelradbaggers zum Einsatz im Braunkohletagebau wurde ein Meßverfahren entwickelt, das unter den oben beschriebenen, schwierigen Meßbedingungen besser und zuverlässiger arbeitet. Dieses Meßverfahren wird auch in anderen Bereichen mit hohem Störgrad angewendet.

Unter dem Begriff Frequenzcodeverfahren verbergen sich zwei Grundgedanken:
- schmalbandiges Messen und
- Meßfrequenzanpassung.

Realisiert wurde ein nach dem Frequenzcodeverfahren arbeitendes Isolationsüberwachungsgerät auf Mikroprozessorbasis. Die Funktionsteile sind daher weitgehend Softwaremodule.

Nach Vorgabe der Periodendauer der gegen Erde in das IT-System einzuspeisenden Meßspannung bestimmt ein dafür vorgesehenes Softwaremodul auf Basis der Fourieranalyse das Aussehen der Meßspannung so, daß die gewünschten Spektralanteile eine möglichst große Amplitude erhalten. Die Mittenfrequenzen von digitalen Filtern werden auf diese Spektralanteile abgeglichen. Die eingespeiste Meßspannung sorgt für einen Stromfluß durch Netzableitkapazität, Isolationswiderstand und Ankoppelschaltung. Der daraus resultierende Spannungsfall an einem Teil des Ankoppelwiderstands wird einem Analog-Digital-Umsetzer (ADC) zugeführt. Die digitalen Bandpässe werden mit den Ausgangsdaten des ADC gespeist. Aus den Filterausgangsdaten wird der Effektivwert (U_{rms}) über eine Periodendauer des Meßsignals bestimmt. Aus den Quotienten der Effektivwerte und den Quotienten der Filter-

Bild 14.17 Bagger 292 der Firma Rheinbraun

mittenfrequenzen können die Werte für die Netzableitkapazität und den Netzableitwiderstand errechnet werden.
Das Isolationsüberwachungsgerät mit Frequenzcodeverfahren ist z. B. in Antriebsnetzen des Baggers 292 (**Bild 14.17**) der Firma Rheinbraun eingebaut.

14.5 Isolationsfehlersucheinrichtung in Wechsel- und Gleichspannungs-IT-Systemen

Der besondere Vorteil des IT-Systems in bezug auf die Betriebssicherheit wird ergänzt durch die Möglichkeit, Isolationsfehler während des Betriebs suchen und beseitigen zu können.

Im Gegensatz zu geerdeten TN- und TT-Systemen macht sich ein Isolationsfehler, ja sogar der direkte einpolige Erdschluß, nicht durch Ansprechen einer Sicherung bemerkbar. Selektives Abschalten eines Netzabschnitts durch ein Überstromschutz-organ erfolgt nur im relativ seltenen Fall eines Doppelerdschlusses (gleichzeitiger niederohmiger Erdschluß von mindestens zwei Netzleitern).
Isolationsüberwachungsgeräte messen kontinuierlich den Isolationswiderstand des gesamten galvanisch verbundenen IT-Systems, einschließlich der angeschlossenen Verbraucher als Parallelschaltung der Isolationswiderstände der einzelnen Netzleiter gegen Erde. Der aktuelle Gesamtisolationswiderstand kann auf einem kΩ-Instrument angezeigt werden. Bei Unterschreiten eines meist einstellbaren, auf die jeweiligen Netzverhältnisse abgestimmten Ansprechwerts meldet das Isolationsüberwachungsgerät vorhandene Isolationsfehler.
Mit den heute verfügbaren Isolationsfehlersucheinrichtungen können nicht nur direkte Erdschlüsse, sondern bereits sich entwickelnde, relativ hochohmige Isolationsfehler selektiv ermittelt werden.
Auf dem Markt sind Isolationsfehlersucheinrichtungen verfügbar. Das Gerätespektrum reicht von transportablen Isolationsfehlersucheinrichtungen zu fest installierbaren Sucheinrichtungen, mit deren Hilfe fehlerbehaftete Netzabschnitte automatisiert ermittelt werden können.
Vergleicht man die Kosten solcher Systeme mit den anfallenden Kosten herkömmlicher Suchmethoden durch abschnittweises Abschalten zuzüglich der Kosten von Betriebsausfällen, z. B. in Produktionsprozessen, ist neben dem Sicherheitsaspekt sehr bald auch der betriebswirtschaftliche Nutzen zu erkennen.
Optimal ist der Vorteil der Betriebssicherheit, den das IT-System gegenüber geerdeten Netzen besitzt, erst in Verbindung mit Isolationsfehlersucheinrichtungen zu nutzen. Natürlich muß hier auch die Netzausdehnung und die erforderliche Selektivität in Betracht gezogen werden.
Zur Suche von Isolationsfehlern werden verschiedene Verfahren verwendet. Alle bekannten Verfahren nutzen zur selektiven Ermittlung das Prinzip der Differenzstrommessung, wobei ein Prüfstrom, der aus einer netzfremden Quelle oder aus der Netzspannung selbst getrieben wird, über die Fehlerstelle gegen Erde abfließt und mit abgestimmten Differenzstromwandlern oder Stromzangen ausgewertet werden kann. Stellvertretend werden nachstehend einige Verfahren beschrieben.

14.5.1 Bestimmungen und Normen zur Isolationsfehlersuche

Das IT-System mit Isolationsüberwachung kann auch bei Meldung eines Isolationsfehlers weiterbetrieben werden. Errichtungsbestimmungen fordern jedoch den gemeldeten Fehler möglichst bald zu beseitigen und sind beispielhaft zu finden in:

IEC 364-4-41, Punkt 413.1.5.4:
Es wird empfohlen, den ersten Fehler so bald wie möglich zu beseitigen.

DIN VDE 0100-410:1983-11, Punkt 6.1.5.6:
Sofern eine Isolationsüberwachungseinrichtung vorgesehen ist, mit der der erste Körper- oder Erdschluß angezeigt wird, muß diese Einrichtung:
- ein akustisches oder optisches Signal auslösen oder
- eine automatische Abschaltung herbeiführen.

Anmerkung: Es wird empfohlen, den ersten Isolationsfehler so schnell wie möglich zu beseitigen.

DIN VDE 0100-430, Punkt 9.2.2:
... muß sichergestellt sein, daß auch ... im IT-System (Netz) Isolationsüberwachung angewendet wird, die beim ersten Fehler abschaltet oder ein optisches oder akustisches Signal gibt und den Fehler nach den betrieblichen Möglichkeiten unverzüglich beseitigt.

14.5.2 Stationäre Isolationsfehlersucheinrichtung für Gleichspannungs-IT-Systeme

Bei den Auswerteeinheiten für diese Sucheinrichtungen wird das Meßprinzip der Differenzstromerfassung angewendet. Differenzstromerfassung in DC-Netzen ist mit Kompensationsverfahren möglich. Dabei wird die Gleichstrommagnetisierung

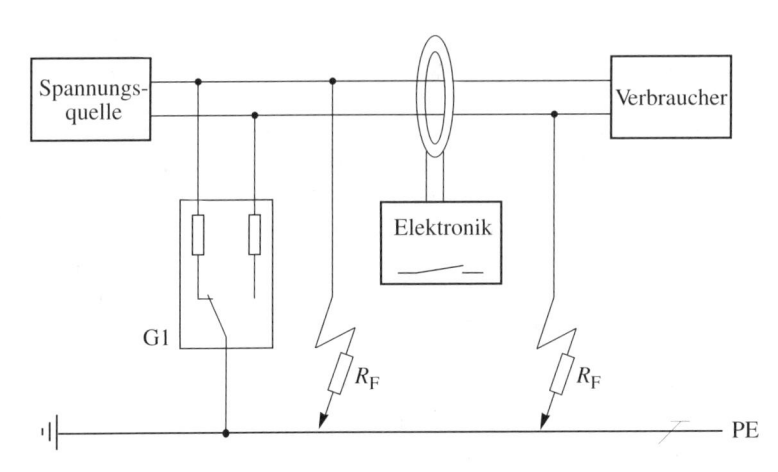

Bild 14.18 Prinzipschaltbild Differenzstromerfassung

eines Differenzstromwandlers kompensiert durch einen über eine zusätzliche Wicklung eingeprägten Wechselstrom.

Da bekanntlich im fehlerfreien Netz die Summe der Betriebsströme in der Versorgungsleitung Null ist (Kirchhoffsches Gesetz), führen Isolationsfehler in ungeerdeten IT-Wechselspannungsnetzen durch die vorhandene Netzkapazität zu Differenzströmen.

Im IT-Gleichspannungsnetz wird künstlich zur Rückleitung des Fehlergleichstroms ein Meßpfad erzeugt. Diese Aufgabe übernimmt ein Prüfgerät G1 (**Bild 14.18**). Der Betriebsstrom wird im Normalfall durch einen Differenzstromwandler geführt. Auftretende Isolationsfehler hinter dem zugeordneten Wandler erzeugen einen Differenzstrom, der in der eingebauten Elektronik ausgewertet wird. Die Elektronik gibt dann das Signal „Isolationsfehler hinter dem Wandler".

14.5.3 Isolationsfehlersucheinrichtungen für Wechsel- und Gleichspannungs-IT-Systeme

Zur Suche von Isolationsfehlern in AC- und DC-IT-Systemen werden aktive und passive Meßverfahren verwendet. Aktive Verfahren überlagern zwischen Netz und Erde einen Prüfstrom mit einer Frequenz, die meist nur einige Hertz beträgt und so relativ einfach erfaßt und durch Filterung ausgewertet werden kann. Meistens sind diese Verfahren jedoch in Netzen mit größeren Ableitkapazitäten nicht einsetzbar, da nicht nur der ohmsche Isolationsfehler den auszuwertenden Strom bestimmt, sondern auch die Ableitkapazität.

Passive Verfahren erzeugen einen von dem überwachten Netz getriebenen Prüfstrom, der selektiv ausgewertet werden kann. Bei automatisiert arbeitenden Systemen aktiviert meist der Alarmkontakt des Isolationsüberwachungsgeräts die Suche. Dabei beginnt ein Prüfgerät mit der Erzeugung eines Prüfstroms, sobald das Isolationsüberwachungsgerät eine Ansprechwertunterschreitung meldet.

Ähnlich wie in Abschnitt 14.5.2 für DC-IT-Systeme beschrieben, erzeugt ein Prüfgerät abwechselnd von allen Netzleitern gegen Erde einen Prüfstrom, der dann über die Isolationsfehler und Erde zum Netz zurückfließt und von speziellen Differenzstromwandlern mit Auswertegeräten selektiv erfaßt werden kann (**Bild 14.19**).

Der Prüfstrom wird meist mit niedriger Frequenz (etwa 0,2 Hz) getaktet und sein Maximalwert im Prüfgerät auf Werte von etwa 25 mA bei direktem Erdschluß begrenzt.

Mit solchen Systemen sind z. B. in Wechselspannungs-IT-Systemen von 230 V nach Netzverhältnissen Isolationsfehler unterhalb von ca. 40 kΩ detektierbar. Oft kann die Fehlergröße mit speziellen Steuergeräten sogar für den jeweiligen Abgang selektiv angezeigt werden.

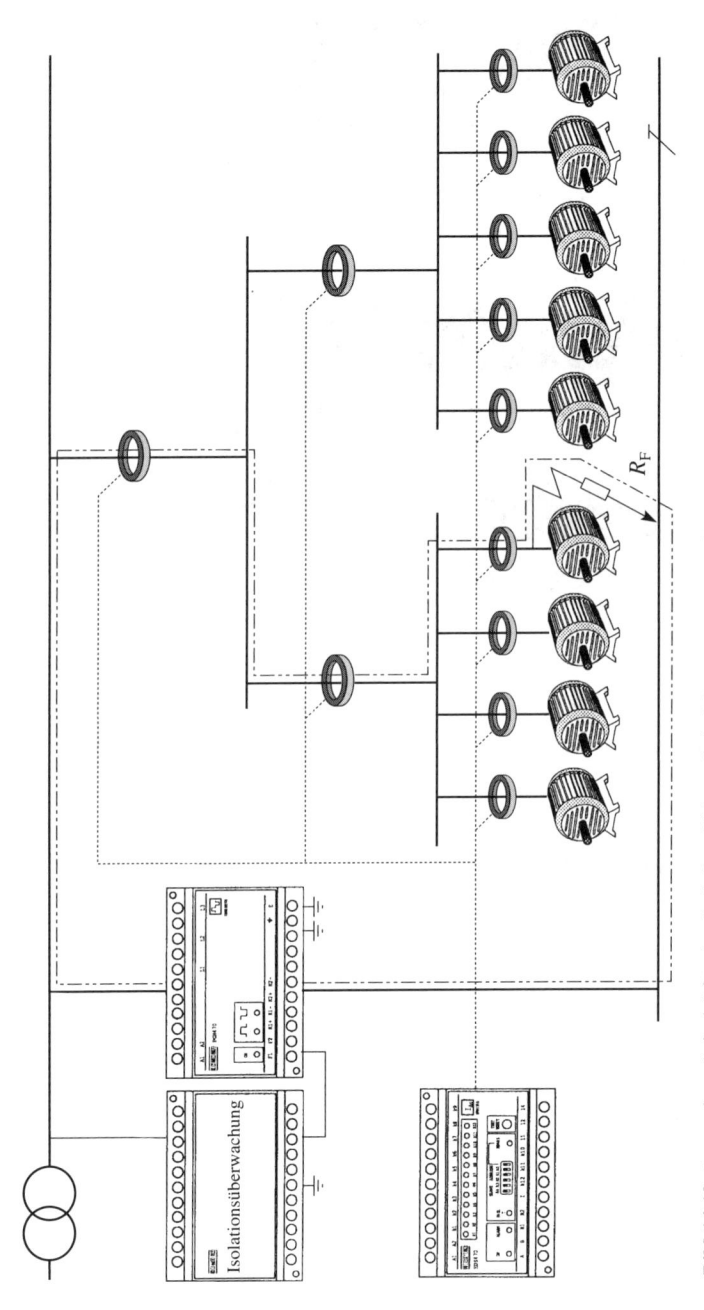

Bild 14.19 Anwendungsbeispiel für eine Isolationsfehlersucheinrichtung zur automatisierten Ermittlung fehlerbehafteter Netzabschnitte

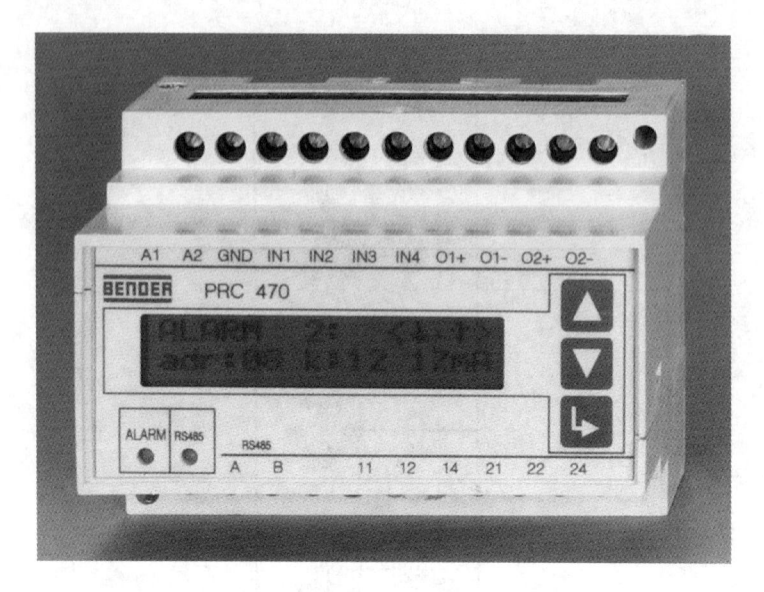

Bild 14.20 Steuergerät für Isolationsfehlersucheinrichtung PRC470
[Werkbild Fa. Bender, Grünberg]

Bild 14.20 zeigt ein Steuergerät zur Steuerung einer Isolationsfehlersucheinrichtung mit Anzeige des Fehlerstroms in den Netzabschnitten, die selektiv überwacht werden.

14.5.4 Tragbare Isolationsfehlersucheinrichtung für Wechsel-, Drehstrom- und Gleichspannungs-IT-Systeme

Nicht immer ist der Einsatz stationärer Isolationsfehlersucheinrichtungen betrieblich möglich. Hier bietet sich der Einsatz einer tragbaren Isolationsfehlersucheinrichtung an.

Die hier beschriebene Isolationsfehlersucheinrichtung wird zwischen dem zu überwachenden Netz und dem Schutzleiter ausgekoppelt und dem Netz angepaßt. Durch einen vorhandenen Isolationsfehler wird sich ein Ableitstrom von der Fehlerstelle zum fehlerbehafteten Leiter ausbilden, der im Prüfgerät einen Gleichstrom erzeugt. Dieser pulsierende Gleichstrom wird mittels einer Meßzange magnetisch ausgewertet und in dem an die Meßzange angeschlossenen Elektronikteil in ein optisches und akustisches Signal umgewandelt. Eine solche Einrichtung zeigt **Bild 14.21**.

Zur Fehlersuche wird das Prüfgerät an einer beliebigen Stelle zwischen Netz und Schutzleiter angeschlossen, zweckmäßigerweise jedoch an der Hauptverteilung.

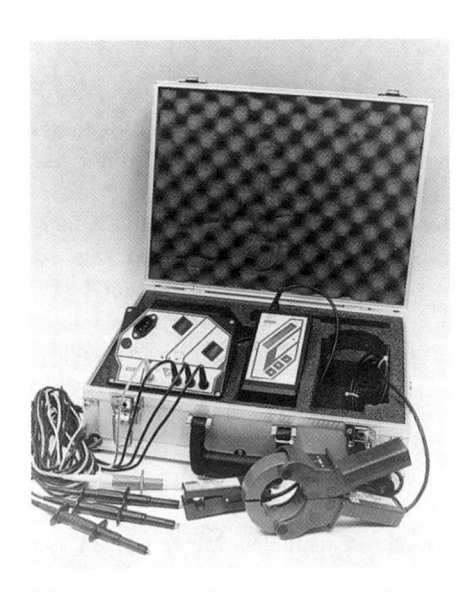

Bild 14.21 Tragbare Isolationsfehlersucheinrichtung EDS 3065
[Werkbild Fa. Bender, Grünberg]

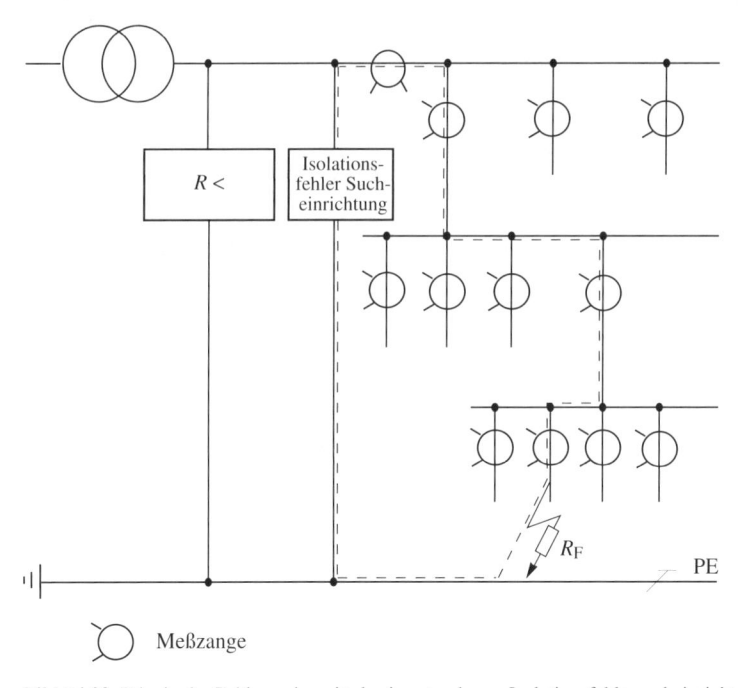

Bild 14.22 Prinzip der Fehlersuche mittels einer tragbaren Isolationsfehlersucheinrichtung

Dann werden zur Prüfung die einzelnen Abgangskabel mit der Meßzange umfaßt. Ein optisches und akustisches Signal am Auswerteteil zeigt an, daß der Isolationsfehler noch hinter dieser Meßstelle zu suchen ist. Dieses Kabel muß nun weiter verfolgt werden. **Bild 14.22** zeigt das Prinzip des Suchvorgangs.
Mit einer selektiven Isolationsfehlersucheinrichtung, d. h. einer genaueren Fehlerorterkennung von bereits hochohmigen Isolationsfehlern im ungeerdeten Netz, ist ein weiterer Schritt zu mehr Betriebssicherheit in elektrischen Anlagen getan. In der Kombination von Isolationsüberwachungsgeräten mit selektiven Isolationsfehlersucheinrichtungen kann die Betriebsdauer eines ungeerdeten Stromversorgungsnetzes erhöht werden.

14.6 Zusammenfassung

In diesem Kapitel wurden Hinweise auf die unterschiedlichen Meßtechniken von Isolationsüberwachungsgeräten gegeben. Für diese Geräte zur Überwachung von reinen Wechselspannungsnetzen gilt DIN VDE 0413-2:1973-01. Für Isolationsüberwachungsgeräte zur Überwachung von Wechselspannungsnetzen mit galvanisch verbundenen Gleichstromanteilen oder Gleichspannungsnetzen gilt DIN VDE 0413-8:1984-04. Auch international wurden zwischenzeitlich Normen für Isolationsüberwachungsgeräte entwickelt. In der EU werden die Geräte in Zukunft der Europäischen Norm EN 61557-8:1997 entsprechen müssen. Zur Isolationsfehlersuche im Betrieb sind inzwischen ausgereifte Isolationsfehlersucheinrichtungen verfügbar. Ein entsprechender Norm-Entwurf ist in Bearbeitung.
Für besondere Anwendungsfälle wird auf dem Markt eine Anzahl spezieller Geräte angeboten. Auch hier ist die Entwicklung noch im Fluß, so daß auch in Zukunft andere Meßtechniken denkbar sind, die in diesem Kapitel nicht angesprochen wurden.

Literatur

[14.1] Junga, U.; Kreutz, W.: Erdschluß- und Isolationsüberwachung in Gleichspannungsnetzen. etz-b Elektrotech. Z., Ausgabe b, Bd. 29 (1977) H. 4, S. 125 – 128

15 Wahl der Ansprechwerte von Isolationsüberwachungsgeräten

Nicht immer ist die richtige Wahl des Ansprechwerts von Isolationsüberwachungsgeräten einfach, da diese Geräte doch in den unterschiedlichsten Umgebungsbedingungen verwendet werden. Dies kann im sauberen OP-Verteiler eines Krankenhauses mit sehr guten Isolationswerten oder für Schmelzofennetze mit niedrigsten Isolationswerten sein. Der Isolationszustand einer elektrischen Anlage hängt naturgemäß von vielen Faktoren ab. Die Betriebsart, die Umgebungsbedingungen und die Lebensdauer einer Anlage spielen die bedeutendste Rolle. Der folgende Abschnitt soll eine Hilfe zur Einstellung von Isolationsüberwachungsgeräten geben. Anregungen für den richtigen Ansprechwert geben verschiedene Bestimmungen und Normen, die nachfolgend aufgeführt sind. Im wesentlichen nennen die bekannten Normen die ohmschen Isolationsfehler. Aber auch auf die zu berücksichtigenden Netzableitkapazitäten wird gelegentlich eingegangen. Auch unterschiedliche Isolationswerte für Wechsel- bzw. Gleichspannungsnetze sind aufgeführt.

15.1 Ansprechwerteinstellung für ohmsche Isolationswerte

Die in den folgenden Normen und Bestimmungen angegebenen Werte sind Mindestwerte. Auf Isolationsüberwachungsgeräten sollte dieser Wert um etwa 50 % höher eingestellt werden, um die zulässige Toleranz der Geräte zu berücksichtigen (**Tabelle 15.1**). Wird die Meldung bei z. B. 50 kΩ gefordert, sollte das Gerät auf 75 kΩ eingestellt werden. Bei der Auswahl von Isolationsüberwachungsgeräten zur Messung des ohmschen Isolationswiderstands sollte darauf geachtet werden, daß diese Geräte DIN VDE 0413-2 oder -8 entsprechen (**Bild 15.1**).
Einen praxisgerechten Hinweis für die Wahl der Ansprechwerte von Isolationsüberwachungsgeräten gibt DIN VDE 0100-600:1987-11 (Errichten von Starkstromanlagen mit Nennspannungen bis 1 000 V, Erstprüfungen). Dort wird in den Erläuterungen gesagt, daß der Ansprechwert von Isolationsüberwachungsgeräten üblicherweise auf mindestens 100 Ω/V eingestellt wird.
DIN VDE 0420-A2:1990-06 (Entwurf) (Schutzmaßnahme; Schutz gegen thermische Einflüsse) gibt als untersten Grenzwert für die Meldung von Isolationsfehlern im IT-System 30 kΩ an. Etwas höher sind die Anforderungen nach DIN VDE 0107:1989-11 (Starkstromanlagen in Krankenhäusern und medizinisch genutzten Räumen außerhalb von Krankenhäusern). Dort muß für jedes IT-System eine Isola-

Norm	Anwendung	Nennspannung	geforderter Isolationswert				empfohlener Ansprechwert des Isolationswächters	
DIN VDE 0100 Teil 420 A2	Starkstromanlagen bis 1000 V Schutzmaßnahmen	230 V 380 V 500 V	30 kΩ 30 kΩ 30 kΩ				45 kΩ 45 kΩ 45 kΩ	
DIN VDE 0100 Teil 610/94	Starkstromanlagen bis 1000 V Prüfungen	230 V 380 V 500 V	100 Ω/V 100 Ω/V 100 Ω/V	23 kΩ 38 kΩ 50 kΩ			35 kΩ 57 kΩ 75 kΩ	
DIN VDE 0100 Teil 728	Starkstromanlagen bis 1000 V Ersatzstromversorgungsanlagen	230 V 380 V 500 V	100 Ω/V 100 Ω/V 100 Ω/V	23 kΩ 38 kΩ 50 kΩ			35 kΩ 57 kΩ 75 kΩ	
DIN VDE 0105	elektrische Anlagen im Betrieb	230 V 380 V 500 V	50 Ω/V 50 Ω/V 50 Ω/V	11 kΩ 19 kΩ 25 kΩ	1) 300 Ω/V 300 Ω/V 300 Ω/V	66 kΩ 114 kΩ 150 kΩ	17 kΩ 29 kΩ 38 kΩ	1) 99 kΩ 171 kΩ 225 kΩ
DIN VDE 0107	medizinisch genutzer Bereich	230 V	50 kΩ				75 kΩ	
DIN VDE 0115	Bahnen	230 V 380 V 500 V	2) 333 Ω/V 333 Ω/V 333 Ω/V	73,5 kΩ 126,0 kΩ 166,0 kΩ	3) 85 Ω/V 85 Ω/V 85 Ω/V	19 kΩ 32 kΩ 43 kΩ	2) 109 kΩ 189 kΩ 250 kΩ	3) 29 kΩ 48 kΩ 65 kΩ
DIN VDE 0118	Bergbau unter Tage	230 V 380 V 500 V	50 Ω/V 50 Ω/V 50 Ω/V	11 kΩ 13 kΩ 25 kΩ			17 kΩ 29 kΩ 38 kΩ	
DIN VDE 0122	elektrische Ausrüstung Elektrostraßenfahrzeuge	48 V 120 V 240 V	50 Ω/V 50 Ω/V 50 Ω/V	2,4 kΩ 6,0 kΩ 12,0 kΩ			3,6 kΩ 9,0 kΩ 18,0 kΩ	
DIN VDE 0510	Batterieanlagen	230 V	100 Ω/V	22 kΩ			33 kΩ	
TAS	Schachtanlagen	100 V	4) 250 Ω/V	25 kΩ	5) 100 Ω/V	10 kΩ	4) 38 kΩ	5) 15 kΩ

1) Isolationswerte für gut gewartete Anlagen
2) Isolationswerte für Wechselspannung
3) Isolationswerte für Gleichspannung
4) Abschaltung bei 250 Ω/V
5) Meldung bei 100 Ω/V bei Signalanlagen ohne Relais

Tabelle 15.1 Geforderte Isolationswerte und empfohlene Ansprechwerteinstellung von Isolationsüberwachungsgeräten

tionsüberwachungseinrichtung vorgesehen werden, bei der eine Anzeige zu erfolgen hat, wenn der Isolationswert auf 50 kΩ abgesunken ist. DIN VDE 0510:1986-07 (Akkumulatoren und Batterieanlagen, ortsfeste Batterien) besagt, daß neue Batterien

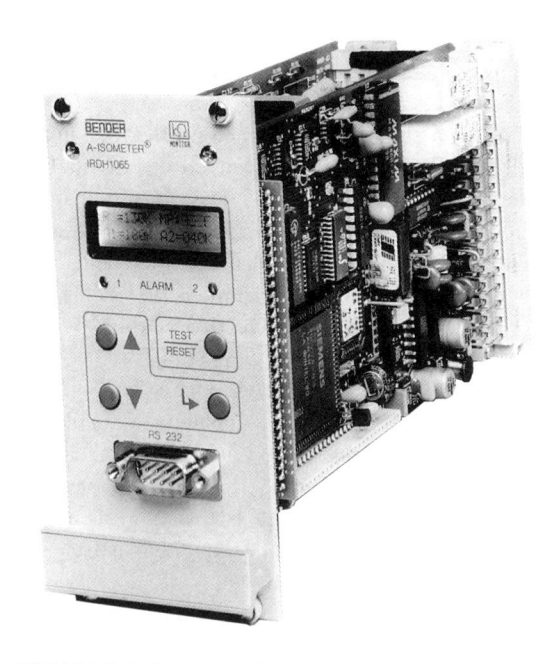

Bild 15.1 Isolationsüberwachungsgerät Typ IRDH 1065 [Werkbild Fa. Bender, Grünberg]

bei Inbetriebnahme Isolationswiderstände gegen Erde oder Masse von mindestens 1 MΩ aufweisen müssen. Bei in Betrieb befindlichen, ortsfesten Batterien darf der Isolationswiderstand der Batterieanlage nicht kleiner als 100 Ω je Volt Nennspannung sein. Auch DIN VDE 0105-1:1983-07 (Elektrische Anlagen im Betrieb) gibt praxisgerechte Werte für die Einstellung von Isolationsüberwachungsgeräten an. Mit angeschlossenen und eingeschalteten Verbrauchern muß im IT-System der Isolationswert mindestens 50 Ω je Volt Nennspannung betragen. Für gut gewartete Anlagen kann auch der angegebene Wert von 300 Ω je Volt Nennspannung ein Richtwert sein, wobei dieser Wert für den Isolationswert der angeschlossenen Strombahnen hinter dem Überstromschutzorgan, einschließlich der Verbrauchsmittel, gilt. Einen weiteren interessanten Hinweis für den richtigen Ansprechwert gibt DIN VDE 0115:1982-06 für Bahnen. Für dort genannte Fahrzeuge und die von der Fahrleitung gespeisten Anlagen muß ein Isolationswiderstand von 333 Ω/V für Wechselspannung und 85 Ω/V für Gleichspannung nachgewiesen werden. Diese Werte haben sich aus der Praxis ergeben.
Auch für Elektro-Straßenfahrzeuge nach DIN VDE 0122:1986-08 ist ein Hinweis auf den geforderten Isolationswiderstand gegeben, und damit auch für den An-

sprechwert von Isolationsüberwachungsgeräten. Der Isolationswiderstand der Energiespeicher im Betrieb soll 50 Ω/V betragen.
Auch DIN VDE 0118-1:1989-09 (Errichten elektrischer Anlagen im Bergbau unter Tage) weist auf gewünschte Isolationswerte hin. Beim Anwenden des Schutzleitungssystems unter Tage muß ein Netz mit angeschlossenen Verbrauchsmitteln oder Wirkungsgliedern so errichtet werden, daß der Isolationswiderstand mindestens 50 Ω je Volt Nennspannung beträgt. Ein Absinken des Isolationswiderstands des überwachten Netzes unter 50 Ω je Volt gegen Erde muß durch eine Blinkleuchte angezeigt werden. Auch bei Ersatzstromversorgungsanlagen nach DIN VDE 0100-728:1984-04 wird 100 Ω/V als Grenzwert angegeben.
Die technischen Anforderungen an Schacht- und Schrägförderanlagen (TAS) geben vor, daß die Überwachungseinrichtungen von Gleichstromsignalanlagen bei einem Spannungsfall von mehr als 10 % der Nennspannung sofort oder bei Absinken des Isolationswerts einer Ader unter 250 Ω/V innerhalb von höchstens 45 s nach Auftreten des Fehlers abschalten müssen. Ein Absinken des Isolationswerts unter 100 Ω/V muß am Bedienungsstand der Antriebsmaschine optisch und akustisch angezeigt werden.
[Anmerkung des Autors: Sehr häufig wird der geforderte Isolationswert der Kabel- und Leitungsanlage mit dem Gesamtisolationswert einer im Betrieb befindlichen Anlage mit angeschlossenen Verbrauchs- und Betriebsmitteln verwechselt. Die z. B. in DIN VDE 0105 mit 1 000 Ω/V und nach DIN VDE 0108 (Starkstromanlagen und Sicherheitsstromversorgung) 2 000 Ω/V geforderten Isolationswerte beziehen sich auf das reine Kabelnetz und haben folglich keinen Bezug zum Ansprechwert von Isolationsüberwachungsgeräten.]

15.2 Ansprechwerteinstellung für ohmsche Isolationswerte in Hilfsstromkreisen

Bei der Planung von ungeerdeten Hilfsstromkreisen ist davon auszugehen, daß durch einen Erdschluß weder ein unbeabsichtigtes Einschalten noch das Ausschalten eines Wirkungsglieds verhindert wird. Ein erster Isolationsfehler sollte zur Meldung führen, sobald die Gefahr besteht, daß bei einem zweiten Fehler ein Wirkungsglied nicht mehr ausgeschaltet werden kann. Legt man Gl. (8.2) unter Vernachlässigung der Netzableitkapazitäten zugrunde, so kann **Bild 15.2** bei der Auswahl der Ansprechwerte in Hilfsstromkreisen weiterhelfen.
DIN VDE 0116:1989-11 (Elektrische Ausrüstung von Feuerungsanlagen) und DIN VDE 0168:1973-07 (Bestimmung für das Errichten und den Betrieb elektrischer Anlagen in Tagebauen, Steinbrüchen und ähnlichen Betrieben) erwähnen insbesondere auch die Bedeutung der Einwirkung von kapazitiven Ableitströmen. Diesen Ableit-

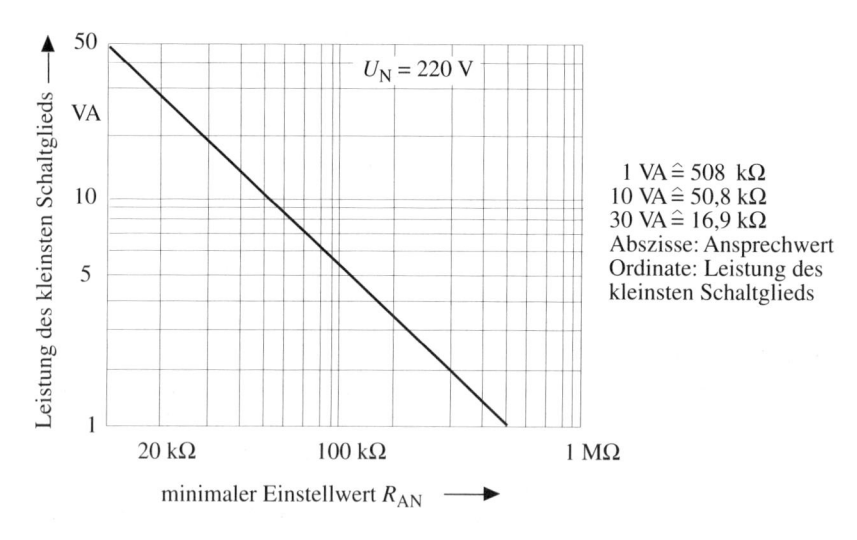

Bild 15.2 Auswahl der Ansprechwerte für einen 220-V-Hilfsstromkreis

Figure annotations:
- $U_N = 220$ V
- 1 VA ≙ 508 kΩ
- 10 VA ≙ 50,8 kΩ
- 30 VA ≙ 16,9 kΩ
- Abszisse: Ansprechwert
- Ordinate: Leistung des kleinsten Schaltglieds
- Ordinate label: Leistung des kleinsten Schaltglieds
- Abscissa: minimaler Einstellwert R_{AN}

strömen ist daher beim Aufbau zuverlässiger Steuerungen besondere Bedeutung zu schenken, um Unfälle mit Unfall- oder Schadensfolge zu vermeiden. Zur Messung der maximal möglichen Ableitströme in Wechselspannungs-Hilfsstromkreisen werden ebenfalls entsprechende Impedanzüberwachungsgeräte auf dem Markt angeboten.

15.3 Ansprechzeiten von Isolationsüberwachungsgeräten

Die Ansprechzeit von Isolationsüberwachungsgeräten wird im folgenden Abschnitt näher beleuchtet. Grundlagen sind auch hier Normen und Bestimmungen.
Aufgrund der vorhergehenden Abschnitte wird deutlich, daß in IT-Systemen die Ansprechzeiten von Isolationsüberwachungsgeräten eine eher untergeordnete Rolle spielen, denn IT-Systeme sind ja erst beim direkten Erdschluß mit Erde verbunden, so, wie das beim TN- bzw. TT-System schon im fehlerfreien Zustand der Fall ist. Die Ansprechzeit spielt also nur in bezug auf einen zweiten Fehler an einem anderen Pol oder einem anderen Leiter des IT-Systems eine Rolle. Die Behandlung dieses zweiten Fehlers ist daher sehr theoretisch. Dieser Grundlage entsprechend, wurden auch die maximal zulässigen Ansprechzeiten von Isolationsüberwachungsgeräten festgelegt.
Nach pr EN 61557-8 : 1997 ist die Ansprechzeit für Isolationsüberwachungsgeräte zur Überwachung von:

- reinen Wechselspannungsnetzen: ≤ 10 s bei 0,5 · R_{AN} und $C_E = 1\mu F$.
- Netzen mit galvanisch verbundenen Gleichstromkreisen und Gleichspannungsnetzen: ≤ 100 s bei 0,5 · R_{AN} bei $C_E = 1\mu F$.

Die Ansprechzeit von Isolationsüberwachungsgeräten wird wesentlich durch das Meßverfahren bestimmt. Geräte mit taktenden Meßverfahren lassen eine mindestens fünffach höhere Ansprechzeit erwarten als Geräte mit Gleichspannungsüberlagerung. Weiterhin sind die Eingangsfilter und der Gleichstrom-Innenwiderstand der Isolationsüberwachungsgeräte und die Netzableitkapazitäten des zu überwachenden Netzes die bestimmenden Faktoren für die Ansprechzeit.

Die Ansprechzeit eines Isolationsüberwachungsgeräts wird ermittelt, indem ein ohmscher Widerstand von einem unendlichen Wert schlagartig auf den halben Ansprechwert zwischen die Meßklemmen des Geräts gelegt wird. Eine Gesamtableitkapazität von 1 µF ist bei dieser Messung symmetrisch über die Netzleiter verteilt. Die Ansprechzeit wird dann von der schlagartigen Widerstandsminderung bis zum Ansprechen des Ausgangsrelais gemessen.

Im praktischen Netz setzt sich die Ansprechzeit von Isolationsüberwachungsgeräten wie folgt zusammen:

$$t_{an} \sim t_{Filter} + 5 \cdot R_i \cdot C_E, \qquad (15.1)$$

t_{Filter} Filterzeit des Isolationsüberwachungsgeräts,
R_i Gleichstrom-Innenwiderstand,
C_E Gesamtnetzableitkapazität.

Die in DIN VDE 0100-728:1990-03 geforderte Ansprechzeit < 1 s bei einer Isolationsunterschreitung von 100 Ω/V trägt der obigen Ausführung nicht Rechnung. Es wäre praxisgerechter, wenn die Ansprechzeit ebenfalls auf 0,5 · R_{an} definiert und die maximale Netzkapazität berücksichtigt würde.

Nach EN 61557-8 gelten folgende Definitionen:

Ansprechzeit t_{an}
Die Ansprechzeit t_{an} ist die Zeit, die ein Isolationsüberwachungsgerät zum Ansprechen unter vorgegebenen Bedingungen benötigt.

Netzableitkapazität C_E
Die Netzableitkapazität ist der maximal zulässige Wert der Gesamtkapazität des zu überwachenden Netzes einschließlich aller angeschlossenen Betriebsmittel gegen Erde, bis zu dem das Isolationsüberwachungsgerät bestimmungsgemäß arbeiten kann.

Gleichstrom-Innenwiderstand R_i
Der Gleichstrom-Innenwiderstand ist der Wirkwiderstand des Isolationsüberwachungsgeräts zwischen Netz- und Erdanschlüssen.

16 Bestimmungen und Normen

Dieses Kapitel enthält Auszüge verschiedener deutscher Normen und Bestimmungen, die das IT-System mit Isolationsüberwachung vorschreiben oder empfehlen.

DIN VDE 0100
Errichten von Starkstromanlagen mit Nennspannungen bis 1000 V

Teil 300:1996-01
Bestimmungen allgemeiner Merkmale
Eingearbeitet: IEC-Publikation 364-3:1993, modified,
    CENELEC HD 384.3 S2:1995

Punkt 312.2.3:
IT-System
Im IT-System sind alle aktiven Teile von Erde getrennt, oder ein Punkt ist über eine Impedanz mit Erde verbunden; die Körper der elektrischen Anlage sind entweder
- einzeln geerdet oder
- gemeinsam geerdet oder
- gemeinsam mit der Erdung des Systems verbunden (siehe HD 384-4-41, Abschnitt 413.1.5).

Teil 410:1997-01
Schutzmaßnahmen; Schutz gegen elektrischen Schlag
Eingearbeitet: IEC-Publikation 364-4-41:1992, modified
    CENELEC HD 384.4.41 S2:1996
Dieser Teil ist in Kapitel 2, Abschnitt 6.4, ausführlich behandelt.

Teil 420 A2:1990-06 (Entwurf)
Schutzmaßnahmen; Schutz gegen thermische Einflüsse, Änderung 2

Punkt 8.2.3:
Schutzmaßnahmen im IT-Netz
Es sind mindestens die Anforderungen nach a) und b) anzuwenden, und je nach Grad der Gefährdung kann eine der Maßnahmen nach Aufzählung c) bis f) zusätzlich erforderlich werden:
a) Isolationsüberwachungseinrichtung mit Abschaltung bei $R \leq 30$ kΩ.

b) Fehlerstrom-Meldeeinrichtung mit $I_{\Delta n} \leq 30$ mA. Nach der Meldung muß der Fehler unverzüglich beseitigt werden.
c) Isolationsüberwachungseinrichtung mit Meldung bei $R \leq 30$ kΩ. Nach der Meldung muß der Fehler unverzüglich beseitigt werden.

Punkt 10.4:
Bei der Anwendung der Schutztrennung darf sinngemäß die Isolationsüberwachungseinrichtung nach Abschnitt 8.2.3 angewendet werden.

Teil 430:1991-11
Schutzmaßnahmen; Schutz von Kabeln und Leitungen bei Überstrom.

Punkt 5.6:
Anordnung oder Wegfall der Schutzeinrichtung zum Schutz bei Überlast in IT-Systemen (-Netzen).
Die in den Abschnitten 5.4.2 und 5.5 vorgesehenen Möglichkeiten, Schutzeinrichtungen zum Schutz bei Überlast zu versetzen oder ganz auf sie zu verzichten, gelten nicht für IT-Systeme(-Netze), es sei denn, jeder nicht gegen Überlast geschützte Stromkreis ist durch eine Fehlerstrom-Schutzeinrichtung geschützt, oder alle die von einem derartigen Stromkreis gespeisten Betriebsmittel einschließlich der Leitungen genügen der Schutzisolierung von DIN VDE 0100-410:1983-11, Abschnitt 6.2.

Punkt 9:
Schutz nach Art der Stromkreise.

Punkt 9.2.2: IT-Systeme (-Netze).
Wenn das Mitführen des Neutralleiters erforderlich ist, muß im Neutralleiter jedes Stromkreises eine Überstromerfassung vorgesehen werden, die die Abschaltung aller aktiven Leiter des betreffenden Stromkreises (einschließlich des Neutralleiters) bewirkt.
Das Deutsche Komitee schlägt folgende Änderungen des CENELEC-HD 384.4.473 S1 vor:
Zu Abschnitt 5.6:
Bei versetzter Anordnung und bei Wegfall der Schutzeinrichtung bei Überlast muß sichergestellt sein, daß auch
- in TT-Systemen (-Netzen) bei einem Körperschluß,
- in IT-Systemen (-Netzen) bei je einem Körperschluß in zwei verschiedenen Betriebsmitteln

keine Gefahren durch die zu hohe Erwärmung der Kabel und Leitungen auftreten.

Das Versetzen oder der Wegfall ist nur zulässig, wenn in diesen Stromkreisen:
- Fehlerstrom-Schutzschalter (RCD) oder
- schutzisolierte Betriebsmittel einschließlich der Kabel, Leitungen und Stromschienen verwendet werden oder
- im IT-System(-Netz) Isolationsüberwachung angewendet wird, die beim ersten Fehler abschaltet oder ein optisches oder akustisches Signal gibt, und der Fehler nach den betrieblichen Möglichkeiten unverzüglich beseitigt wird.

Teil 442 A1:1992-04 (Entwurf)
Schutzmaßnahmen, Schutz von Niederspannungsanlagen bei Erdschlüssen in Netzen mit höheren Spannungen.
Änderung 1, identisch mit IEC 64(Sec)600

Punkt 442.Y
Unbeabsichtigte (zufällige) Erdung eines IT-Systems(-Netzes)
Wenn ein Außenleiter eines IT-Systems (-Netzes) unbeabsichtigt geerdet wird, können die Basisisolierung, die doppelte und die verstärkte Isolierung, die für die Spannung zwischen Außenleiter und Neutralleiter bemessen sind, mit der Spannung zwischen zwei Außenleitern beansprucht werden. Die Beanspruchung durch Überspannung kann Werte erreichen bis zu $\sqrt{3} \cdot U_N$.

Teil 481 A1:1989-11 (Entwurf)
Auswahl von Schutzmaßnahmen gegen gefährliche Körperströme in Abhängigkeit von äußeren Einflüssen.
Identisch mit IEC 64(CO) 201.

Punkt 481.3.1.1:
In Anlagen oder Teilen von Anlagen, für welche der entsprechende Abschnitt von Teil 7 (z. B. Teile 704 und 705) die dauernd zulässige Berührungsspannung bei Wechselspannung auf 25 V oder bei oberschwingungsfreier Gleichspannung auf 60 V begrenzt, gelten folgende Anforderungen:
- in TN- und TT-Netzen müssen die maximalen Abschaltzeiten der Tabellen 41 A4 und 41 B 4 durch die Werte der dort angegebenen Tabelle ersetzt werden.
- im IT-Netz wird die Bedingung von Abschnitt 413.1.5.3.7 durch folgende Bedingung ersetzt: $R_A \cdot I_d \leq 25$ V.

Teil 482:1982-04 (Entwurf)
Auswahl von Schutzmaßnahmen; Brandschutz; identisch mit IEC 64 (CO) 112.

Punkt 482.2.10:
Wenn es unter dem Gesichtspunkt des Brandschutzes nötig ist, die Kabel- und Leitungsanlagen gegen die Folgen von (vagabundierenden) Fehlerströmen zu schützen, so muß der Stromkreis entweder:
- durch einen Fehlerstromschutzschalter geschützt sein, dessen Nennfehlerstrom I_n 0,5 A nicht überschreitet, oder
- die Kabel- und Leitungsanlage muß durch eine dauernde Isolationsüberwachungseinrichtung kontrolliert werden, die beim Auftreten eines Isolationsfehlers ein akustisches oder optisches Signal gibt.

Teil 520 A3:1990-09 (Entwurf)
Auswahl und Errichten elektrischer Betriebsmittel: Kabel, Leitungen, Stromschienen; Änderung 3.

Punkt 17:
Fußboden- und Deckenheizungen

Punkt 17.1:
Schutz gegen gefährliche Körperströme

Punkt 17.1.3.1.2:
Schutzmaßnahmen im IT-System (-Netz)
Isolationsüberwachungseinrichtungen und zusätzlicher Potentialausgleich sind anzuwenden.

Teil 530:1985-05 (Entwurf)
Auswahl und Errichtung elektrischer Betriebsmittel
Schaltgeräte und Steuergeräte, identisch mit IEC 64(CO) 151.

Punkt 532.2.5:
IT-Netz

Punkt 532.3:
Isolationsüberwachungseinrichtungen (in Vorbereitung)

Teil 532:1990-06 (Entwurf)
Auswahl und Errichtung elektrischer Betriebsmittel; Schaltgeräte und Steuergeräte; Abschalt- und Meldeeinrichtungen zum Brandschutz.

Punkt 4.4:
Isolationsüberwachungseinrichtung zum Abschalten

Punkt 4.4.1:
IT-Netze
Isolationsüberwachungseinrichtungen nach DIN VDE 0100-420 A2.

Punkt 4.5:
Einrichtung zum Melden

Punkt 4.5.1:
IT-Netze

Punkt 4.5.11:
Isolationsüberwachungseinrichtungen nach DIN VDE 0100 -420 A2.

Teil 540:1991-11
Erdung, Schutzleiter, Potentialausgleichsleiter.

Punkt C2:
Fremdspannungsarmer Potentialausgleich
Ist in einem Gebäude der Einbau von informationstechnischen Anlagen vorgesehen oder zumindest zu erwarten, so wird, um mögliche Funktionsstörungen dieser Anlage zu vermeiden, empfohlen, im ganzen Gebäude keinen PEN-Leiter anzuwenden.
Anmerkung:
Im Falle von TN-Systemen(-Netzen) ist das TN-S-System(-Netz) anzuwenden. TT-Systeme(-Netze) und IT-Systeme(-Netze) erfüllen von sich aus die Bedingungen.

Teil 560:1995-07
Auswahl und Errichten elektrischer Betriebsmittel
Elektrische Anlagen für Sicherheitszwecke
Eingearbeitet: IEC 364-5-56 (1980), mod.
    CENELEC HD 384.5.56 S1 (1985)
    Abschnitt 35 des CENELEC HD 384.3 (1995)

Punkt 3.5:
Schutzmaßnahmen bei indirektem Berühren ohne selbsttätige Abschaltung beim ersten Fehler sind zu bevorzugen. In IT-Netzen muß eine Isolationsüberwachungseinrichtung vorhanden sein, die bei Auftreten des ersten Fehlers ein akustisches und optisches Signal abgibt.

Teil 704:1987-11
Baustellen

Punkt 5.1:
Netzformen
Hinter Speisepunkten dürfen nur die Netzformen TT-Netz, TN-S-Netz oder IT-Netz mit Isolationsüberwachung angewendet werden.

Punkt 5.2.2:
IT-Netz
Im IT-Netz mit Isolationsüberwachung sind für Stromkreise mit Steckdosen keine Fehlerstromschutzeinrichtungen erforderlich.

Teil 705:1992-10
Landwirtschaftliche und gartenbauliche Anwesen.

Punkt 4.2.2.9:
Wenn besondere Umstände es erfordern, die Folgen des Fließens von Fehlerströmen aus der Sicht der Brandgefährdung zu begrenzen, so muß der Stromkreis durch eine Fehlerstrom-Schutzeinrichtung mit einem Nennfehlerstrom von höchstens 0,5 A geschützt sein. Wenn keine Fehlerstrom-Schutzeinrichtung verwendet werden kann, muß eine Isolationsüberwachungseinrichtung mit dauernder Überwachung das Auftreten eines Isolationsfehlers optisch oder akustisch melden.

Teil 707:1989-09 (Entwurf)
Anforderungen an die Erdung von Einrichtungen der Informationstechnik.
Übernommen von CENELEC pr HD 384.7.707 (1989)

Punkt 707.471.5:
Zusätzliche Anforderungen an IT-Systeme

Punkt 707.471.5.1:
Betriebsmittel mit hohen Ableitströmen sollten nicht unmittelbar an IT-Systeme angeschlossen werden, weil es schwierig ist, die Anforderungen zum Schutz gegen ge-

fährliche Körperströme beim ersten Fehler zu erfüllen. Wenn möglich, sollen die Betriebsmittel durch ein TN-System gespeist werden, das mittels Transformator mit getrennten Wicklungen von einem IT-System abgeleitet ist. Wenn die Bedingungen des Abschnitts 413.1.5.3 eingehalten werden, darf das Betriebsmittel direkt an ein IT-Netz angeschlossen werden. Dies darf dadurch erleichtert werden, daß man alle Schutzleiter direkt mit dem Erder der elektrischen Anlage verbindet.

Punkt 707.471.5.2:
Bevor ein direkter Anschluß an ein IT-System gemacht wird, müssen sich die Errichter vergewissern, daß das Betriebsmittel entsprechend einer Angabe des Herstellers für den Anschluß an ein IT-System geeignet ist.

Teil 725:1991-11
Hilfsstromkreise

Punkt 6.1:
Maßnahmen zur Erhöhung der Funktionssicherheit

Punkt 6.1.1:
Ableitströme
Es muß sichergestellt werden, daß die Ableitströme durch Isolationsminderung oder/und kapazitive Verschiebungsströme kleiner sind als der kleinste Rückfallwert elektronisch oder magnetisch betätigter Betriebsmittel.

Punkt 6.1.2.1:
Einfache Körper-, Erd- oder Kurzschlüsse
Durch einen einzelnen Leiterbruch oder durch einen einzelnen Körper, Erd- oder Kurzschluß darf keine Funktion unwirksam werden, die eine Anlage in einem sicheren Zustand hält oder in einen sicheren Zustand überführt.

Punkt 6.1.2.2:
Doppelte Körper- oder Erdschlüsse
Es muß sichergestellt werden, daß durch doppelte Körper- oder Erdschlüsse keine Fehlfunktionen möglich sind. Dies wird z. B. durch folgende Maßnahmen erreicht:
- in geerdeten Hilfsstromkreisen wird der erste Körper- oder Erdschluß innerhalb von 5 s abgeschaltet. Es kann auch erforderlich sein, in kürzeren Zeiten, z. B. 0,5 s, abschalten zu müssen.
- Ungeerdete Hilfsstromkreise sind auf Isolationsfehler zu überwachen.

Anmerkung:
Der zulässige Isolationsmindestwert ist von den eingesetzten Betriebsmitteln abhängig und sollte in der Regel einen Wert von 100 Ω/V nicht unterschreiten. Bei Verwendung einer Isolationsüberwachungseinrichtung muß der Innenwiderstand so groß bzw. der Meßstrom so niedrig sein, daß nicht durch die Überwachungseinrichtung selbst bzw. durch den ersten Körper- oder Erdschluß Fehlfunktionen hervorgerufen werden.
Um auch bei Schutzmaßnahmen durch Funktionskleinspannung mit sicherer Trennung (PELV bis DC 120 V/AC 50 V) den Isolationszustand zu überwachen, ist es erforderlich, eine Isolationsüberwachungseinrichtung vorzusehen, um die Körper an einen geerdeten Überwachungsleiter anzuschließen, mit dem auch die Isolationsüberwachungseinrichtung verbunden ist. Der Überwachungsleiter darf grüngelb gekennzeichnet sein, wenn die Anforderungen für Schutzleiter nach DIN VDE 0100-540 eingehalten sind.

Erläuterung zu Abschnitt 6.1.2.2:
Im ungeerdeten Steuerstromkreis muß eine Isolationsüberwachungseinrichtung vorhanden sein. Die Anmerkung zu deren Innenwiderstand gibt Hinweise zur Auswahl, anstatt einen Mindestwert von 15 kΩ, wie bisher angegeben, vorzuschreiben. Für elektronische Systeme ist dieser Wert unter Umständen viel zu niedrig.

Teil 728:1990-03
Ersatzstromversorgungsanlagen

Punkt 4:
In IT-Netzen müssen alle Körper durch einen Schutzleiter miteinander verbunden sein. Ein Erdungswiderstand $R_A \leq 100$ Ω ist in jedem Falle ausreichend.

Erläuterung zu 4.2.2.3:
Nach DIN VDE 0100-410 darf auf eine Isolationsüberwachungseinrichtung nur dann verzichtet werden, wenn der zweite Fehler zu einer Abschaltung führt.

Punkt 4.2.4.2.1:
Bei Sinken des Isolationswiderstands zwischen aktiven Teilen und dem Potentialausgleichsleiter unter 100 Ω/V müssen die Verbrauchsmittel innerhalb 1 s selbsttätig vom Generator abgeschaltet werden.

DIN VDE 0101:1989-05
Errichten von Starkstromanlagen mit Nennspannungen über 1 kV

Punkt 6.1.1.2:
Jedes galvanisch getrennte Netz mit isoliertem Sternpunkt oder mit Erdschlußkompensation ist mit einer Erdschlußüberwachungseinrichtung zu versehen, die einen Erdschluß unverzüglich erkennen läßt.

Punkt 6.4.1:
Stromkreise in elektrischen Hilfsanlagen

Punkt 6.4.1.1:
Einrichtungen zur Überwachung der Spannung sowie bei ungeerdeten Stromkreisen des Isolationswiderstands sind vorzusehen.

Punkt 6.4.1.4:
Bei Steuerungen und Stellungsmeldungen mit Sicherheitsfunktionen ist der Befehls- und Meldeweg so aufzubauen, daß ein Fehler nicht zur Fehlschaltung oder zu Fehlinformationen führen kann. Der Ausfall der Spannungsversorgung sowie Kurz- oder Erdschluß sind in diesen Stromkreisen zu melden.

DIN VDE 0107:1994-10
Starkstromanlagen in Krankenhäusern und medizinisch genutzten Räumen außerhalb von Krankenhäusern
Dieser Teil ist in Abschnitt 9.1 ausführlich dargestellt.

DIN VDE 0108:1989-10
Starkstromanlagen und Sicherheitsstromversorgungen in baulichen Anlagen für Menschenansammlungen

Teil 1: Allgemeines

Punkt 6.4.3.9:
Betriebsanzeige- und Überwachungseinrichtungen
Als Überwachungseinrichtung ist vorzusehen:
- eine Anzeige, welche Stromquelle speist (allgemeine Stromversorgung oder Batterie),

- ein Tastschalter am Gerät zur Simulation eines Ausfalls der allgemeinen Stromversorgung,
• Störungsmeldungen, die folgende Fehler erkennen lassen:
  – Spannung der Verbraucheranlage außerhalb der Grenzabweichung;
  – Erhaltungsladespannung außerhalb des zulässigen Bereichs;
  – Unterbrechung im Ladestromkreis;
  – Stromversorgung der Ladeeinrichtung gestört, obwohl Netzspannung vorhanden;
  – Speisung aus der Batterie, obwohl Netzspannung vorhanden;
  – Tiefentladeschutz hat angesprochen;
  soweit vorhanden:
  – Isolationswächter hat angesprochen;
  – Lüfter ausgefallen.

Punkt 6.5:
Netzformen und Schutz gegen gefährliche Körperströme

Punkt 6.5.2.1:
Neben den Schutzmaßnahmen Schutzisolierung, Schutzkleinspannung, Funktionskleinspannung und Schutztrennung ist der Schutz durch Meldung mit Isolationsüberwachungseinrichtung im IT-Netz nach DIN VDE 0100-410:1983-11, Abschnitt 6.1.5, bevorzugt anzuwenden.

Punkt 6.7:
Kabel und Leitungsanlage

Punkt 6.7.10:
Der Isolationswiderstand der Stromkreise muß mindestens 2 kΩ je Volt Nennspannung betragen, mindestens aber 500 kΩ.

VDE 0113-1:1993-06
Elektrische Ausrüstung von Maschinen; IEC 204-1:1991 modifiziert
Deutsche Fassung EN 60 204 Teil 1, Ausgabe 1992

Punkt 3.4.5:
Schutzleitersystem
Die Zusammenfassung der Schutzleiter und leitfähigen Teile zum Schutz gegen die Folgen von Erd-/Körperschlüssen.

Punkt 8.2:
Schutzleitersystem

Punkt 8.2.1:
Allgemeines
Das Schutzleitersystem besteht aus:
- der PE-Klemme (siehe Punkt 5.2);
- den leitfähigen Konstruktionsteilen der elektrischen Ausrüstung und der Maschine;
- den Schutzleitern in der Ausrüstung der Maschine.

Punkt 8.2.3:
Durchgehende Verbindung des Schutzleitersystems
Alle Körper der elektrischen Ausrüstung und der Maschine(n) müssen mit dem Schutzleitersystem verbunden sein.

Punkt 9:
Steuerstromkreise und Steuerfunktionen

Punkt 9.1:
Steuerstromkreise

Punkt 9.1.1:
Versorgung von Steuerstromkreisen
Zur Versorgung der Steuerstromkreise müssen Transformatoren verwendet werden. Solche Transformatoren müssen getrennte Wicklungen haben. Falls mehrere Transformatoren verwendet werden, wird empfohlen, die Wicklungen dieser Transformatoren so zu schalten, daß sie sekundärseitig phasengleich sind.
Sind Gleichspannungs-Steuerstromkreise an das Schutzleitersystem angeschlossen (siehe Punkt 8.2.1), müssen diese über eine getrennte Wicklung des Wechselstrom-Steuertransformators oder über einen anderen Steuertransformator versorgt werden.

Punkt 9.4.3.1:
Erdschlüsse
Erdschlüsse in Steuerstromkreisen dürfen weder zum unbeabsichtigten Anlauf noch zu gefahrbringenden Bewegungen einer Maschine führen noch deren Stillsetzen verhindern.
Um diese Anforderung zu erfüllen, muß in Übereinstimmung mit Punkt 8.2 eine Verbindung zum Schutzleitersystem vorgesehen sein, und die Geräte müssen, wie in Punkt 9.1.4 beschrieben, angeschlossen sein. Steuerstromkreise, die von einem

Transformator gespeist und nicht an den Schutzleiter angeschlossen werden, müssen mit einer Isolationsüberwachungseinrichtung (z. B. Fehlerstromeinrichtung) versehen sein, die einen Erdschluß entweder anzeigt oder den Stromkreis nach einem Erdschluß automatisch unterbricht.
[**Anmerkung des Autors**:
Die Fehlerstromschutzeinrichtung als beispielhaft aufgeführte Isolationsüberwachung ist irreführend. Richtiger wäre der Hinweis auf die Gerätenorm für Isolationsüberwachungsgeräte nach EN 61557-8.
Die Erläuterungen zu DIN VDE 0100-410:1983-11 bestätigen dies eindeutig:
„Fehlerstromschutzeinrichtungen sind in begrenzten Anlagen, z. B. Steuerstromkreisen, in der Regel als Schutzeinrichtung ungeeignet, weil sie weder beim ersten Fehler – wegen des kleinen Ableitstroms – noch im Doppelfehlerfall ansprechen."]

DIN VDE 0115-1:1982-06
Bahnen – Allgemeine Bau- und Schutzbestimmungen

Punkt 4.3.1.3:
Schutzleitungssystem
Das Schutzleitungssystem kann bei Bahnen mit erdungsfreiem Energieversorgungssystem bei allen Spannungen angewendet werden. Die die Fahrzeuge speisende Fahrleitungsanlage muß einen weiteren Schleifleiter als Schutzleiter haben.

Punkt 4.3.2.4:
Schutzleitungssystem
Bei Anwendung des Schutzleitungssystems sind die Körper der elektrischen Betriebsmittel leitend mit den Fahrzeugkörpern zu verbinden. Der Fahrzeugkörper ist durch mindestens zwei Schleifer mit dem Schutzleiter der Fahrleitung zu verbinden.

DIN VDE 0115-2:1996-12
Bahnanwendungen
Fahrzeuge
Schutzmaßnahmen in bezug auf elektrische Gefahren

Punkt 6.5.5:
Isolierte Räder oder Schwebesysteme ohne Schutzleiter.

Punkt 6.5.5.1:
In diesem Fall gilt 6.4 nicht. Der mechanische Teil des Fahrzeugs einschließlich der berührbaren leitfähigen Teile muß vom Stromversorgungssystem isoliert sein.

Bei O-Bussen oder anderen Fahrzeugen ohne Anschlußmöglichkeiten an den Schutzleiter der ortsfesten Anlage müssen alle Betriebsmittel doppelte Isolierung aufweisen. Isolationsfehler müssen feststellbar sein, entweder durch eine betriebliche Maßnahme oder die Verwendung eines Überwachungsgeräts.

DIN VDE 0115-3:1982-06
Bahnen- und Sonderbestimmungen für ortsfeste Bahnanlagen

Punkt 10.4:
Nicht geerdete Energieversorgungssysteme müssen eine Einrichtung zum Überwachen des Isolationszustands der Leiter gegen Erde haben.

Erläuterungen zu Abschnitt 10.4:
Hier wird der Isolationszustand der Anlage angesprochen und nicht der Isolationswiderstand, der für eine Oberleitungsanlage nicht eindeutig definiert werden kann. An die hier geforderte Überwachungseinrichtung werden dieselben Anforderungen gestellt, wie sie in DIN VDE 0100:1973-05 § 11c)3) beschrieben sind.

DIN VDE 0116:1989-10
Elektrische Ausrüstung von Feuerungsanlagen

Punkt 4.8:
Befehlsgeräte und Stellglieder

Punkt 4.8.3:
Steuerstromkreise und Tauchelektroden müssen von anderen Hilfsstromkreisen und vom Netz galvanisch getrennt sein. Sie dürfen nicht geerdet betrieben werden, abgesehen von der zwangsläufigen Erdung bei der Rückleitung über den Deckelflansch.

Punkt 8:
Hilfsstromkreise und Sicherheitseinrichtungen
In ungeerdeten Netzen müssen Hilfsstromkreise aus Steuertransformatoren gespeist werden.

Punkt 8.4:
Maßnahmen gegen Gefahren durch Körper- oder Erdschlüsse

Punkt 8.4.1:
Körper- oder Erdschlüsse dürfen keine Gefahren für Personen oder Schäden an der Anlage verursachen.

Punkt 8.4.2:
Um diese Anforderungen zu erfüllen, sind die folgenden Maßnahmen notwendig (einzeln oder kombiniert):
In ungeerdeten Steuerstromkreisen muß, unabhängig von der Höhe der Spannung, eine Isolationsüberwachungseinrichtung vorhanden sein, die das Unterschreiten des zulässigen Mindestwerts des Isolationswiderstands meldet. Der Innenwiderstand der Isolationsüberwachungseinrichtung muß so hoch sein, daß bei einer im Körper- oder Erdschlußfall möglichen Hintereinanderschaltung von Isolationsüberwachungseinrichtung und Wirkungsglied kein Strom zum Fließen kommt, der größer ist als das 0,7fache des Rückfallwerts des Wirkungsglieds.
Alle nicht aktiven Metallteile sind leitend miteinander und mit der Erdanschlußstelle der Isolationsüberwachungseinrichtung zu verbinden.

Punkt 8.7.5 c:
Der Ausfall der Steuerspannung, das Ansprechen eines Überstromschutz- oder Kurzschlußschutzorgans und das Unterschreiten des erforderlichen Mindestwerts des Isolationswiderstands bei IT-Netzen sind an eine ständig besetzte Stelle zu übertragen. Die Übertragung einer Fehlersammelmeldung ist ausreichend.

DIN VDE 0118-1:1990-09
Errichten elektrischer Anlagen im Bergbau unter Tage;
Allgemeine Festlegungen
Dieser Teil ist in Kapitel 11 ausführlich dargestellt.

DIN VDE 0122:1986-08
Elektrische Ausrüstung von Elektro-Straßenfahrzeugen

Punkt 4.2.2.2:
Ist ein Potentialausgleich zwischen Netz und Elektro-Straßenfahrzeug während des Ladevorgangs aus zwingenden Gründen nicht durchführbar, sind die folgenden Ersatzmaßnahmen notwendig, wenn das Ladegerät eine galvanische Trennung zum speisenden Elektrizitätsversorgungsnetz (ungeerdet) aufweist:
- Isolationsüberwachung auf der Lade- und Energiespeicherseite.
- Beide Überwachungseinrichtungen müssen unabhängig voneinander sein und dürfen sich nicht gegenseitig beeinflussen.

- Die Zuschaltung auf der Lade- und Energiespeicherseite muß von einem ausreichenden Isolationswiderstand abhängig gemacht werden.
- Der Isolationswiderstand der Anlage muß mindestens so groß sein, daß zwischen berührbaren, leitenden Fahrzeugteilen und Erde kein größerer Strom als 20 mA zum Fließen kommt.
- Eine Überschreitung dieses Grenzstromwerts während des Ladevorgangs muß unmittelbar zur Abschaltung des speisenden Wechselstromnetzes und des Energiespeichers führen.

Punkt 4.2.3.3:
Isolationswiderstand
Der Isolationswiderstand aller aktiven Teile des Elektro-Straßenfahrzeugs gilt als ausreichend, wenn er mindestens 1000 Ω je Volt Nennspannung gegen Körper beträgt.
Für die Auslieferung betriebsfähiger Energiespeicher ist ein Isolationswiderstand von 500 Ω je Volt Nennspannung nachzuweisen.
Anmerkung:
Im Betrieb gilt der Isolationswiderstand des Energiespeichers als ausreichend, wenn er 50 Ω je Volt Nennspannung gegen Körper beträgt.

DIN VDE 0160:1990-12 (Entwurf)
Ausrüstung von Starkstromanlagen mit elektronischen Betriebsmitteln

Punkt 6.3.2:
Isolationsüberwachung
Die zum Prüfen des Isolationswiderstands eines ungeerdeten Netzes angebrachte Überwachungseinrichtung muß geeignet sein, die Unterschreitung eines Mindestwerts des Isolationszustands dieses Netzes und aller an diesem Netz ohne galvanische Trennung betriebenen BLE einschließlich der an ihnen angeschlossenen Verbraucher zu erfassen.
Anmerkung:
Isolationsüberwachungsgeräte nach DIN VDE 0413-2:1973-01, können durch die bei Erdschluß eines BLE auf der Ausgangsseite entstehende Fremdgleichspannung außer Funktion gesetzt werden (siehe dort Abschnitt 5.2.6). Isolationsüberwachungsgeräte nach DIN VDE 0413-8 können geeignet sein; doch wird beim Anschluß von Umrichtern an das überwachte Netz empfohlen, unter Angabe der Umrichter-Schaltung beim Hersteller des Isolationsüberwachungsgeräts anzufragen, ob das Gerät auch hierfür geeignet ist.

DIN VDE 0165:1991-02
Errichten elektrischer Anlagen in explosionsgefährdeten Bereichen

Punkt 5.3.2:
Indirektes Berühren
Mit Ausnahme eigensicherer Stromkreise gilt:
Zur Vermeidung zündfähiger Funken im Bereich der Niederspannung (bis 1000 V Nennspannung) ist eine der nachstehend genannten Schutzmaßnahmen unter den angegebenen Bedingungen anzuwenden:
Bei IT-Netzen entsprechend DIN VDE 0100-300:1985-11, Abschnitt 6.2.3:
Schutzmaßnahmen nach DIN VDE 0100-410:1983-11, Abschnitt 6.1.5, mit einer Isolationsüberwachungseinrichtung nach DIN VDE 0100-410:1983-11, Abschnitt 6.1.7.4.

DIN VDE 0165-102:1993-10 (Entwurf)
Errichten elektrischer Anlagen in explosionsgefährdeten Bereichen
Elektrische Anlagen in gasexplosionsgefährdeten Bereichen (ausgenommen Grubenbaue); Deutsche Fassung pr DIN EN 50 154: 1993

Punkt 6.2.3:
IT-Netz
Wenn ein IT-Starkstromnetz (Sternpunkt gegen Erde isoliert oder über eine Impedanz geerdet) verwendet wird, muß eine Isolationsüberwachungseinrichtung zur Anzeige des ersten Erdschlusses vorgesehen sein.

Entwurf DIN VDE 0166:1996-03 (Entwurf)
Errichten elektrischer Anlagen in durch explosionsgefährliche Stoffe gefährdeten Bereichen

Punkt 4.3.2.3:
IT-System
Wenn ein IT-Starkstromnetz (Sternpunkt gegen Erde isoliert oder über eine Impedanz geerdet) verwendet wird, muß eine Isolations-Überwachungseinrichtung zur Anzeige des ersten Erdschlusses vorgesehen sein.

DIN VDE 0168:1992-01
Bestimmung für das Errichten und den Betrieb elektrischer Anlagen in Tagebauen, Steinbrüchen und ähnlichen Betrieben

Punkt 3.2.1.2:
Netze mit U_n bis AC 1 000 V oder DC 1 500 V

Punkt 3.2.1.2.1:
Die Anwendung der Schutzmaßnahmen nach DIN VDE 0100-410 im TN-Netz oder IT-Netz mit Verbindung aller Körper durch Schutzleiter untereinander und Abschalten im Doppelfehlerfall ist bei ortsveränderlichen Anlagen ohne ergänzende Festlegung zulässig.

Punkt 3.2.1.2.2:
Im TT-Netz oder IT-Netz mit Einzel- oder Gruppenerdung und Abschalten im Doppelfehlerfall ist die nach DIN VDE 0100-410 für den Erdungswiderstand R_A einzuhaltende Bedingung für den Gesamtschutzwiderstand R_g zu erfüllen:

$$R_g \leq \frac{50\,\text{V}}{I_a}.$$

I_a siehe DIN VDE 0100-410.
Wenn diese Bedingung mit Überstromschutzeinrichtungen nicht eingehalten werden kann, ist ein FI-Schutzschalter zu verwenden. Dabei dürfen im TT-Netz mehrere Verbraucher durch einen gemeinsamen FI-Schutzschalter geschützt werden; im IT-Netz muß dagegen jedem einzelnen Verbraucher ein FI-Schutzschalter vorgeschaltet werden.

Punkt 3.2.1.2.3:
In IT-Netzen mit zusätzlichem Potentialausgleich und Isolationsüberwachungseinrichtung ist das umgebende Erdreich der ortsveränderlichen Anlage (Standfläche) ein fremdes leitfähiges Teil und deshalb in den zusätzlichen Potentialausgleich einzubeziehen. Die Forderung nach DIN VDE 0100-410 für den Widerstand R des zusätzlichen Potentialausgleichs ist erfüllt, wenn der Gesamtschutzwiderstand R_g der Bedingung genügt:

$$R_g \leq \frac{50\,\text{V}}{I_a}.$$

Punkt 3.2.2.1:
Netze mit U_n bis AC 1000 V oder DC 1500 V
Folgende Schutzmaßnahmen sind anzuwenden:
- Fehlerstromschutzeinrichtungen für TN- und TT-Netze,
- Isolationsüberwachungseinrichtungen mit Abschaltung beim Auftreten des ersten Fehlers für das IT-Netz,
- Schutzkleinspannung.

Anmerkung:
Der Nennfehlerstrom $I_{\Delta n}$ der Fehlerstromschutzeinrichtung sollte entsprechend den betrieblichen Gegebenheiten (betriebliche Ableitströme beachten) möglichst niedrig gewählt werden.

Punkt 4:
Hilfstromkreise für Fördergeräte und Bandanlagen

Punkt 4.3.5:
Doppelte Körper und Erdschlüsse
Wenn durch mehr als einen Körper- oder Erdschluß Gefahrenzustände durch Versagen der Hilfsstromkreise auftreten können, muß im ungeerdeten Steuerstromkreis die in DIN VDE 0100-725 geforderte Isolationsüberwachungseinrichtung bei Ansprechen den überwachten Stromkreis selbsttätig ausschalten oder den Fehler an eine besetzte Stelle melden; können keine Gefahrenzustände auftreten, genügt die örtliche Meldung der Isolationsüberwachungseinrichtung.
In Anlagen zur Naßgewinnung und Naßförderung ist in diesem Zusammenhang Abschnitt 3.2.2.1 zu beachten.

Punkt 9.2:
Netze mit U_n bis AC 1000 V

Punkt 9.2.1:
Unter den Voraussetzungen:
- Abschnitt 9.1 ist eingehalten,
- es wird ein elektrisches leitfähiges Wasserableitungssystem verwendet,
- das Wasserableitungssystem ist mit dem Schutzleiter der Stromzuführung verbunden,

darf in IT-Netzen ohne Neutralleiter, in denen alle Körper durch Schutzleiter miteinander verbunden sind, bei Schutzmaßnahmen durch Abschaltung im Doppelfehlerfall nach DIN VDE 0100-410 die Schleifenimpedanz nach folgenden Bedingungen bemessen werden:

$$Z_s \le \frac{\sqrt{3} \cdot U_0}{I_s},$$

Z_s Impedanz der Fehlerschleife, bestehend aus Außenleiter und Schutzleiter zwischen Stromquelle und betrachtetem Betriebsmittel,
I_s Strom, der das automatische Abschalten innerhalb von 5 s bewirkt;
U_0 Nennspannung gegen Erde.

DIN VDE 0510-2:1986-07
Akkumulatoren und Batterieanlagen; ortsfest Batterieanlagen

Punkt 4.2:
Schutz bei indirektem Berühren.
In Batterieanlagen muß eine Maßnahme zum Schutz bei indirektem Berühren nach DIN VDE 0100-410:1983-11, Abschnitt 6, angewendet werden.
Als Schutzeinrichtungen dürfen verwendet werden, sofern für Gleichstrom geeignet:
- Sicherungen der Reihe DIN VDE 0636-1,
- Leitungsschutzschalter nach DIN VDE 0641,
- Leistungsschalter mit Überstromauslöser nach DIN VDE 0660-101,
- für Gleichstrom geeignete Fehlerstromschutzeinrichtungen bzw. Differentialschutzeinrichtungen,

Anmerkung:
Fehlerstromschutzschalter DIN VDE 0664-1 dürfen nicht angewendet werden, da sie nur für Wechselströme und pulsierende Gleichfehlerströme geeignet sind.
- Isolationsüberwachungseinrichtung (IT-Netz),
- Fehlerspannungsschutzeinrichtung.

Punkt 4.2.1.3 IT-System:
IT-Netze werden isoliert betrieben. Es besteht keine direkte Verbindung zwischen aktiven Leitern und geerdeten Teilen. Aus betrieblichen Gründen kann eine Erdverbindung über einen genügend hohen Widerstand erforderlich sein (z. B. Isolationsüberwachung).
Außer den im Abschnitt 4.2 genannten Schutzeinrichtungen können auch Isolationsüberwachungseinrichtungen eingesetzt werden, die für Gleichspannung geeignet sind. Im IT-System ist beim Auftreten nur eines Körper- oder Erdschlusses keine Abschaltung erforderlich, es kann jedoch durch eine Isolationsüberwachungseinrichtung ein akustisches oder optisches Signal ausgelöst werden.

[**Anmerkung des Autors**: Im Punkt 4.2.1.3 wird richtigerweise darauf hingewiesen, daß die in verschiedenen Normen genannte hochohmige Erdung des IT-Systems auch bereits durch den Wechsel- bzw. Gleichstrom-Innenwiderstand des Isolationsüberwachungsgeräts erfolgt.]

DIN VDE 0800-1:1989-05
Fernmeldetechnik; Allgemeine Begriffe, Anforderungen und Prüfungen für die Sicherheit der Anlagen und Geräte

Punkt 8.2.1.3:
Schutzmaßnahmen im IT-System nach DIN VDE 0100-410:1983-11 mit folgenden Schutzeinrichtungen:
- Überstrom-Schutzeinrichtung,
- Fehlerstrom-Schutzeinrichtung,
- Isolationsüberwachungseinrichtung.

DIN VDE 0831:1990-08
Elektrische Bahn-Signalanlagen

Punkt 6.5:
Isolationsüberwachungseinrichtung

Punkt 6.5.1:
Zum Erfüllen der Anforderung nach Abschnitt 6.2.10 dürfen Isolationsüberwachungseinrichtungen verwendet werden.
Isolationsüberwachungseinrichtungen sind je nach Anwendungsfall Erdschluß- oder Gestellschlußüberwachungseinrichtungen. Sie wirken als Meldeeinrichtungen.
Anmerkung: Isolationsüberwachungseinrichtungen tragen durch selbsttätige Meldung eines Erd- bzw. Gestellschlusses als „erster Ausfall" zur Erhöhung der Verfügbarkeit einer Signalanlage bei.

Punkt 6.5.2:
Isolationsüberwachungseinrichtungen müssen die Unterschreitung eines Mindestwerts des Isolationswiderstands optisch und akustisch anzeigen. Die Meßanordnungen müssen Meßfehler durch Überlagerung von Meßgleichspannungen und Gleichspannungen der Signalanlage verhindern. Dies gilt insbesondere beim Verwenden von Isolationsüberwachungseinrichtungen (siehe DIN VDE 0413-2).

Punkt 6.5.2.1:
Sind z. B. Relaisgestelle oder Stelltische geerdet aufgestellt und die Stromkreise einer Signalanlage erdfrei ausgeführt, so muß ein einfacher Erdschluß dieser Stromkreise angezeigt wreden.

Punkt 6.5.2.2:
Sind z. B. Relaisgestelle oder Stelltische isoliert aufgestellt und die Stromkreise einer Signalanlage erdfrei ausgeführt, so muß sowohl ein einfacher Körperschluß als auch ein einfacher Erdschluß dieser Stromkreise angezeigt werden.

Punkt 6.5.2.3:
Sind z. B. Relaisgestelle oder Stelltische isoliert aufgestellt und die Stromkreise einer Signalanlage geerdet, so muß ein einfacher Körperschluß dieser Stromkreise angezeigt werden.

Punkt 6.5.3:
Der Innenwiderstand einer Isolationsüberwachungseinrichtung muß so groß sein, daß die Funktion der Signalanlage nicht beeinträchtigt wird; z. B. dürfen Relais in Reihenschaltung mit der Überwachungseinrichtung bei einem Erd- oder Körperschluß nicht ansprechen.
Der Innenwiderstand muß wegen der Maßnahmen zum Schutz bei indirektem Berühren wenigstens 15 kΩ betragen.

TAS – Technische Anforderungen an Schacht- und Schrägförderanlagen

Punkt 4.2:
Stromversorgung und Überwachung der Signalanlagen

Punkt 4.2.4:
Signalanlagen müssen auf Isolationsfehler und Gleichstromsignalanlagen und zusätzlich auf Spannungsfall überwacht werden.

Punkt 4.2.5:
Die Überwachungseinrichtung von Gleichstromsignalanlagen muß die Signalanlagen bei einem Spannungsfall von mehr als 10 % der Nennspannung sofort und beim Absinken des Isolationswerts einer Ader unter 250 Ω/V innerhalb von höchstens 45 s nach Auftreten des Fehlers abschalten. Tritt einer dieser Fehler während eines Treibens auf, darf die Abschaltung erst nach Beendigung des Treibens erfolgen. Der Fehler muß optisch und akustisch am Bedienungsstand der Antriebsmaschine ange-

zeigt werden. Die optische Anzeige darf erst abgeschaltet werden können, wenn der Fehler beseitigt ist.

Punkt 4.2.6:
Abweichend von Punkt 4.2.5 brauchen Signalanlagen ohne Relais – ausgenommen das Notsignal-Dehnrelais – beim Absinken des Isolationswerts nicht selbsttätig abgeschaltet werden. Ein Isolationswert unter 100 Ω/V muß am Bedienungsstand der Antriebsmaschine optisch und akustisch angezeigt werden.

Deutscher Verein des Gas- und Wasserfachs e. V. – Regelwerk

Technische Mitteilungen, DVGW GW 308, 10.83
Mobile Ersatzstromerzeuger und deren Betrieb bei Arbeiten an Rohrleitungen – Anforderungen

Punkt 3.2:
Schutztrennung mit Isolationsüberwachung und Abschaltung
- Es muß ein Isolationsüberwachungsgerät mit Prüftaste eingebaut sein, das beim Sinken des Isolationswiderstands unter 100 Ω/V innerhalb 1 s die Betriebsmittel vom Generator abschaltet.
- Das Isolationsüberwachungsgerät muß den Anforderungen nach DIN VDE 0413-2 genügen.

Berufsgenossenschaft der Feinmechanik und Elektrotechnik – Unfallverhütungsvorschriften

Taucherarbeiten (VBG 39) in der Fassung vom 1. Oktober 1984

Elektrische Einrichtungen für Taucherarbeiten

Elektrische Anlagen und Betriebsmittel müssen den sicherheitstechnischen Erfordernissen entsprechen und für den Einsatz unter Wasser geeignet sein. Sie müssen insbesondere folgende Forderungen erfüllen:
Die elektrischen Anlagen und Betriebsmittel sind in eine der folgenden Schutzmaßnahmen bei indirektem Berühren (zu hohe Berührungsspannung) wahlweise einzubeziehen:
- Schutzisolierung mit Isolationsüberwachung,
- Schutzkleinspannung oder
- Fehlerstrom-Schutzschaltung (Nennfehlerstrom I_{FN} = 30 mA).

Verband der Schadensversicherer e. V.
VdS 2033, 01.95
Feuergefährdete Betriebsstätten und diesen gleichzustellende Risiken

Punkt 5.2.4 IT-Systeme
In IT-Systemen müssen verwendet werden:
- Isolationsüberwachungseinrichtungen, die bei Unterschreitung der vorgeschriebenen Isolationswerte den ersten Fehler melden; der Fehler muß umgehend beseitigt werden.
- Überstromschutzeinrichtungen, die die Anlage bei einem zweiten Fehler innerhalb 5 s abschalten.
- Kabel oder Leitungen mit konzentrischem Leiter, wobei der konzentrische Leiter mit dem Schutzleiter verbunden werden muß.

Andere nationale Normen

Australia:
Australian Standard 3003-1985 and Amendment No. 1-4 (1986)
Electrical Installations in Electromedical Treatment Areas

Canada:
CSA-CAN 3-Z32.2.M81, National Standard of Canada
Use of Electricity in Patient Care Areas

Chile:
Norma N SEG 4. E. p. 79
Power supply for medically used locations

Finland:
SFS 4372, SUOMENE Standardisoimislitto
Lääkintätilojen Sähköäsennukset
Electrical installations in hospitals and in medically used rooms outside hospitals.

Israel:
Law for the installation of electrical devices:
No. 4634/1984: Earthing and protective measures against electric shocks.
No. 5000 generator installation: § 15 IT system in temporary installations which are supplied by a generator.

Italy:
64-4 (1988)
Impianti elettrici in locali adhibiti ad uso medico (seconda edizione)
(Electric plants in medical rooms, second edition)
64-2 (1987)
Impianti elettrici nei luoghi con pericolo di esplosione o d'incendio (terza edizione)
(Electric plants for explosion or fire risk areas, third edition)
64-7 (1986)
Impianti elettrici d'illuminazione pubblica e similari (seconda edizione)
(Electric plants for public areas lighting and similar applications, second edition)
64-8 (1987)
Impianti elettrici utilizzatori a tensione universale non superiore a 1000 V in corrente alternata e 1500 V in corrente continua (seconda edizione).
(Electric users plants for universal voltage less than AC 1000 V and DC 1500 V, second edition)
64-8 (1988)
V1 Variante no. 1(variation no. 1)
64-8 (1989)
V2 Variante no. 2 (variation no. 2)
64-9 (1987)
Impianti elettrici utilizzatori negli edifici a destinazione residenziale e similare (prima edizione)
(Electric users plants for residential buildings and similar applications (first edition)
64-10 (1988)
Impianti elettrici nei luoghi di pubblico spettacolo e di trattenimento (prima edizione)
(Electric plants for public entertainment areas (first edition)

Netherlands:
NEN 3134/März 1992
Eisen voor installaties in medisch gebruikte ruimten
(Guide for electrical installations in medically used rooms)

Norway:
NVE/Feb. 1991
Forskrifter For Elektriske Bygnings – Installasjoner M. M.

Switzerland:
Med 4818/10.89
Regulations for the electrical installation in medically used locations

Spain:
UNE 20615-78/80/85
Systems with insulation transformer for medical application and the depending control and protective equipment

Hungary (Ungarn):
MSZ 172/1
Érintésvédelmi szabályzat; Kisfeszültségü erösáramü villamos berendezések
(Rules of protection against electric shock; Power current installations up to 1000 V)
MSZ 2040
Egészségügyi intézmények villamos berendezéseinek létesitése
(Electrical installations of health institutions)

United Kingdom:
IEE wiring regulations, 16th Edition 1992:
Regulations for electrical installations

USA:
National Electrical Code (NEC) 1984:
Article 517 Health care facilities
NFPA 99 Health Care Facilities 1984

17 Definitionen zur Isolationsüberwachung

17.1 Definitionen nach IEC 61557-8:1997-02

deutsch	englisch	französisch
Isolationsüberwachungsgeräte Isolationsüberwachungsgeräte müssen von dem ihnen vorgegebenen Meßprinzip her dazu in der Lage sein, sowohl symmetrische als auch unsymmetrische Isolationsverschlechterungen zu melden.	**Insulation monitoring devices** Insulation monitoring devices shall be capable to monitor symmetrical as well as asymmetrical insulation deteriorations according to the stipulated measuring principle.	**Contrôleurs permanents d'isolement** De par leur principe même de fonctionnement, les contrôleurs permanents d'isolement doivent être en mesure de signaler des détériorations tant symétriques qu'asymétriques de l'isolement.
Fremdgleichspannung U_{fg} Die Fremdgleichspannung ist die Gleichspannung in Wechselspannungsnetzen, die zwischen Netz und Erde auftritt.	**Extraneous DC Voltage U_{fg}** Extraneous DC voltage is a DC voltage occurring in AC systems between the AC conductors and earth.	**Tensions continue extérieure U_{fg}** Il s'agit de la tension continue qui apparaît entre réseau et terre dans des réseaux à tension alternative.
Isolationswiderstand R_F Der Isolationswiderstand ist der Wirkwiderstand des überwachten Netzes einschließlich der Wirkwiderstände aller daran angeschlossenen Betriebsmittel gegen Erde.	**Insulation Resistance R_F** Insulation resistance is the resistance in the system being monitored. It includes the resistance of all the connected appliances to earth.	**Résistance d'isolement R_F** Il s'agit de la résistance effective par rapport à la terre du réseau surveillé et des matériels que y sont connectés.
Sollansprechwert R_{an} Der Sollansprechwert ist der am Gerät fest eingestellte oder einstellbare Wert des Isolationswiderstands, dessen Unterschreitung überwacht wird.	**Specified Response Value R_{an}** Specified response value is the value of the insulation resistance permanently set or adjustable on the device and monitored if the insulation resistance falls below this limit.	**Valeur de seuil de référence R_{an}** Il s'agit de la valeur de la résistance d'isolement qui est préréglée ou réglable sur l'appareil et dont le dépassement est surveillé.

deutsch	englisch	französisch
Ansprechwert R_A Der Ansprechwert ist der Wert des Isolationswiderstands, bei dem das Gerät unter festgelegten Bedingungen anspricht.	**Response Value R_a** Response value is the value of the insulation resistance at which the device is responding under specified conditions.	**Valeur de seuil R_a** Il s'agit de la valeur de la résistance d'isolement à laquelle l'appareil réagit dans des conditions données.
Ansprechabweichung A Die Ansprechabweichung ist der Ansprechwert, vermindert um den Sollansprechwert, geteilt durch den Sollansprechwert, multipliziert mit hundert, angegeben in Prozent: $A = \dfrac{R_A - R_{an}}{R_{an}} \cdot 100\%.$	**Relative (Percentage) Error A** Relative error is the response value minus the specified response value, divided by the specified response value, mulitplied by 100 and stated as a percentage: $A = \dfrac{R_A - R_{an}}{R_{an}} \cdot 100\%.$	**Erreur relative (exprimée en pourcentage) A** Il s'agit de la valeur de seuil de laquelle est soustraite la valeur de seuil de référence, divisée par la valeur de seuil de référence, multipliée par cent et donnée en pourcentage: $A = \dfrac{R_A - R_{an}}{R_{an}} \cdot 100\%.$
Netzableitkapazität C_E Die Netzableitkapazität ist der maximal zulässige Wert der Gesamtkapazität des zu überwachenden Netzes einschließlich aller angeschlossenen Betriebsmittel gegen Erde, bis zu dem ein Isolationsüberwachungsgerät bestimmungsgemäß arbeiten kann.	**System Leakage Capacitance C_E** System leakage capacitance is the maximum permissible value of the total capacitance to earth of the system to be monitored, including any connected appliances, up to which value the insulation monitoring device can work as specified.	**Capacité de fuite au réseau C_E** Il s'agit de la valeur maximale admissible de la capacité totale par rapport à la terre du réseau à surveiller et de tous les matériels connectés, jusqu'à laquelle l'appareil peut travailler conformément aux prescriptions.
Ansprechzeit t_{an} Die Ansprechzeit ist die Zeit, die ein Isolationsüberwachungsgerät zum Ansprechen unter vorgegebenen Bedingungen benötigt.	**Response time t_{an}** Response time is the time required by an insulation monitoring device to respond under specified conditions.	**Temps de réponse t_{an}** Il s'agit du temps nécessaire à un contrôleur permanent d'isolement pour réagir dans des conditions données.

deutsch	englisch	französisch
Meßspannung U_M Die Meßspannung ist die Spannung, die während der Messung an den Meßanschlüssen vorhanden ist. *Anmerkung*: Im fehlerfreien, spannungslosen Netz ist dies die Spannung, die zwischen den Anschlußklemmen am zu überwachenden Netz und den Schutzleiterklemmen anliegt.	**Measuring voltage U_M** Measuring voltage is the voltage present at the measuring terminals during the measurement. *Note*: In a fault-free and de-energized system, this represents the voltage present between the terminals of the system to be monitored and the terminals of the protective conductor.	**Tension de mesure U_M** Il s'agit de la tension qui existe aux bornes de mesure pendant les essais. *Note*: Dans un réseau hors tension et dépourvu de défaut, il s'agit de la tension qui se trouve entre les bornes de raccordement situées sur le réseau à surveiller et les bornes du conducteur de protection.
Meßstrom I_M Der Meßstrom ist der maximale Strom, der aus der Meßspannungsquelle, begrenzt durch den Innenwiderstand R_i des Isolationsüberwachungsgeräts, zwischen Netz und Erde fließen kann.	**Measuring Current I_M** Measuring current is the maximum current that can flow between the system and earth, limited by the internal resistance R_i from the measuring voltage source of the insulation monitoring device.	**Courant de mesure I_M** Il s'agit du courant maximal qui s'écoule de la source de la tension de mesure et qui peut circuler entre le réseau et la terre. Il est limité par la résistance interne R_i du contrôleur permanent d'isolement.
Wechselstrom-Innenwiderstand Z_i Der Wechselstrom-Innenwiderstand ist die Gesamtimpedanz des Isolationsüberwachungsgeräts zwischen Netz- und Erdanschlüssen bei Nennfrequenz.	**Internal Impedance Z_i** Internal impedance is the total impedance of the insulation monitoring device between the terminals to the system being monitored and earth, measured at the nominal frequency.	**Résistence interne du courant alternatif Z_i** Il s'agit de l'impédance totale du contrôleur permanent d'isolement entre les bornes du réseau et de la terre en fréquence nominale.
Gleichstrom-Innenwiderstand R_i Der Gleichstrom-Innenwiderstand ist der Wirkwiderstand des Isolationsüberwachungsgeräts zwischen Netz- und Erdanschlüssen.	**Internal DC resistance R_i** Internal DC resistance is the resistance of the insulation monitoring device between the terminals to the system being monitored and earth.	**Résistance interne du courant continu R_i** Il s'agit de la résistance effective du contrôleur permanent d'isolement entre des bornes du réseau et de la terre.

deutsch	englisch	französisch
Symmetrische Isolationsverschlechterung	**Symmetrical Insulation deterioration**	**Détérioration symétrique de l'isolement**
Eine symmetrische Isolationsverschlechterung liegt dann vor, wenn sich der Isolationswiderstand aller Leiter des zu überwachenden Netzes (annähernd) gleichmäßig verringert.	A symmetrical insulation deterioration occurs when the insulation resistance of all conductors in the system to be monitored decreases (approximately) similarly.	Une détérioration de l'isolement existe lorsque la résistance d'isolement de l'ensemble des conducteurs du réseau à surveiller décroit régulièrement.
Unsymmetrische Isolationsverschlechterung	**Asymmetrical Insulation deterioration**	**Détérioration asymétrique de l'isolement**
Eine unsymmetrische Isolationsverschlechterung liegt dann vor, wenn sich der Isolationswiderstand, z. B. eines Leiters, wesentlich stärker verringert als der der (des) übrigen Leiter(s).	An asymmetrical insulation deterioration occurs when the insulation resistance of, for example one conductor, decreases (substantially) more than that of the other conductor(s).	Une détérioration asymétrique de l'isolement existe lorsque la résistance d'isolement d'un conducteur par exemple, décroit davantage que celle de l'autre ou des autres conducteur(s).

Bildnachweis

Dipl.-Ing. W. Bender GmbH & Co. KG, 35305 Grünberg, Tel.: 06401/807-0
Bild-Nr.: 7.10, 9.3, 12.5, 14.9, 14.10, 14.14, 14.16, 14.20, 14.21, 15.1
Bender Inc., USA Exton, PA 19341, Tel. 6105948595
Bild-Nr.: 9.10
Honda Deutschland GmbH, 63069 Offenbach am Main, Tel.: 069/8309-0
Bild-Nr.: 8.8
Hartmann & Braun, 42579 Heiligenhaus, Tel.: 02056/12-1
Bild-Nr.: 14.4, 14.11
STN Systemtechnik Nord, 22880 Wedel, Tel.: 040/8825-0
Bild-Nr.: 12.8, 12.9
Socomec S. A., 67230 Benfeld, Frankreich, Tel.: 88574141
Bild-Nr.: 14.3
Rheinbraun AG, 50935 Köln-Lindenthal, Tel.: 0221/480-0
Bild-Nr.: 14.17
Siemens AG, Transportation Systems Group, 9150 Erlangen
Bild-Nr.: 13.2

Stichwortverzeichnis

A

Ableitimpedanz 206
Ableitkapazität 75
Ableitkapazität im Betrieb 76
Ableitstrom 74
– im IT-Netz 73
Ableitungskapazität 49
Absicherung 92
Absolutwert 52
Adaptiver Meß-Puls 214
A-Isometer 204
– Meßprinzip 110
Allgemein anerkannte Regeln der Technik 15
AMP-Meßverfahren 214
Ankopplungsüberwachung 95
Ansprechwert 225
Ansprechwerteinstellung 225
Ansprechzeit 54, 229
Anwendungsgruppe 132, 133
ASTM 41, 181, 187
Auslöse-Empfindlichkeit 208

B

Bauvorschrift BV 30 194
Beharrungsberührungsstrom 20
Bemessungsdifferenzstrom 21
Bergverordnung 175
Berühren
–, direktes 57
–, indirektes 57
Berührungsart 57
Berührungsdauer 63
Berührungsstrom 123
Betriebsmittel 50
Betriebssicherheit 69, 116
Brandsicherheit 121

D

Diagnoseeinrichtung 200
Differenzstrommessung 47, 52
Differenzstromüberwachungsgerät 44
Drei-Voltmeter-Schaltung 105
Durchschlagsicherung 104
Durchströmungsdauer 60

E

Einflußgröße 50
Elektropathologie 61
Erdschluß 53, 77
Erdschlußrelais 98
Erdschlußsucheinrichtung 116, 192
Erdschlußüberwachungsrelais 44
Erdschlußwächter 203
Erdungswiderstand 116, 123
Erdverbindung 22
Ersatzstromversorgung 130
Explosionsgefahr 162

F

Fehler, symmetrischer 213
Fehlerstrom 49
FELV 18
Fremdgleichspannung 39
Frequenzcode-Meßverfahren 216

G

Gefahrenträger 57
Gesamtableitimpedanz 120
Gleichspannungs-IT-Netz 71, 220
Gleichstrominnenwiderstand 231

H

Halte-Impedanz 120
Hautwiderstand 131
Health Care Facilities Code 144

Heimdialyse 137
Herzkammerflimmern 57, 60
Hystereseverhalten 206

I

IEC (Internationale Elektrotechnische Kommission) 16
IEC-Report 479 58
IMD Insulation Monitoring Devices 44
Impedanz
– Isolationsüberwachungsgerät 157
– Messung 120, 150
Impulsüberlagerung 209
Informationsvorsprung 125
Innenwiderstand 42
Installation 153
Instandhaltung, vorbeugende 4
insulation monitoring device 40
Isolationsfehler 49, 203
Isolationsfehlersuche 45
Isolationsfehler-Sucheinrichtung 217, 220
–, tragbare 222
Isolationsüberwachungsgerät 39, 40, 190
Isolationsverschlechterung
–, symmetrische 43
–, unsymmetrische 43
Isolationswiderstand 42, 47
–, spezifischer 50
IT-System 158
–, medizinisches 155

K

Körperimpedanz 59
Körperschluß 53
Körperstrom 57, 60
Körperwiderstand 58
Krankenhausbauverordnung 130
Kurzschlußstrom 71

L

Leitungskapazität 73
LIM (Line Isolation Monitor) 150
Loslaßschwelle 62

M

medical location 158
Meldeeinrichtung 54
Meldekombination 39, 142
Meßgleichspannung 191, 204
Meßgleichstrom 204
Meßspannung 190
Meßtechnik 190
Meßverfahren 207
Meßwechselstrom 206
Mikroschock 159
Mindestquerschnitt 87

N

Netz, geerdetes 73
Netzableitkapazität 54
NFPA 144

O

Offshore-Einrichtung 181
Operationsleuchte 137

P

PELV 18
Potentialausgleich 87, 152
–, zusätzlicher 69, 70
Prüfeinrichtung 54
Prüfkombination 39, 142
Prüfwiderstand 90
Pulscode Meßspannung 191

R

Raum, medizinisch genutzter 129
Raumart 132

S

Schienenfahrzeug 197
Schutz
– durch Meldung 135
– im Untertagebereich 179
Schutzeinrichtung 22, 23
Schutzfunkenstrecke 104
Schutzleiter 51
Schutzleiterunterbrechung 149
Schutzleitungssystem 69, 97, 101
– unter Tage 175
Schutztechnik 49
SELV 18
Sicherheitsanforderung 15
Sicherheitsbestimmung 15
Sicherheitskonzept 131
Sicherheitspegel 129
Sicherheitsvorsprung 106
Solas 181
Spannungsquelle, unabhängige 69
System, Art 24

T

Transformator 136
Transformatorkapazität 73
Triggerstufe 206

U

Umkehrstufe 207
Unfälle
–, durch elektrischen Strom 64
–, tödliche durch elektrischen Strom 65
Unfallsicherheit 123
–, höhere 123
Unfallstatistik 64
Unsymmetrie-Meßverfahren 211
UTE 42

V

VDE-Bestimmung 15
Verbrauchsmittel 52
Verlagerungsspannung 54
Versorgungssystem 25

W

Wechselspannungs-IT-Netz 220
Wechselstrom-Innenwiderstand 135
Wechselstromverbraucher 207
Wechselstromwiderstand 108
Wiederholungsprüfung 38
Wirkwiderstand 50

Z

Zwei-Voltmeter-Schaltung 107